I0033454

Christian Gierl, Karsten Golde, Oliver Haas, Christian Spieker

Arbeitsbuch Elektrotechnik

De Gruyter Studium

Weitere Titel der Autoren

Grundgebiete der Elektrotechnik
Ludwig Brabetz, Christian Koppe, Oliver Haas, 2022
Begründet von: Horst Clausert, Gunther Wiesemann
Band 1: Gleichstromnetze, Operationsverstärkerschaltungen, elektrische und magnetische Felder
ISBN 978-3-11-063154-8, e-ISBN 978-3-11-063158-6
Band 2: Wechselströme, Drehstrom, Leitungen, Anwendungen der Fourier-, der Laplace- und der z-Transformation
ISBN 978-3-11-063160-9, e-ISBN 978-3-11-063164-7

Arbeitsbuch Elektrotechnik
Band 1: Gleichstromnetze, Operationsverstärkerschaltungen, elektrische und magnetische Felder
Christian Spieker, Oliver Haas, 2022
ISBN 978-3-11-067248-0, e-ISBN 978-3-11-067251-0

Jeweils auch als Set erhältlich:
Set Grundgebiete der Elektrotechnik 1, 13. Aufl.+Arbeitsbuch Elektrotechnik 1, 2. Aufl.
ISBN 978-3-11-067673-0
Set Grundgebiete der Elektrotechnik 2, 13. Aufl.+Arbeitsbuch Elektrotechnik 2, 2. Aufl.
ISBN 978-3-11-067674-7

Weitere empfehlenswerte Titel

Elektronik für Informatiker
Von den Grundlagen bis zur Mikrocontroller-Applikation
Manfred Rost, Sandro Wefel, 2021
ISBN 978-3-11-060882-3, e-ISBN 978-3-11-040388-6

Power Electronics Circuit Analysis with PSIM®
Farzin Asadi, Kei Eguchi, 2021
ISBN 978-3-11-074063-9, e-ISBN 978-3-11-064357-2

Christian Gierl, Karsten Golde,
Oliver Haas, Christian Spieker

Arbeitsbuch Elektrotechnik

Band 2: Wechselströme, Drehstrom, Leitungen, Anwendungen der Fourier-, der Laplace- und der z-Transformation

2. Auflage

DE GRUYTER
OLDENBOURG

Autoren
Dr.-Ing. Christian Spieker
Universität Kassel
Institut für Antriebs- und Fahrzeugtechnik
Wilhelmshöher Allee 71
34121 Kassel
spieker@uni-kassel.de

Dr.-Ing. Oliver Haas
Universität Kassel
Fahrzeugsysteme und Grundlagen der Elektrotechnik
Wilhelmshöher Allee 73
34121 Kassel
oliver.haas@uni-kassel.de

Dipl.-Ing. Karsten Golde
Paradiesweg 12
65779 Kelkheim
k.golde@gmx.net

Dr. Christian Gierl
Prebrunnstr. 16
93049 Regensburg
gierl.christian@web.de

ISBN 978-3-11-067252-7
e-ISBN (PDF) 978-3-11-067253-4
e-ISBN (EPUB) 978-3-11-067268-8

Library of Congress Control Number: 2022951178

Bibliografische Information der Deutschen Nationalbibliothek
Die Deutsche Nationalbibliothek verzeichnet diese Publikation in der Deutschen Nationalbibliografie; detaillierte bibliografische Daten sind im Internet über http://dnb.dnb.de abrufbar.

Einbandabbildung: Nick_Picnic / iStock / Getty Images Plus
Druck und Bindung: CPI books GmbH, Leck

www.degruyter.com

Vorwort zur 2. Auflage

Wir freuen uns über die weiterhin konstante Nachfrage nach diesem Werk und die positiven Resonanzen von Studierenden. Ebenso möchten wir uns über die hilfreichen und konstruktiven Hinweise bedanken. Wir entnehmen dem Bedarf und dem Feedback, dass unser Konzept des Arbeitsbuches, nämlich einen Schwerpunkt auf die Darstellung von ausführlichen Lösungswegen zu legen, sehr gut beim Leser angekommen ist.

Mit der neuen Auflage ändert sich der Titel des Buches. Das *Aufgabenbuch Elektrotechnik* heißt jetzt *Arbeitsbuch Elektrotechnik.* In dieser Auflage wurden neben notwendigen Fehlerkorrekturen auch viele Grafiken überarbeitet und an die wissenschaftliche Notation des aktuellen Lehrbuchs (13. Auflage) angepasst. Einige Musterlösungen wurden mit dem Ziel einer besseren Verständlichkeit überarbeitet und durch neue Grafiken ergänzt.

Wir wünschen allen Lesern bzw. Studierenden viel Spaß beim Bearbeiten der Übungsaufgaben und sind auch weiterhin stets dankbar für Hinweise auf noch vorhandene Fehler. Abschließend möchten wir uns beim Verlag für die gute Zusammenarbeit und der Möglichkeit bedanken, eine weitere überarbeitete Auflage dieses Werkes zu publizieren.

Christian Gierl
Karsten Golde
Oliver Haas
Christian Spieker

Vorwort zur 1. Auflage

Das vorliegende Buch stellt eine Fortsetzung des Aufgabenbuchs *Aufgaben zur Elektrotechnik 1* dar. Es ist eine Sammlung von Aufgaben mit ausführlichen Lösungswegen aus Übungen, Tutorien und Klausuren mit dem Ziel, das Verständnis der Vorlesung *Grundlagen der Elektrotechnik* zu erleichtern und die Studierenden bei der Klausurvorbereitung zu unterstützen.

Es handelt sich hierbei um ein Universitätsübergreifendes Projekt. Verantwortlich sind

- Herr Haas und Herr Spieker von der Universität Kassel für die Kapitel 7 und 8,
- Herr Golde von der Technischen Universität Darmstadt für die Kapitel 9 und 10 sowie
- Herr Gierl und Herr Paul (ebenfalls Technische Universität Darmstadt) für die Kapitel 11 bis 14.

https://doi.org/10.1515/9783110672534-202

Didaktisch ist dieses Buch an das Standardwerk *Grundgebiete der Elektrotechnik 2* von Clausert und Wiesemann angelehnt, so dass passend zu den jeweiligen Kapiteln des Lehrbuchs Aufgaben mit Lösungsweg nachgeschlagen werden können.

Das Buch ist in zwei Abschnitte aufgeteilt. Im ersten Teil findet der Leser die Aufgabenstellung und im zweiten Teil ist jeweils dazu ein ausführlicher Lösungsweg dargestellt. Auf diese Aufteilung wird großen Wert gelegt, da man als neugieriger Leser oft geneigt ist, schon einmal vorab den Lösungsweg zu studieren. Es sei aber an dieser Stelle darauf hingewiesen, dass es ein entscheidender Unterschied ist, einen Lösungsweg nur nachvollziehen zu können oder aber ihn selbständig zu erarbeiten. Oftmals macht genau dies den Unterschied zwischen einer guten und einer nicht bestandenen Prüfung aus.

Wir wünschen allen Lesern bzw. Studierenden viel Spaß beim Bearbeiten der Aufgaben und sind stets dankbar für Verbesserungsvorschläge und Hinweise auf noch vorhandene Fehler. Abschließend möchten wir es nicht versäumen, dem Verlag für die gute Zusammenarbeit zu danken.

Christian Gierl
Karsten Golde
Oliver Haas
Sujoy Paul
Christian Spieker

Quelle und Literaturhinweis

Dieses Arbeitsbuch wurde didaktisch speziell für das Standardwerk

H. Clausert, G. Wiesemann, L. Brabetz, O. Haas, C. Spieker;
Grundgebiete der Elektrotechnik, Band 2; Verlag Walter de Gruyter; 2015

entwickelt. Die Gliederung wurde daher thematisch an dieses Werk angepasst.

Inhalt

Teil II: **Lösungen**

Teil I: **Aufgaben**

7 Wechselstromlehre

7.1 Zeitabhängige Ströme und Spannungen

Aufgabe 7.1.1

Gegeben ist die folgende periodische Zeitfunktion (T: Periodendauer)

$$u(t) = \begin{cases} \hat{u} + \frac{4\hat{u}}{T} \cdot t & \text{für } 0 \leq t < T/4 \,, \\ \hat{u} + \hat{u} \cdot \sin(\omega\, t) & \text{für } T/4 \leq t < T \,. \end{cases}$$

1. Zeichnen Sie den Verlauf der Spannung $u(t)$ über zwei Perioden.
2. Berechnen Sie den Mittelwert $\overline{u}$.
3. Berechnen Sie den Effektivwert U (*Hinweis:* $\sin^2(x) = 1/2 - 1/2\cos(2x)$).

Aufgabe 7.1.2

Gegeben sind zwei Sinusschwingungen

$$u(t) = \hat{u} \cdot \sin(\omega t + \varphi_u) \quad \text{und}$$
$$i(t) = \hat{\imath} \cdot \sin(\omega t + \varphi_i) \,.$$

Bekannt sind die Amplituden $\hat{u} = 10\,\text{V}$ und $\hat{\imath} = 5\,\text{A}$ sowie $f = 100\,\text{Hz}$. Berechnen Sie den arithmetischen Mittelwert

$$P = \frac{1}{T} \int_0^T u(t)\, i(t)\, \mathrm{d}t$$

allgemein und für die Werte

1. $\varphi_u = \varphi_i = 0$,
2. $\varphi_u = 0$, $\varphi_i = 1/2\pi$,
3. $\varphi_u = 1/3\pi$, $\varphi_i = 0$.

Aufgabe 7.1.3

Für die in Abbildung 7.1 gegebene Parabelfunktion sind
1. der arithmetische Mittelwert $\bar{f}$ und
2. der Gleichrichtwert (elektrolytischer Mittelwert) $\overline{|f|}$

zu berechnen.

https://doi.org/10.1515/9783110672534-001

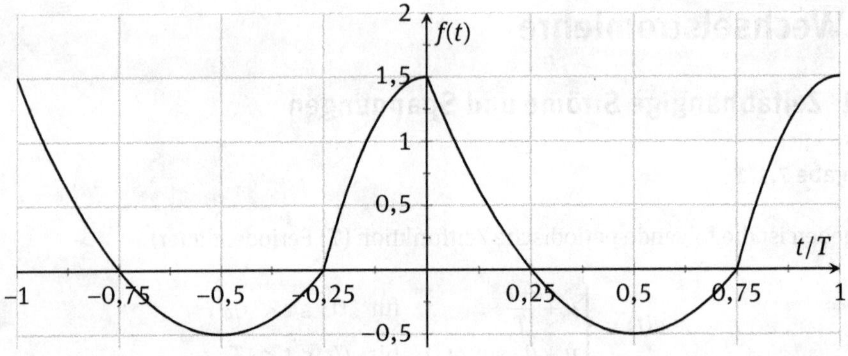

Abb. 7.1: Unsymmetrische, periodische Parabelfunktionen.

Aufgabe 7.1.4

Zwei Wechselspannungen

$$u_1(t) = \hat{u}_1 \cdot \cos(\omega t + \varphi_1)\,,$$
$$u_2(t) = \hat{u}_2 \cdot \cos(\omega t + \varphi_2)$$

haben die Amplituden $\hat{u}_1 = \hat{u}_2 = 30\,\text{V}$. Die Funktion $u_2(t)$ eilt $u_1(t)$ um $1/6\pi$ (30°) voraus, φ_1 habe den Wert null. Zu dem Zeitpunkt $t = t_1$ betrage der Augenblickswert $u_1(t_1) = 18\,\text{V}$.

1. Wie groß ist zum gleichen Zeitpunkt der Augenblickswert $u_2(t_1)$ im Intervall $[0,2\pi]$?
2. Berechnen Sie den Zeitpunkt $t = t_1$ für $f = 50\,\text{Hz}$.

Aufgabe 7.1.5

Für die beiden Wechselspannungen $u_1 = \hat{u}_1 \cdot \sin(\omega t + \varphi_1)$ und $u_2 = \hat{u}_2 \cdot \sin(\omega t + \varphi_2)$ soll die resultierende Spannung $u_3(t) = u_1(t) - u_2(t)$ analytisch ermittelt werden:

1. In allgemeiner Form und
2. mit den gegebenen Werten $\hat{u}_1 = 5\,\text{V}$, $\varphi_1 = 60°$ und $\hat{u}_2 = 8\,\text{V}$, $\varphi_2 = -10°$.

Aufgabe 7.1.6

1. Nutzen Sie die Euler'sche Relation und stellen Sie die beiden Zeitfunktionen $\cos(\omega t)$ und $\sin(\omega t)$ durch komplexe e-Funktionen dar.
2. Berechnen Sie mit deren Hilfe explizit die Funktionen

$$f_1(x) = \sin x + \cos x\,, \quad f_2(x) = (\sin x + \cos x)^2\,.$$

7.2 Komplexe Impedanzen: Zeigerdiagramme, Ortskurven und Resonanz

Aufgabe 7.2.1

Welche in Reihe geschalteten Impedanzen (Bauteilewerte) geben folgende komplexe Ausdrücke wieder ($f = 50\,\text{kHz}$)? Berechnen Sie ebenfalls den Phasenwinkel.

1. $\underline{Z} = \dfrac{1}{1-\text{j}}\,\Omega$,
2. $\underline{Z} = (3+\text{j}5)\,\Omega$,
3. $\underline{Z} = \left(6+\dfrac{3}{\text{j}}\right)\Omega$,
4. $\underline{Z} = \dfrac{5+\text{j}4}{\text{j}}\,\Omega$.

Aufgabe 7.2.2

Berechnen Sie den Gleichstromwiderstand und die Frequenz in folgenden komplexen Widerständen:

1. $\underline{Z} = 300\,\Omega\,\text{e}^{\text{j}1/3\pi}$, $L = 0{,}5\,\text{H}$;
2. $\underline{Z} = 128\,\Omega\,\text{e}^{\text{j}5/12\pi}$, $L = 0{,}225\,\text{H}$;
3. $\underline{Z} = 1200\,\Omega\,\text{e}^{\text{j}0{,}48\pi}$, $L = 0{,}75\,\text{H}$.

Aufgabe 7.2.3

Durch zwei parallel geschaltete Widerstände fließen zwei Ströme $\underline{I}_1$ und $\underline{I}_2$. Sie ergeben zusammen den Strom $\underline{I} = (4+\text{j}3)\,\text{A}$. Berechnen Sie Betrag und Phase von $\underline{I}_2$ wenn $\underline{I}_1$ die folgenden Werte hat:

1. $\underline{I}_1 = 5\,\text{A}\,\text{e}^{-\text{j}1/3\pi}$,
2. $\underline{I}_1 = 2\,\text{A}\,\text{e}^{\text{j}1/2\pi}$,
3. $\underline{I}_1 = 6\,\text{A}\,\text{e}^{\text{j}0{,}47\pi}$.

Aufgabe 7.2.4

Gegeben sind die komplexen Effektivwerte von Spannung und Strom bei einer vorgegebenen Kreisfrequenz ω

1. $\underline{U} = 6\,\text{V}\,\text{e}^{\text{j}0}$, $\underline{I} = 3\,\text{A}\,\text{e}^{\text{j}1/2\pi}$, $\omega = 1000\,\text{s}^{-1}$;
2. $\underline{U} = 54\,\text{V}\,\text{e}^{\text{j}1/3\pi}$, $\underline{I} = 9\,\text{A}\,\text{e}^{-\text{j}1/6\pi}$, $\omega = 500\,\text{s}^{-1}$;
3. $\underline{U} = 2\,\text{V}\,\text{e}^{\text{j}1/7\pi}$, $\underline{I} = 10\,\text{A}\,\text{e}^{\text{j}1/7\pi}$, $\omega = 2000\,\text{s}^{-1}$.

Berechnen Sie jeweils die komplexe Impedanz $\underline{Z}$ (Betrag und Phasenwinkel); geben Sie an, welches Bauelement dazu gehört und bestimmen Sie dessen Wert.

Aufgabe 7.2.5

Eine sinusförmige Quelle speist zwei Bauelemente. Folgende Kombinationen der komplexen Effektivwerte von Spannung und Strom bei einer vorgegebenen Kreisfrequenz ω können sowohl bei Reihen- als auch bei Parallelschaltung auftreten:

1. $\underline{U} = 20\,\mathrm{V}\,\mathrm{e}^{\mathrm{j}1/4\pi}$, $\underline{I} = 5\,\mathrm{A}\,\mathrm{e}^{-\mathrm{j}1/6\pi}$, $\omega = 1000\,\mathrm{s}^{-1}$;
2. $\underline{U} = 5\,\mathrm{V}\,\mathrm{e}^{\mathrm{j}1/4\pi}$, $\underline{I} = 0{,}1\,\mathrm{A}\,\mathrm{e}^{\mathrm{j}1/2\pi}$, $\omega = 2000\,\mathrm{s}^{-1}$.

Berechnen Sie jeweils die komplexe Impedanz $\underline{Z}$, die komplexe Admittanz $\underline{Y}$ (Betrag und Phasenwinkel); geben Sie jeweils für die Reihen- und Parallelschaltung an, aus welchen Bauelementen (R, L oder C) diese bestehen und bestimmen Sie deren zugehörige Werte.

Aufgabe 7.2.6

Zu einem vergossenen RC-Modul, bestehend aus der Parallelschaltung $C = 6{,}8\,\mathrm{nF}$, $R_\mathrm{p} = 1{,}2\,\mathrm{k\Omega}$, ist ein Widerstand R_1 parallel zu schalten, so dass sich ein Phasenverschiebungswinkel $\varphi_Z = \varphi_u - \varphi_i$ von $-1/3\pi$ einstellt.

Bestimmen Sie R_1 zeichnerisch und rechnerisch, wenn die gesamte Schaltung an einer Spannung mit der Frequenz $f = 80\,\mathrm{kHz}$ liegt.

Aufgabe 7.2.7

Bei der Parallelschaltung in Abbildung 7.2 sind die Bauelemente $R = 4\,\Omega$, $L = 0{,}2\,\mathrm{mH}$ und $C = 25\,\mu\mathrm{F}$ sowie die Amplitude $\hat{\underline{u}}_\mathrm{q} = 20\,\mathrm{V}$ der sinusförmigen Quelle bekannt.

1. Geben Sie die Kreisfrequenz ω an, bei der der Strom $\hat{\imath}_C$ doppelt so groß wie $\hat{\imath}_L$ ist.
2. Zeichnen Sie für diesen Fall das Zeigerdiagramm der Amplituden von Spannung und Strömen (empfohlener Maßstab 1 A : 1 cm) sowie das Operatoren-Diagramm der Admittanzen (empfohlener Maßstab 0,05 S : 1 cm).
3. Skizzieren Sie qualitativ die Frequenzabhängigkeit der Admittanz $\underline{Y}_\mathrm{p}$ getrennt für Real- und Imaginärteil sowie für Betrag und Phase.

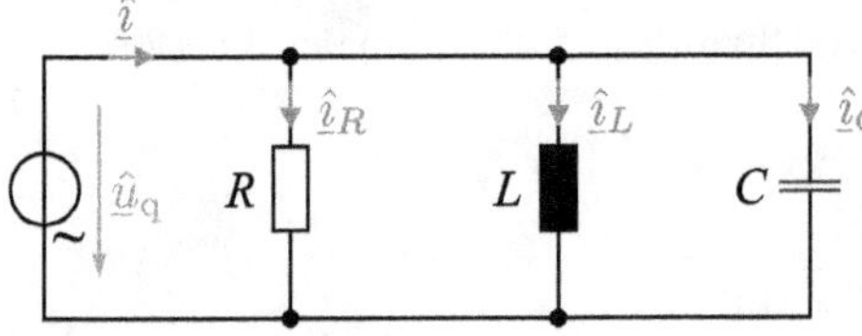

Abb. 7.2: Parallelschaltung von R, L und C.

Aufgabe 7.2.8

Gegeben ist eine Serienschaltung aus $R = 100\,\Omega$, $L = 5\,\mathrm{mH}$, und $C = 2\,\mu\mathrm{F}$. Bekannt ist die Amplitude $\hat{u}$ der sinusförmigen Spannungsquelle. Welche Kreisfrequenz ω hat die Wechselspannung, wenn der Strom $\hat{\imath}$ in Phase mit der Spannung $\hat{u}$ ist ($\varphi_u - \varphi_i = 0$)?

Aufgabe 7.2.9

Die Schaltung einer Wechselstrombrücke nach Abbildung 7.3 soll genutzt werden, um eine reale, verlustbehaftete Induktivität zu messen (Reihenschaltung von R und L). Das Messobjekt wird durch die Impedanz $\underline{Z}_1$ repräsentiert.

1. Nutzen Sie die Methode *Ersatzspannungsquelle* sowie die Spannungsteilerregel und bestimmen Sie allgemein eine Gleichung zur Berechnung des Messstroms $\underline{I}_\mathrm{M}$.
2. Leiten Sie für den allgemeinen Fall die Abgleichbedingungen der Brückenschaltung her, so dass $\underline{I}_\mathrm{M} = 0$ wird.
3. Geben Sie drei einfache Beispiele für die Kombination von passiven Bauelementen an, mit denen die Brücke bei einer realen Induktivität ($\varphi_1 < 1/2\pi$) als Messobjekt abgeglichen werden kann.
   Hinweis: Nutzen Sie die Darstellung der komplexen Impedanzen durch Betrag Z und Phasenwinkel φ.
4. Berechnen Sie für die unter Aufgabenteil 3 gewählten Kombinationen jeweils die Abgleichbedingungen.

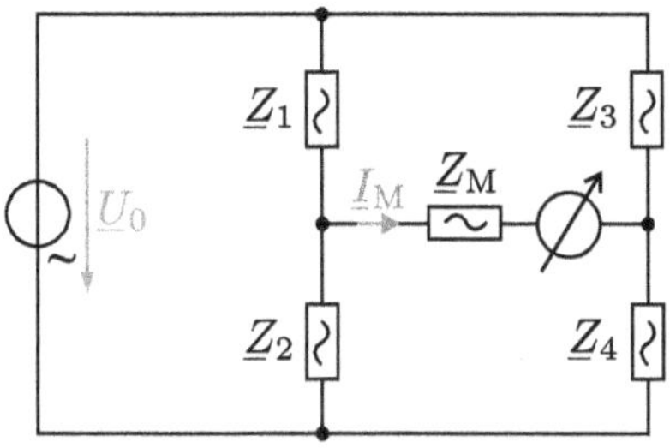

Abb. 7.3: Schaltung einer Wechselstrombrücke zum Messen von komplexen Impedanzen.

Aufgabe 7.2.10

Gegeben ist die Schaltung eines sogenannten Π-Glieds in Abbildung 7.4. Bekannt seien die Spannung $\underline{U}_1$, der Widerstand R, die Induktivität L, sowie die Kapazitäten C_1, C_2.

1. Bestimmen Sie in allgemeiner Form $\underline{U}_2$ mit Hilfe der Methoden
   (a) Ersatzstromquelle,
   (b) Ersatzspannungsquelle,
   (c) Umlaufanalyse.

2. Geben Sie die Frequenz ω an, bei der $\underline{U}_2$ gegenüber $\underline{U}_1$ um den Winkel $1/2\pi$ nacheilt, und berechnen Sie $\underline{U}_2$ für $\underline{U}_1 = U$ und $C_1 = C_2 = C$.

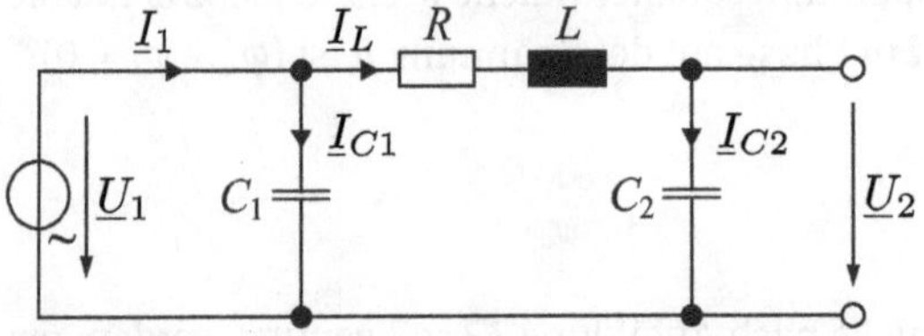

Abb. 7.4: Schaltung eines Π-Glieds.

Aufgabe 7.2.11

Gegeben ist der elektrische Schwingkreis in Abbildung 7.5, der aus einer Gruppenschaltung von R, L und C besteht.

1. Berechnen Sie allgemein die Admittanz $\underline{Y}$ der Schaltung, getrennt nach Real- und Imaginärteil.
2. Berechnen Sie die Kreisfrequenz ω_r bei Phasenresonanz ($\varphi_y = 0$) sowie den zugehörigen Leitwert für $L = 2R^2C$.
3. Skizzieren Sie die Ortskurve $\underline{Y} = f(\omega)$ für die Induktivität $L = 2R^2C$.
4. Kennzeichnen Sie in der Ortskurve die Admittanz $\underline{Y}$, bei der die Betragsresonanz (der Betrag Y hat hier seinen Extremwert) auftritt.

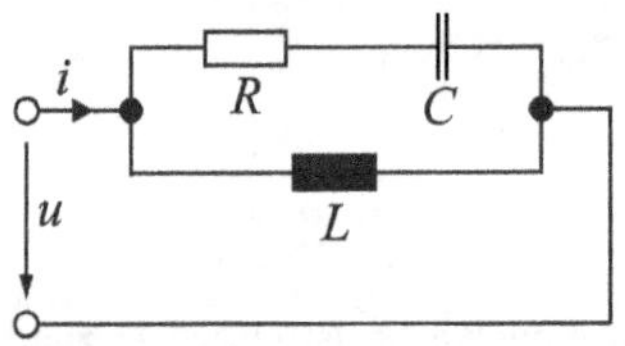

Abb. 7.5: Schwingkreis aus Gruppenschaltung von *R*, *L* und *C*.

Aufgabe 7.2.12

Ortskurven haben als Kurvenparameter nicht immer die Kreisfrequenz ω. Beispielhaft sollen hier die Abhängigkeiten von G und B untersucht werden. Die Ortskurven sind zunächst in der $\underline{Y}$-Ebene zu konstruieren und dann in die $\underline{Z}$-Ebene zu transformieren.

1. Zeichnen Sie in der komplexen Leitwertebene die Ortskurven der Funktionen
   (a) $\underline{Y}(B) = G + jB$ für zwei konstante Werte G_1 und G_2 mit $G_2 = 2G_1$ und
   (b) $\underline{Y}(G) = G + jB$ für die konstanten Werte $-B_1$, $-B_2$, B_1 und B_2 mit $B_2 = 2B_1$
   jeweils in einem eigenen Koordinatensystem.

2. Transformieren Sie durch Inversion die unter 1. gegebenen Ortskurven jeweils in die komplexe Widerstandsebene.

Aufgabe 7.2.13

In einem Wechselstromkreis nach Abbildung 7.6 gibt es die Möglichkeit, dass sich trotz Hinzuschalten eines Widerstands R_3 der Betrag des Gesamtstroms I_1 der Schaltung nicht ändert. Lösen Sie dieses als *Wechselstromparadoxon* bekannte Phänomen mit Hilfe der Ortskurven-Theorie.

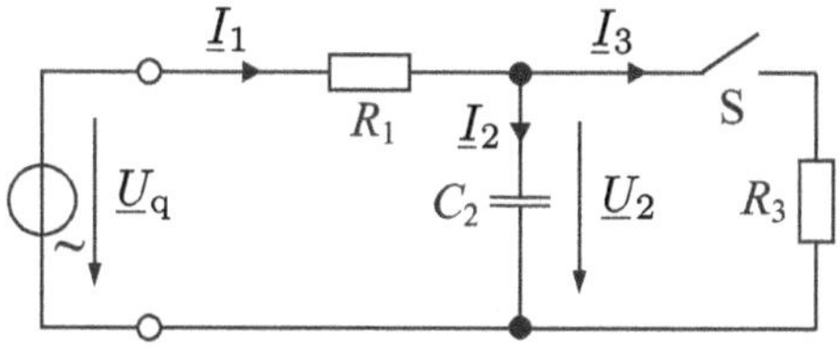

Abb. 7.6: Schaltung zum Wechselstromparadoxon.

Aufgabe 7.2.14

Die Schaltung eines Serienresonanzkreises (siehe Abbildung 7.7) hat die Werte $R = 10\,\Omega$, $L = 3{,}183\,\text{mH}$ und $C = 159{,}155\,\text{nF}$; die Spannung habe eine konstante Amplitude $\hat{u} = 50\,\text{V}$.

1. Bestimmen Sie die Resonanzfrequenz f_r.
2. Berechnen Sie die obere und untere Grenzfrequenz ($f_{\text{g,o}}, f_{\text{g,u}}$) der Schaltung sowie die Bandbreite Δf.
3. Wie groß ist die Spannung $\hat{u}_L$ an der Induktivität L bei Resonanz? Ermitteln Sie daraus die Güte Q sowie den Verlustfaktor d des Resonanzkreises.

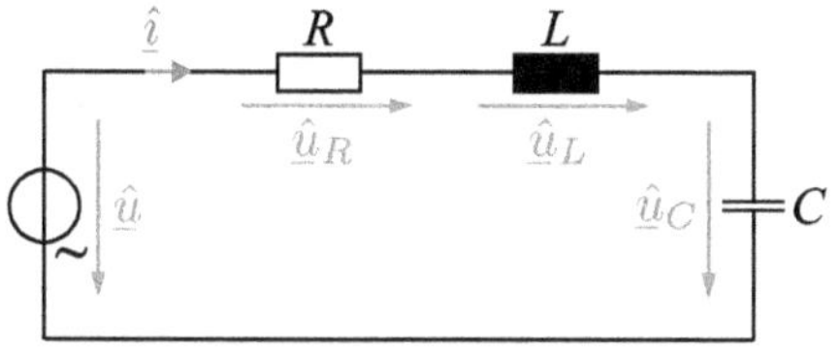

Abb. 7.7: Serienresonanzkreis.

Aufgabe 7.2.15

Die Schaltung eines Parallelresonanzkreises (siehe Abbildung 7.8) hat die Werte $R = 1\,\mathrm{k\Omega}$, $L = 25{,}465\,\mathrm{mH}$ und $C = 1{,}591\,\mathrm{nF}$; der Strom hat eine konstante Amplitude $\hat{\imath} = 20\,\mathrm{mA}$.

1. Bestimmen Sie die Resonanzfrequenz f_r.
2. Berechnen Sie die obere und untere Grenzfrequenz ($f_{\mathrm{g,o}}$, $f_{\mathrm{g,u}}$) der Schaltung sowie die Bandbreite Δf.
3. Wie groß ist der Strom $\hat{\imath}_C$ durch die Kapazität C bei Resonanz? Ermitteln Sie daraus die Güte Q sowie den Verlustfaktor d des Resonanzkreises.

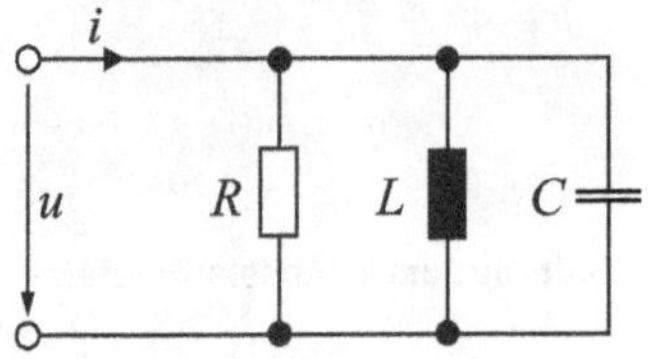

Abb. 7.8: Parallelresonanzkreis.

Aufgabe 7.2.16

Gegeben ist das in Abbildung 7.9 dargestellte Netzwerk mit zwei Resonanzkreisen.

1. Berechnen Sie für das dargestellte Netzwerk allgemein die Eingangsimpedanz $\underline{Z}$.
2. Berechnen Sie in allgemeiner Form und für die Werte $R = 1\,\Omega$, $C_1 = C_2 = 1\,\mu\mathrm{F}$ und $L_1 = L_2 = 1\,\mathrm{mH}$ die Resonanzfrequenzen
   (a) der Spannung $\underline{U}$, wenn der Strom $\underline{I}$ konstant gehalten wird,
   (b) des Stromes $\underline{I}$, wenn die Spannung $\underline{U}$ konstant gehalten wird.

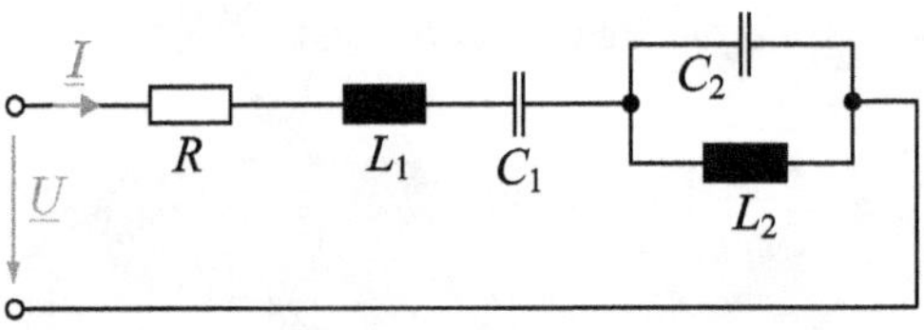

Abb. 7.9: Netzwerk mit zwei Resonanzkreisen.

7.3 Die Leistung eingeschwungener Wechselströme und -spannungen

Aufgabe 7.3.1

Die Schaltung in Abbildung 7.10 versorgt die komplexen Impedanzen $\underline{Z}_1$, $\underline{Z}_2$ und $\underline{Z}_3$ über zwei Wechselspannungsquellen mit $\underline{U}_{q1} = j\underline{U}_{q2} = 100\,\text{V}$. Die Impedanzen haben die Werte $\underline{Z}_1 = \underline{Z}_3 = (8 + j6)\,\Omega$, $\underline{Z}_2 = (6 - j3)\,\Omega$.

1. Berechnen Sie die Ströme $\underline{I}_1$, $\underline{I}_2$ und $\underline{I}_3$.
2. Geben Sie für beide Quellen jeweils die komplexe Scheinleistung sowie die Wirk- und Blindleistung an ($\underline{S}$, P, Q).
3. Berechnen Sie die komplexen Scheinleistungen der Lasten und überprüfen Sie ihre Ergebnisse mit den Ergebnissen aus der vorherigen Teilaufgabe.
4. Welche Last nimmt
   (a) die größte Wirkleistung auf?
   (b) die größte Blindleistung auf?
5. Angenommen, die Blindleistung der Lasten soll kompensiert werden. Wie groß ist dann die zu kompensierende Blindleistung und welches Bauelement müssten Sie dafür einsetzen?

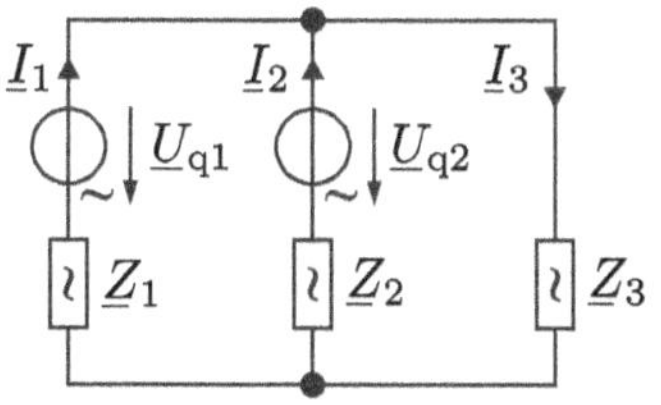

Abb. 7.10: Netzwerk mit zwei Wechselspannungsquellen und komplexen Impedanzen.

Aufgabe 7.3.2

Gegeben ist der Stromkreis in Abbildung 7.11. Bekannt sind $\underline{U}_q = 230\,\text{V}$, $f = 50\,\text{Hz}$, $R_i = 10\,\Omega$, $R_a = 40\,\Omega$ und $L_a = 95{,}5\,\text{mH}$.

1. Bestimmen Sie die in $\underline{Z}_a$ umgesetzte Wirkleistung.
2. Die Leistungsaufnahme soll durch Blindstromkompensation verbessert werden. Bestimmen Sie für die beiden möglichen Fälle (zu $\underline{Z}_a$ parallel oder in Reihe) die hierfür erforderliche Kapazität C.
3. Wie groß wird die Wirkleistungsaufnahme bei Kompensation in beiden Fällen?

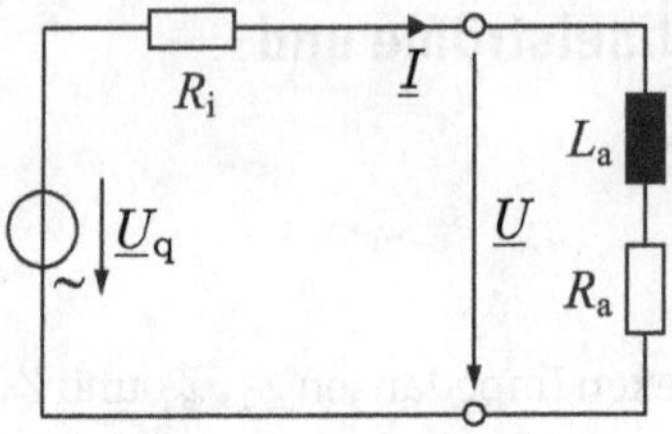

Abb. 7.11: Spannungsquelle mit ohmschem Innenwiderstand und komplexer Last.

Aufgabe 7.3.3

Ein Verbraucher nimmt am Netz ($U_q = 230\,\mathrm{V}$, $f = 50\,\mathrm{Hz}$, $R_i = 1\,\Omega$) bei geöffnetem Schalter S eine Scheinleistung von 4584 VA bei einem Phasenwinkel $\varphi = 17{,}66°$ auf. Die Ersatzschaltung zeigt Abbildung 7.12, der Verbraucher ist an den Klemmen a, b angeschlossen, dort wird eine Spannung $U = 209\,\mathrm{V}$ gemessen.

Der Schalter S wird geschlossen. Bestimmen Sie die Kapazität C_a so, dass die Blindleistungsaufnahme des Verbrauchers kompensiert wird.

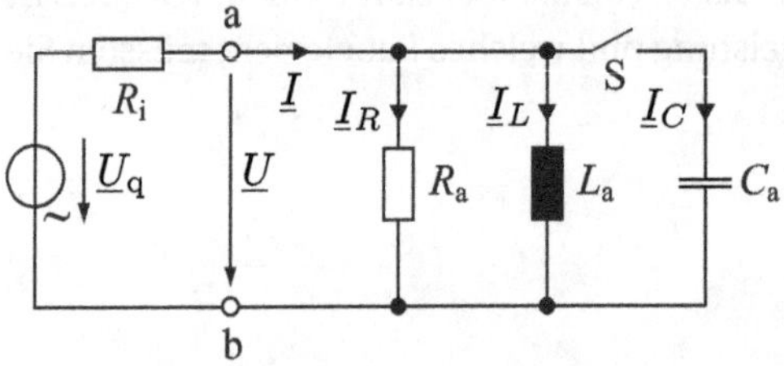

Abb. 7.12: Spannungsquelle mit Innenwiderstand und Ersatzschaltung des angeschlossenen Verbrauchers.

7.4 Der Transformator im eingeschwungenen Zustand

Aufgabe 7.4.1

Die Schaltung in Abbildung 7.13 enthält zwei magnetisch gekoppelte Induktivitäten. Berechnen Sie die drei Ströme $\underline{I}_1$, $\underline{I}_2$ und $\underline{I}_3$ in Abhängigkeit von der Spannung $\underline{U}_q$ und den Bauteildaten unter Berücksichtigung der Gegeninduktivität M.

Aufgabe 7.4.2

Berechnen Sie für das dargestellte Netzwerk in Abbildung 7.14 die Ströme $\underline{I}_1$ und $\underline{I}_2$ als Funktion der Eingangsspannung $\underline{U}_e$ und der Schaltungsdaten.

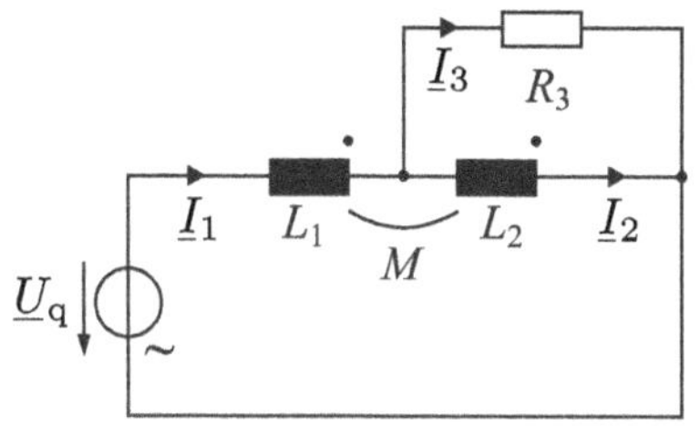

Abb. 7.13: Ersatzschaltung eines »Spartransformators« mit zwei magnetisch gekoppelten Induktivitäten.

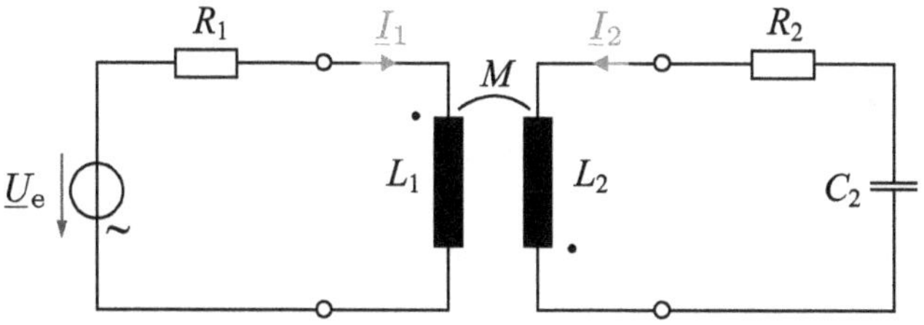

Abb. 7.14: Transformator-Ersatzschaltung mit zwei magnetisch gekoppelten Induktivitäten.

Aufgabe 7.4.3

Ein eisenfreier Transformator mit der ohmsch-induktiven Last ($R_L = 27\,\Omega$, $L_L = 15\,\text{mH}$) wird bei der Frequenz $f = {}^{9}/_{2\pi}\,\text{kHz}$ betrieben. Vom Transformator sind folgende Kenndaten bekannt:

$$R_1 = 6\,\Omega\,, \quad R_2 = 18\,\Omega\,, \quad L_1 = 20\,\text{mH}\,, \quad L_2 = 80\,\text{mH}\,, \quad k = \frac{3}{4}\,.$$

1. Zeichnen sie das Ersatzschaltbild für einen Transformator ohne primäre Streuinduktivität und berechnen Sie dessen Werte.
2. Berechnen Sie anschließend eine ohmsch-induktive Ersatzimpedanz $\underline{Z}_{\text{ers}}$ für den Fall, dass der Transformator als passiver Zweipol aufgefasst werden soll.

Aufgabe 7.4.4

An einem 50-Hz-Einphasen-Transformator mit Eisenkern ($U_{1N} = 400\,\text{V}$, $U_{2N} = 230\,\text{V}$, $S_N = 4{,}8\,\text{kVA}$, $R_1 = \ddot{u}^2 R_2$) werden folgende Messwerte durch eine Leerlauf- und Kurzschlussmessung bestimmt:

Leerlauf: $U_0 = U_{1N} = 400\,\text{V}\,, \quad I_0 = 0{,}8\,\text{A}\,, \quad P_0 = 160\,\text{W}\,;$
Kurzschluss: $U_k = 35\,\text{V}\,, \quad I_k = I_N = 12\,\text{A}\,, \quad P_k = 288\,\text{W}\,.$

1. Geben Sie ein geeignetes Ersatzschaltbild an.
2. Bestimmen Sie die Bauelemente des Ersatzschaltbildes.
3. Bestimmen Sie den Wirkungsgrad η bei Nennbelastung.

7.5 Vierpole

Aufgabe 7.5.1

Die Schaltung in Abbildung 7.15 zeigt die Darstellung einer Brückenschaltung aus komplexen Impedanzen als Vierpol.

1. Berechnen Sie die Vierpolparameter für die Leitwertform allgemein.
2. Gegeben seien
   (a) $\underline{Z}_1 = 8R$, $\underline{Z}_2 = 4R$, $\underline{Z}_3 = 2R$ und $\underline{Z}_4 = R$;
   (b) $\underline{Z}_1 = 6R$, $\underline{Z}_2 = 4R$, $\underline{Z}_3 = 2R$ und $\underline{Z}_4 = R$.
   An den Ausgang des Vierpols wird ein Widerstand $\underline{Z}_5 = 10R$ angeschlossen. Berechnen Sie für die gegebenen Parameter jeweils die Ströme $\underline{I}_1$ und $\underline{I}_2$ in Abhängigkeit von $\underline{U}_1$ (Nehmen Sie $\underline{U}_1$ als gegeben an).
3. Transformieren Sie die Leitwertform der Vierpolgleichungen in die Kettenform (A-Parameter).

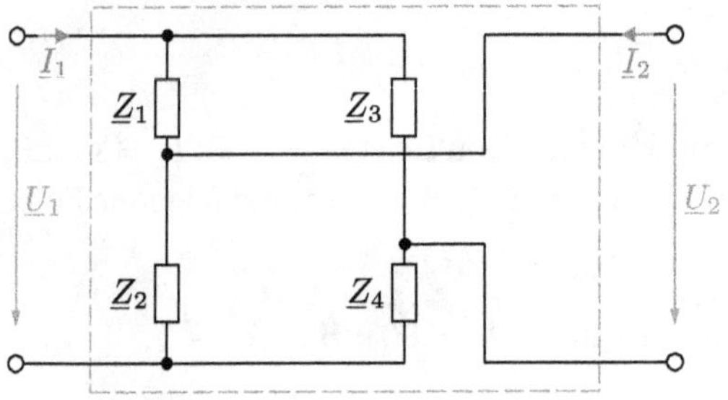

Abb. 7.15: Brückenschaltung aus komplexen Impedanzen in der Vierpol-Darstellung.

Aufgabe 7.5.2

Die Schaltung in Abbildung 7.16 zeigt einen Vierpol aus komplexen Impedanzen.

1. Berechnen Sie die Vierpolparameter für die Kettenform allgemein. Unterteilen Sie hierfür die Schaltung in vier elementare Vierpole.
2. Gegeben seien
   $R_1 = 10\,\Omega$, $R_2 = 20\,\Omega$, $L = 50\,\text{mH}$, $C = 100\,\mu\text{F}$ und $f = 50/\pi\,\text{Hz}$.
   An dem Eingang des Vierpols liegt die Spannung $\underline{U}_1 = 5\,\text{V}\,\text{e}^{\text{j}\omega t}$ und an dem Ausgang wird ein Widerstand $R_3 = 20\,\Omega$ angeschlossen. Berechnen Sie für die gegebenen Werte die Spannung $\underline{U}_2$ und den Strom $\underline{I}_2$.

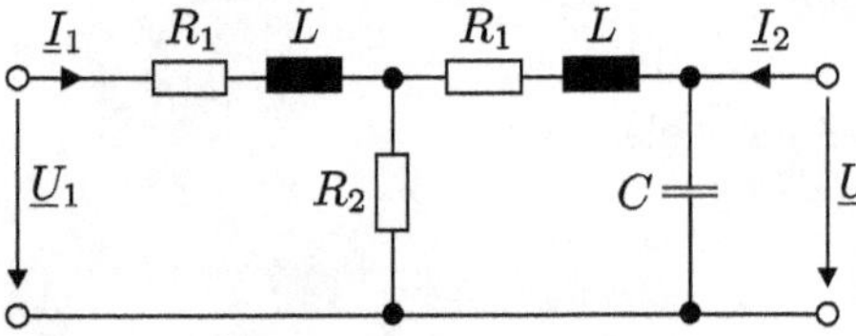

Abb. 7.16: Passives RLC-Netzwerk in Vierpol-Darstellung.

8 Mehrphasensysteme

8.1 Das Drehstromsystem bei symmetrischer Last

Aufgabe 8.1.1

Gegeben ist ein dreiphasiges, symmetrisches Spannungssystem mit

$$\underline{U}_{01} = \underline{U}_0 = 230\,\text{V}\,, \quad \underline{U}_{02} = 230\,\text{V}\,\text{e}^{\text{j}2/3\pi}\,, \quad \underline{U}_{03} = 230\,\text{V}\,\text{e}^{-\text{j}2/3\pi}\,.$$

Alle Lastwiderstände haben den Wert $R = 5\,\Omega$.

1. Berechnen Sie die Lastspannungen $\underline{U}_{R1}$, $\underline{U}_{R2}$, $\underline{U}_{R3}$ und zeichnen Sie die zugehörigen Spannungszeiger für beide Schaltungen in Abbildung 8.1.
2. Berechnen Sie die Lastströme $\underline{I}_{R1}$, $\underline{I}_{R2}$, $\underline{I}_{R3}$ für beide Schaltungen in Abbildung 8.1.
3. Berechnen Sie die Leistungen für Stern- und Dreieckschaltung.

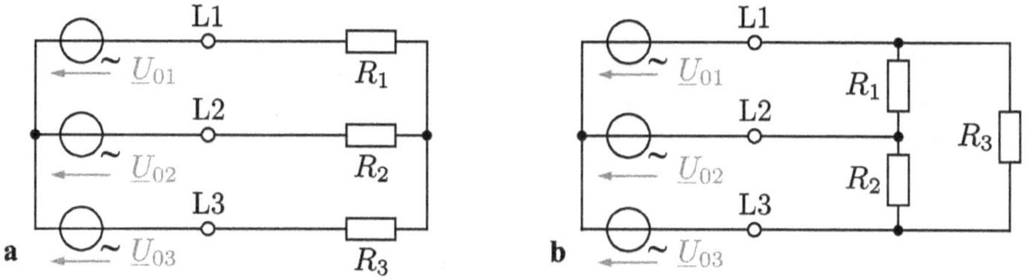

Abb. 8.1: Drehstromsystem mit symmetrischen Lasten in (a) Stern- und (b) Dreieckschaltung.

Aufgabe 8.1.2

Gegeben ist ein dreiphasiges, symmetrisches Spannungssystem mit

$$\underline{U}_{01} = \underline{U} = 400\,\text{V}\,, \quad \underline{U}_{02} = 400\,\text{V}\,\text{e}^{\text{j}2/3\pi}\,, \quad \underline{U}_{03} = 400\,\text{V}\,\text{e}^{-\text{j}2/3\pi}\,.$$

Alle Lastwiderstände haben den Wert $R = 5\,\Omega$.

1. Berechnen Sie die Lastspannungen $\underline{U}_{R1}$, $\underline{U}_{R2}$, $\underline{U}_{R3}$ und zeichnen Sie die zugehörigen Spannungszeiger für beide Schaltungen in Abbildung 8.2.
2. Berechnen Sie die Lastströme $\underline{I}_{R1}$, $\underline{I}_{R2}$, $\underline{I}_{R3}$ für beide Schaltungen in Abbildung 8.2.
3. Berechnen Sie die Leistungen für Stern- und Dreieckschaltung.

https://doi.org/10.1515/9783110672534-002

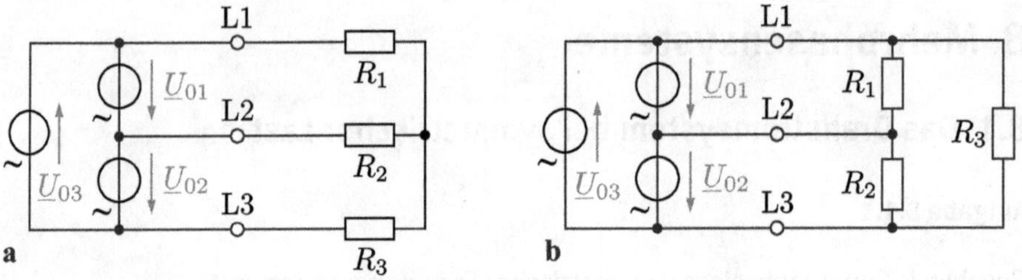

Abb. 8.2: Drehstromsystem mit symmetrischen Lasten in (a) Stern- und (b) Dreieckschaltung.

Aufgabe 8.1.3

Die Versorgungsspannungen der in Abbildung 8.3 dargestellten symmetrischen Drehstromsysteme werden durch die folgenden Gleichungen mit dem Drehfaktor $\underline{a}$ beschrieben:

$$\underline{U}_{01} = \underline{U}_0, \quad \underline{U}_{02} = \underline{a}\underline{U}_0, \quad \underline{U}_{03} = \underline{a}^2\underline{U}_0 .$$

1. Gesucht sind die komplexen Werte der Ströme $\underline{I}_1$, $\underline{I}_2$ und $\underline{I}_3$ in allgemeiner Form für die Schaltungen a und b in Abbildung 8.3.
2. Berechnen Sie jeweils für beide Schaltungen die komplexe Scheinleistung $\underline{S}_{ges}$, die Wirkleistung P_{ges} und die Blindleistung Q_{ges} für $\underline{Z}_1 = \underline{Z}_2 = \underline{Z}_3 = R + jX$.

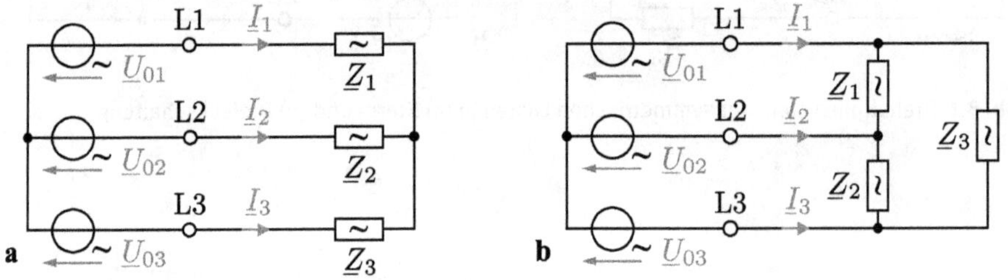

Abb. 8.3: Symmetrisches Drehstromsystem mit komplexen Lasten (a) in Sternschaltung und (b) in Dreieckschaltung.

8.2 Das Drehstromsystem bei asymmetrischer Last

Aufgabe 8.2.1

Das unten abgebildete, symmetrische Drehstromsystem wird durch die folgenden Gleichungen mit dem Drehfaktor $\underline{a}$ beschrieben:

$$\underline{U}_{01} = \underline{U}_0\,, \quad \underline{U}_{02} = \underline{a}\underline{U}_0\,, \quad \underline{U}_{03} = \underline{a}^2\underline{U}_0\,.$$

1. Gesucht sind die komplexen Werte der Ströme $\underline{I}_1$, $\underline{I}_2$ und $\underline{I}_3$ in allgemeiner Form für die Schaltungen a und b in Abbildung 8.4.
2. Wie groß sind in beiden Schaltungen jeweils die komplexe Scheinleistung $\underline{S}_{ges}$, die Wirkleistung P_{ges} und die Blindleistung Q_{ges} für $\underline{Z}_1 = R$, $\underline{Z}_2 = \mathrm{j}R$, $\underline{Z}_3 = -\mathrm{j}R$?

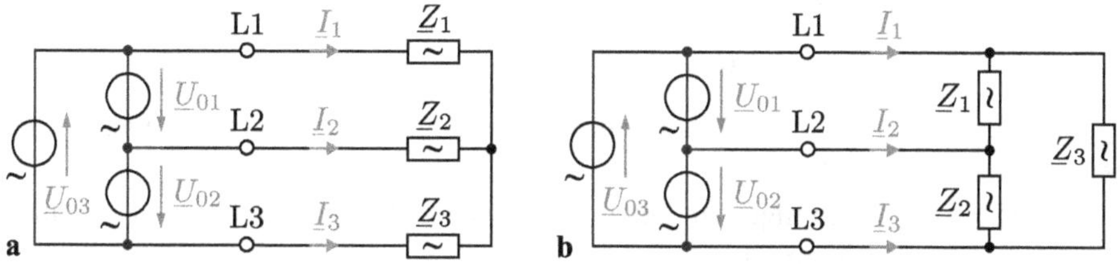

Abb. 8.4: Symmetrisches Drehstromsystem in Dreieckschaltung mit komplexen Lasten in (a) Sternschaltung und (b) Dreieckschaltung.

Aufgabe 8.2.2

Das symmetrische Drehstromsystem in Abbildung 8.5 wird durch die Gleichungen

$$\underline{U}_{01} = U_0\,, \quad \underline{U}_{02} = \underline{a}U_0\,, \quad \underline{U}_{03} = \underline{a}^2 U_0$$

mit Hilfe des Drehfaktors $\underline{a}$ beschrieben und versorgt eine unsymmetrische Last.

1. Berechnen Sie die komplexen Lastströme $\underline{I}_{Z1}$, $\underline{I}_{Z2}$ und $\underline{I}_{Z3}$ allgemein und mit den in Abbildung 8.5 gegebenen Impedanzen.
2. Leiten Sie die Gleichungen zur Berechnung der komplexen Leiterströme $\underline{I}_1$, $\underline{I}_2$ und $\underline{I}_3$ in Abhängigkeit von den Lastströmen in allgemeiner Form her.
3. Es gelte $|\underline{Z}_2| = 2|\underline{Z}_1|$ und $|\underline{Z}_3| = 3|\underline{Z}_1|$ (Aufpassen: gilt nur für die Beträge!). Berechnen Sie die Ströme $\underline{I}_1$, $\underline{I}_2$ und $\underline{I}_3$ für die gegebenen Werte und geben Sie das Ergebnis in rechtwinkligen Koordinaten an.
4. Wie groß ist die abgegebene Wirkleistung P_{ges}?

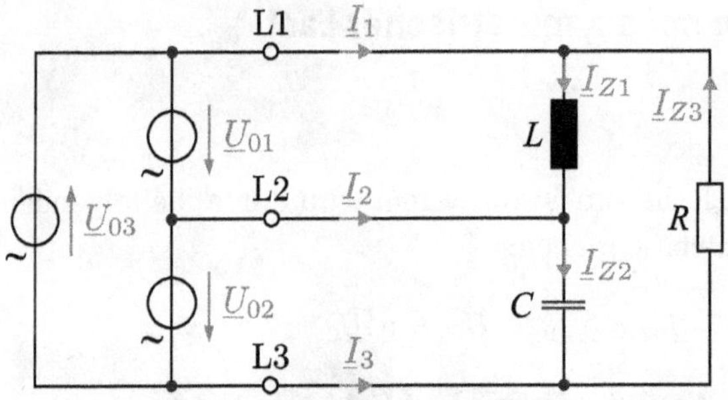

Abb. 8.5: Symmetrisches Drehstromsystem mit komplexen Lasten in Dreieckschaltung.

Aufgabe 8.2.3

Das symmetrische Drehstromsystem in Abbildung 8.6 wird durch die Gleichungen

$$\underline{U}_{01} = \underline{U}_0 \,, \quad \underline{U}_{02} = \underline{a}^2 \underline{U}_0 \,, \quad \underline{U}_{03} = \underline{a}\underline{U}_0$$

beschrieben und versorgt eine unsymmetrische Last mit bekannten Impedanzen. Hierbei gelte $\omega L = 1/\omega C = R$.

1. Leiten Sie die Gleichungen zur Berechnung der komplexen Lastströme $\underline{I}_{Z1}$, $\underline{I}_{Z2}$ und $\underline{I}_{Z3}$ in allgemeiner Form her.
2. Berechnen Sie die obigen Lastströme für die gegebenen Werte und geben Sie die Lösungen in Polar-Koordinaten an.
3. Stellen Sie die Gleichungen zur Berechnung der Leiterströme $\underline{I}_1$, $\underline{I}_2$ und $\underline{I}_3$ auf.
4. Berechnen Sie jetzt die Leiterströme mit den gleichen Werten wie in Aufgabenteil 2. Geben Sie diesmal die Lösungen in Rechteck-Koordinaten an.

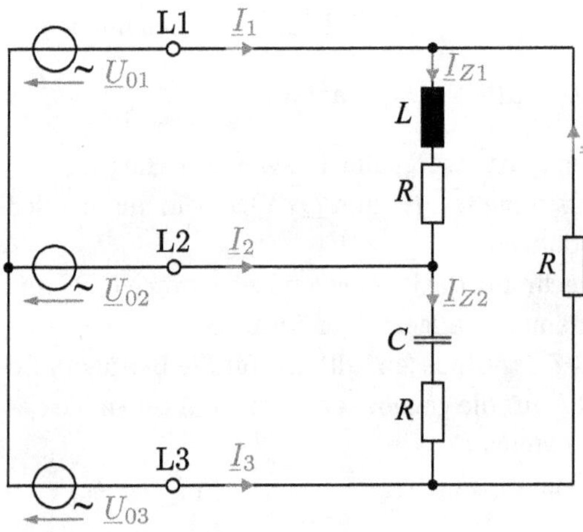

Abb. 8.6: Symmetrisches Drehstromsystem mit komplexen Lasten in Dreieckschaltung.

9 Leitungen

In diesem Kapitel wird auf einen Unterstrich zur Kennzeichnung einer komplexen Größe verzichtet. Alle Spannungen, Ströme und Impedanzen können prinzipiell komplex sein.

9.1 Allgemeine Zusammenhänge

Aufgabe 9.1.1

Leiten Sie analog zu Abschnitt 9.3 im Lehrbuch die Leitungsgleichungen für U_2 und I_2 her. U_1 und I_1 werden als gegeben angesehen.

Aufgabe 9.1.2

Gegeben sei eine verlustfreie Leitung der Länge l, die wie in Abbildung 9.1 dargestellt, beschaltet ist. Die Kreisfrequenz ω der Quellenspannung sowie die Ausbreitungsgeschwindigkeit v seien gegeben. Es gelte $0 < \beta l < 1/2\pi$.

1. Welche Werte muss Z_2 annehmen, damit die Eingangsimpedanz Z_{e1}
   I. den Wert 0 bzw.
   II. den Wert ∞ annimmt?
2. Durch welche Bauelemente lässt sich Z_2 in den Fällen I und II realisieren?

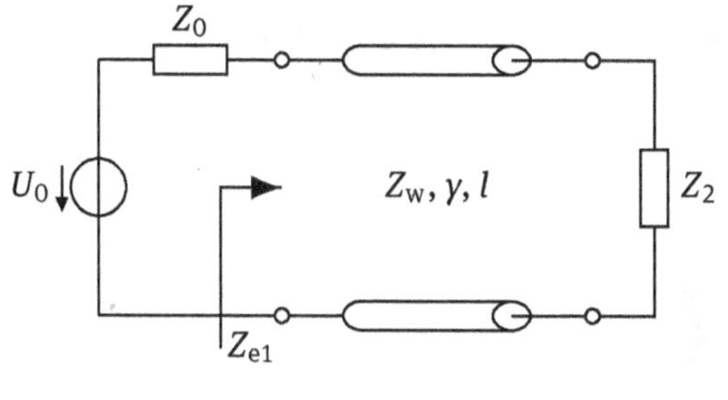

Abb. 9.1: Schaltbild zu Aufgabe 9.1.2.

https://doi.org/10.1515/9783110672534-003

Aufgabe 9.1.3

Gegeben sei ein Übertragungssystem bestehend aus Sender, Leitung und Empfänger gemäß Abbildung 9.2.

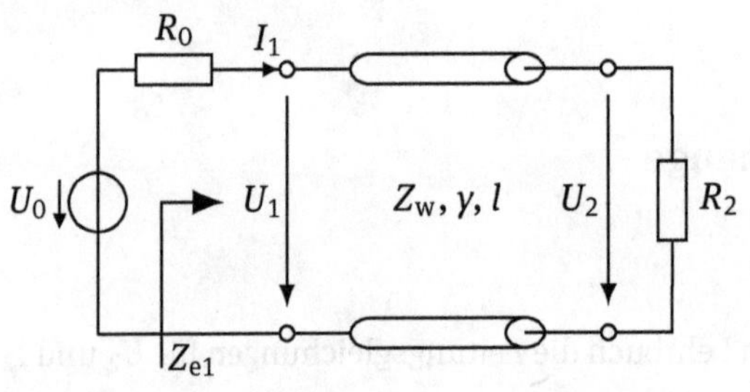

Abb. 9.2: Schaltbild zu Aufgabe 9.1.3.

Der Sender besteht aus einer Ersatzspannungsquelle mit dem Innenwiderstand R_0 und der Leerlaufspannung U_0. Die Leitung ist verlustfrei und hat die Länge $l = 1/4\lambda$. Der Empfänger ist durch seinen Eingangswiderstand R_2 dargestellt.

Folgende Werte sind gegeben: $U_0 = 24\,\mathrm{V}$, $R_0 = 23\,\Omega$, $R_2 = 100\,\Omega$, $Z_\mathrm{w} = 50\,\Omega$.

1. Berechnen Sie die komplexen Werte für I_1 und U_2.
2. Die Ausgangsspannung $|U_2|$ soll maximiert werden. Welchen Wert müsste der Wellenwiderstand Z_w hierfür annehmen?

Aufgabe 9.1.4

Gegeben sei eine verlustfreie Leitung (s. Abbildung 9.3) der Länge l, die den Wellenwiderstand Z_w besitzt. Zum Abschluss stehen frei wählbare Bauelemente (Spule oder Kondensator) zur Verfügung.

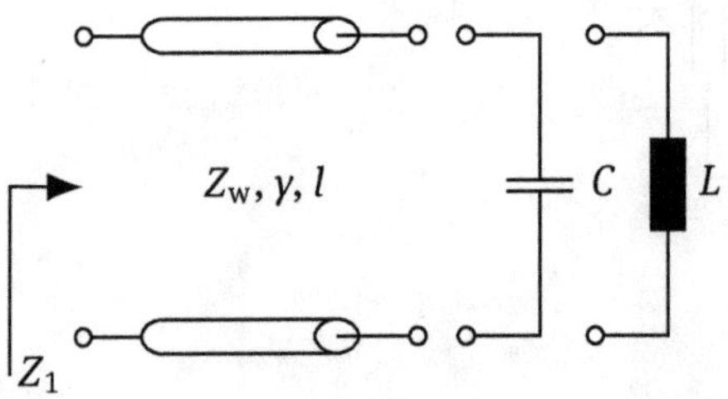

Abb. 9.3: Schaltbild zu Aufgabe 9.1.4.

Für die Ausbreitungsgeschwindigkeit gilt $v = c_0$. Bezüglich der Frequenz kann folgende Annahme getroffen werden:

$$\omega_0 < \frac{\pi}{2} \cdot \frac{v_0}{l}\,.$$

1. Durch welches Bauelement muss die Leitung abgeschlossen werden, damit für die Eingangsimpedanz $Z_1(\omega_0) = 0$ gilt? Wie muss dieses Bauelement dimensioniert werden?
2. Durch welches Bauelement muss die Leitung abgeschlossen werden, damit für die Eingangsimpedanz $Z_1(\omega_0) = \infty$ gilt? Wie muss dieses Bauelement dimensioniert werden?

Aufgabe 9.1.5

Gegeben sei die verlustbehaftete Leitung in Abbildung 9.4.

1. Bestimmen Sie den Quotienten U_0/U_2.
2. Bestimmen Sie die komplexe Eingangsimpedanz Z_{e1} für die Fälle:
   I. $Z_2 = Z_w$,
   II. $Z_2 = 0$,
   III. $Z_2 = \infty$.

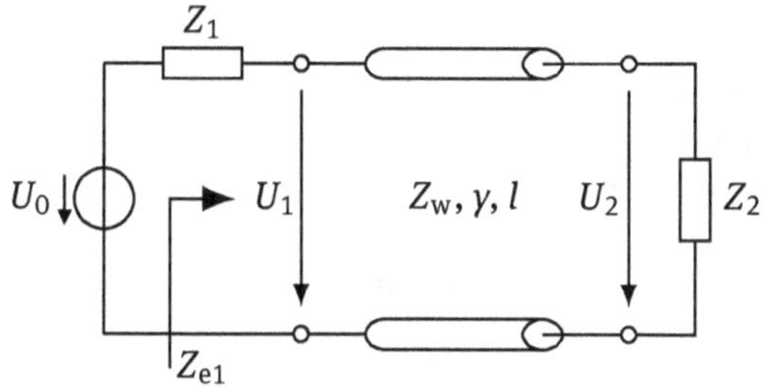

Abb. 9.4: Schaltbild zu Aufgabe 9.1.5.

9.2 Vernetzte Leitungen

Aufgabe 9.2.1

Gegeben sei das verlustlose Netzwerk in Abbildung 9.5.

Bekannt seien die folgenden Werte:

$$Z_i = Z_{w3} = 50\,\Omega \qquad l_1 = l_3 = 15\,\text{cm}$$
$$Z_{w1} = Z_{w2} = Z_4 = 100\,\Omega \qquad l_2 = 30\,\text{cm}$$
$$Z_5 = 25\,\Omega \qquad U_0 = 100\,\text{V}$$

Für die Frequenz der Spannungsquelle gelte $f = 500\,\text{MHz}$.

1. Berechnen Sie die Eingangsimpedanz Z_{e1}.
2. Bestimmen Sie den Quotienten U_0/U_4.

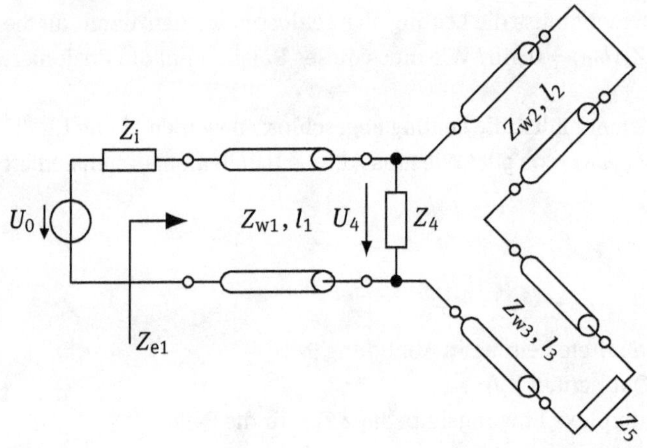

Abb. 9.5: Schaltbild zu Aufgabe 9.2.1.

Aufgabe 9.2.2

Gegeben sei das verlustlose Netzwerk in Abbildung 9.6.

Bekannt seien die folgenden Werte:

$$U_0 = 200\,\mathrm{V} \qquad Z_1 = Z_2 = Z_3 = 5\,\mathrm{k\Omega}$$
$$f = 10\,\mathrm{MHz} \qquad L' = 10\,\mathrm{mH/m}$$
$$Z_{w1} = Z_{w2} = Z_{w3} = Z_w = Z_i \qquad C' = 10\,\mathrm{pF/m}$$

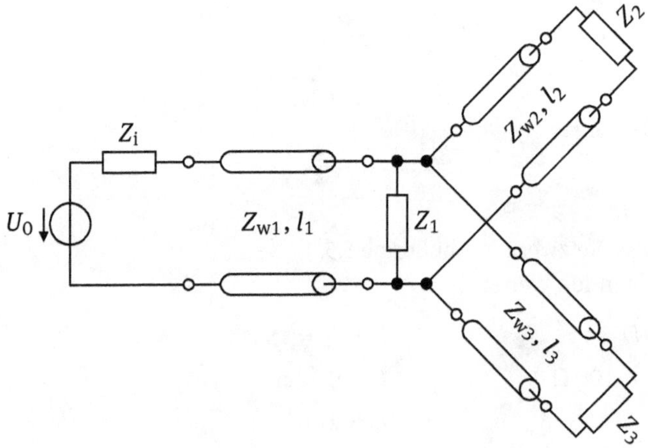

Abb. 9.6: Schaltbild zu Aufgabe 9.2.2.

1. Berechnen Sie den Wellenwiderstand Z_w der Paralleldrahtleitung sowie das Verhältnis der Ausbreitungsgeschwindigkeit der Welle zur Lichtgeschwindigkeit im Vakuum v/c_0.

2. Zeichnen Sie das Π-Ersatzschaltbild von Leitung 1 inklusive vollständiger Beschriftung.

3. Was muss für die Leitungslängen l_2 und l_3 gelten, damit folgende Beziehung erfüllt ist: $|U_{Z2}| = |U_{Z3}|$?

Ab jetzt gelte: $l_1 = 3/4\lambda$, $l_2 = 1/2\lambda$, $l_3 = 1/4\lambda$.

4. Durch einen Fehler wird am Ende von Leitung 2 ein Kurzschluss verursacht ($Z_2 = 0$). Berechnen Sie die in diesem Fall von der Quelle abgegebene Leistung P_2.

5. Berechnen Sie die abgegebene Leistung P_3 für den Fall eines Kurzschlusses an Leitung 3 ($Z_3 = 0$).

10 Zeitlich veränderliche elektromagnetische Felder

10.1 Ampere-Maxwell'sches Durchflutungsgesetz

Aufgabe 10.1.1

Gegeben sei der symmetrische Hohlrohrleiter in Abbildung 10.1 mit dem Innenradius ρ_1 und dem Außenradius ρ_2. In z-Richtung fließt ein Strom I mit konstanter Stromdichte $\vec{J}$ durch den Rohrmantel.

1. Bestimmen Sie die Stromdichte $\vec{J}$ im Rohrmantel.
2. Bestimmen Sie die magnetische Feldstärke $\vec{H}$ für die folgenden Fälle:
   I. innerhalb des Rohres $(\rho < \rho_1)$,
   II. im Rohrmantel $(\rho_1 \leq \rho < \rho_2)$,
   III. außerhalb des Rohres $(\rho_2 \leq \rho)$.
   Verwenden Sie für ihre Rechnungen die in Abbildung 10.1 dargestellten Zylinderkoordinaten.
3. Skizzieren sie den Verlauf von $|\vec{H}|$ in Abhängigkeit von ρ, φ und z.

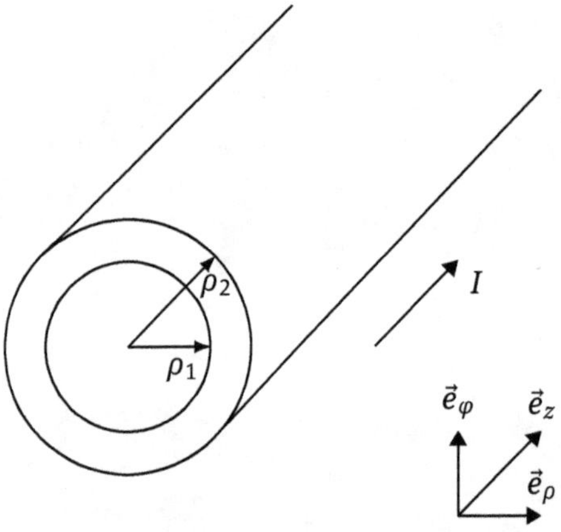

Abb. 10.1: Hohlrohrleiter mit dem Innenradius ρ_1 und dem Außenradius ρ_2.

https://doi.org/10.1515/9783110672534-004

10.2 Faraday-Maxwell'sches Induktionsgesetz

Aufgabe 10.2.1

Gegeben sei eine Leiterschleife gemäß Abbildung 10.2, die von einem Magnetfeld mit folgender Flussdichte durchsetzt wird:

$$B = \hat{B}\cos(\omega t)\sin\left(\frac{\pi}{b}x\right) .$$

1. Wie groß ist die Spannung $u(t)$ bei offener Leiterschleife?
2. Welcher Strom fließt in der Schleife, wenn diese über einen Widerstand R kurzgeschlossen wird? Rückwirkungen auf das Magnetfeld B sind zu vernachlässigen.

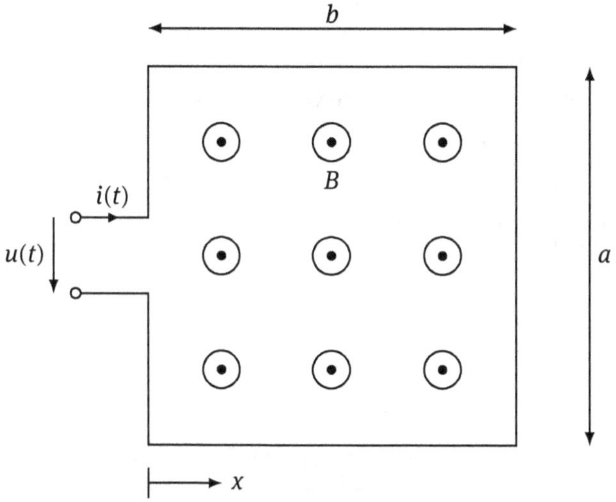

Abb. 10.2: Von dem Magnetfeld B durchsetzte Leiterschleife.

11 Nichtsinusförmige Vorgänge

11.1 Fourier-Reihen

Aufgabe 11.1.1

Eine Wechselspannung $u_0(t)$ mit

$$u_0(t) = \hat{u}\cos\omega_0 t\,, \quad \omega_0 = \frac{2\pi}{T}$$

soll mit einem Brückengleichrichter (Graetzschaltung, siehe Abbildung 11.1) gleichgerichtet werden und es gilt

$$u_1(t) = |u_0(t)|\,.$$

1. Berechnen Sie die Fourier-Reihe für $u_1(t)$.
   Hinweis: $2\cos a\cos b = \cos(a+b) + \cos(a-b)\,.$
2. Skizzieren Sie die Amplituden der Teilschwingungen in Abhängigkeit von der Frequenz $\omega = n\omega_0$ (mit $n = 0, 1, 2, \ldots$).
3. Berechnen Sie das Verhältnis zwischen dem Mittelwert von $u_1(t)$ (Gleichrichtwert) und dem Effektivwert von $u_0(t)$.

$$U_{\text{eff}} = \sqrt{\frac{1}{T}\int\limits_{-T/2}^{T/2} u_0^2(t)\,\mathrm{d}t} = \sqrt{\sum_{n=0}^{\infty} u_n^2(t)} = \sqrt{U_=^2 + U_\sim^2}\,.$$

   Hinweis: $2\cos^2 x = 1 + \cos 2x\,.$

Aufgabe 11.1.2

Es liege die periodische Funktion $g(t)$ nach Abbildung 11.2 vor. Weiterhin gelte $T > 2a$.

1. Bestimmen Sie zunächst die Koeffizienten der trigonometrischen Fourier-Reihe von $g(t)$ in Abhängigkeit von T und a. Stellen Sie das Ergebnis als si^2-Funktion dar (mit $\text{si}^2(x) = (\sin(x)/x)^2$).

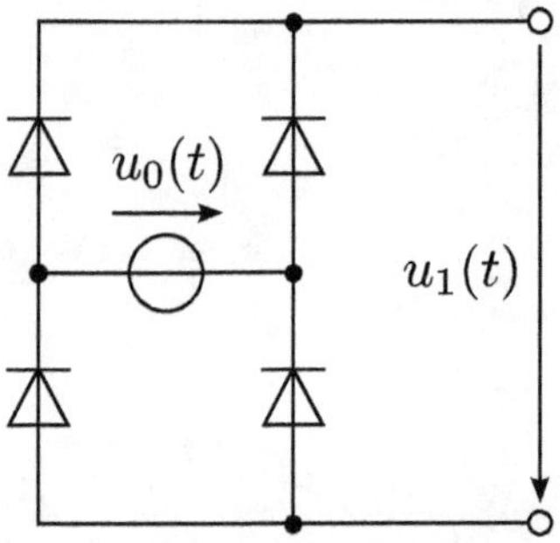

Abb. 11.1: Schaltung eines Zweipuls-Brückengleichrichters.

https://doi.org/10.1515/9783110672534-005

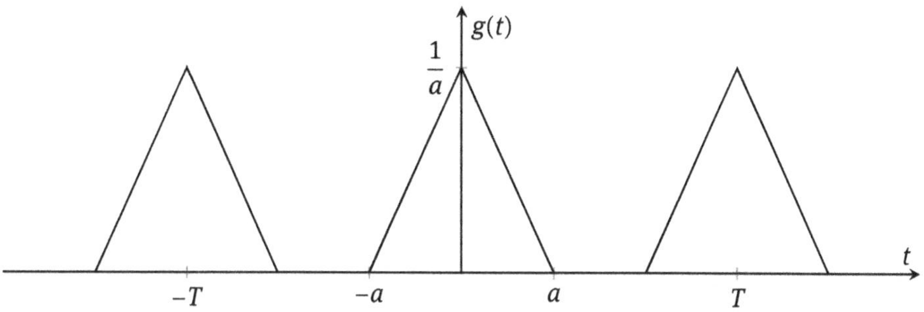

Abb. 11.2: Periodisches Signal $g(t)$.

2. Gesucht sind nun die komplexen Fourier-Koeffizienten des Dirac-Kamms

$$z(t) = \sum_{n=-\infty}^{\infty} \delta(t - nT) \,.$$

Berechnen Sie diese, ausgehend vom Ergebnis der vorangegangenen Aufgabe, durch Überführung der Funktion $g(t)$ in den Dirac-Kamm $z(t)$ durch einen geeigneten Grenzübergang von a.

Aufgabe 11.1.3

Gegeben ist die periodische Funktion $f(t)$ in Abbildung 11.3.

1. Bestimmen Sie die komplexen Fourier-Koeffizienten c_k der Funktion $f(t)$ in Abhängigkeit von A und geben sie $f(t)$ als komplexe Fourier-Reihe an.
2. Geben Sie die c_k für $|k| = 1, 2$ an.
3. Das Signal $f(t)$ werde von einem Tiefpassfilter mit der Übertragungsfunktion $G(\mathrm{j}\omega)$ (siehe Abbildung 11.4) übertragen. Bestimmen Sie die *reelle* Fourier-Reihe des Ausgangssignals $y(t)$ unter Verwendung der unter 2. berechneten komplexen Fourier-Koeffizienten c_k.

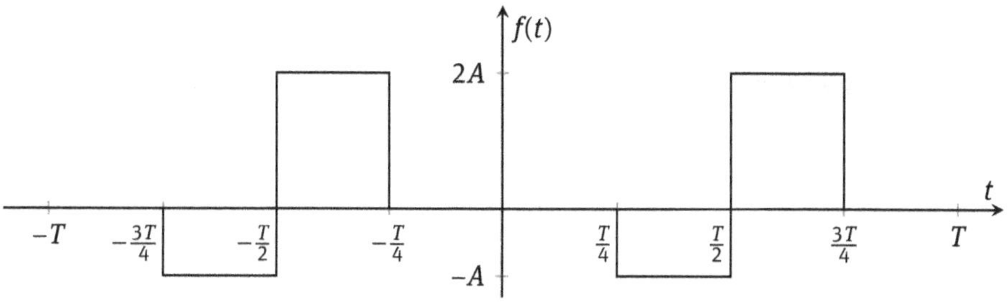

Abb. 11.3: Periodisches Signal $f(t)$.

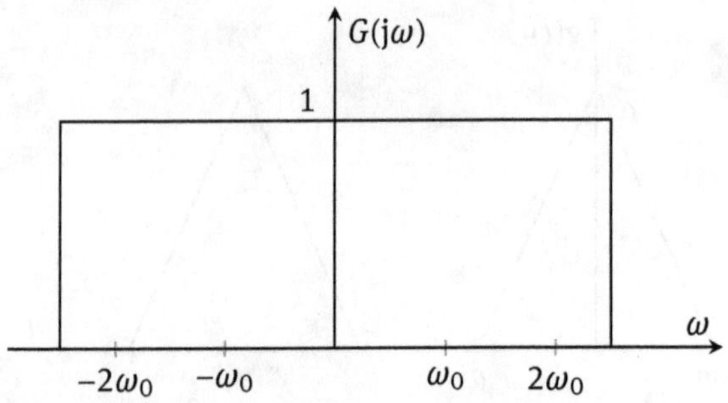

Abb. 11.4: Übertragungsfunktion $G(\mathrm{j}\omega)$ eines Tiefpasses im Frequenzbereich.

Aufgabe 11.1.4

Gegeben ist das Übertragungssystem mit Eingangsspannung $u_{\mathrm{in}}(t)$ und Ausgangsspannung $u_{\mathrm{out}}(t)$ in Abbildung 11.5.

1. Um welche Art von Übertragungssystem handelt es sich? Es gilt: $L > 0$, $R > 0$.
2. Bestimmen Sie die Übertragungsfunktion $H(\mathrm{j}\omega)$ in Abhängigkeit von L und R. Geben Sie den Betrag $|H(\mathrm{j}\omega)|$ und die Phase $\varphi(\omega) = \arg\{H(\mathrm{j}\omega)\}$ der Übertragungsfunktion in Abhängigkeit von L und R an.
3. Am Eingang des Übertragungssystems liege nun die Spannung $u_{\mathrm{in}}(t)$ an, die durch nachfolgende Fourier-Reihe gegeben ist:

$$u_{\mathrm{in}}(t) = \frac{\pi}{2} - \frac{4}{\pi} \sum_{k=1}^{\infty} \frac{\cos\left[(2k-1)\omega_0 t\right]}{(2k-1)} .$$

   Gegeben sei außerdem das einseitige Amplitudenspektrum

$$|U_{\mathrm{out}}(k)| = \sqrt{a_{\mathrm{out},k}^2 + b_{\mathrm{out},k}^2}$$

   der Ausgangsspannung $u_{\mathrm{out}}(t)$. $a_{\mathrm{out},k}$ und $b_{\mathrm{out},k}$ seien hierbei die reellen Koeffizienten der trigonometrischen Fourier-Reihe von $u_{\mathrm{out}}(t)$. Das zugehörige einseitige Amplitudenspektrum $|U_{\mathrm{out}}(k)|$ zeigt Abbildung 11.6.
   Berechnen Sie den Widerstand R als Funktion von L und ω_0.

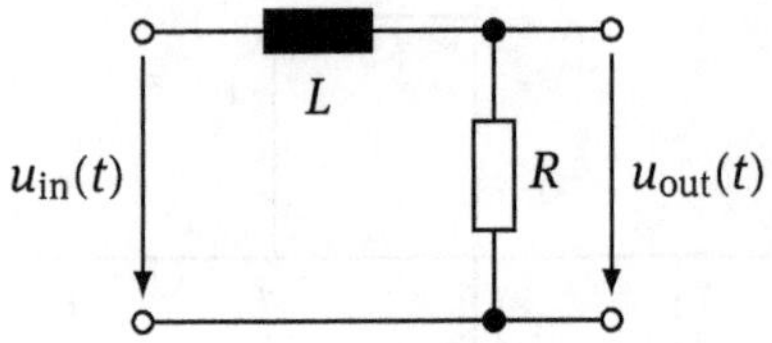

Abb. 11.5: Übertragungssystem mit Eingangsspannung $u_{\mathrm{in}}(t)$ und Ausgangsspannung $u_{\mathrm{out}}(t)$.

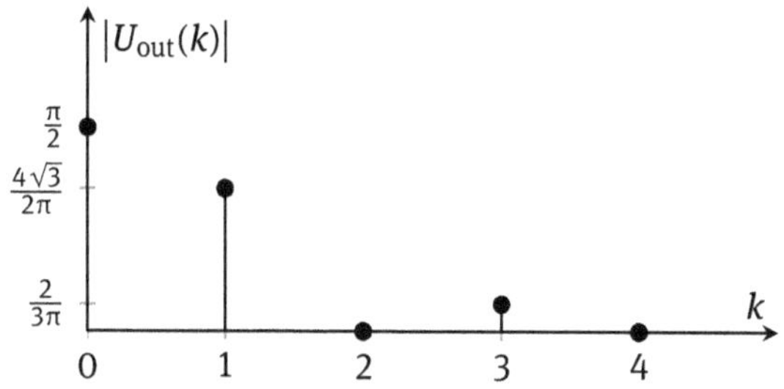

Abb. 11.6: Amplitudenspektrum $|U_{\mathrm{out}}(k)|$.

11.2 Fourier-Transformation

Aufgabe 11.2.1

Gegeben sei das Zeitsignal $f(t)$ in Abbildung 11.7. Bestimmen Sie die zugehörige Fourier-Transformierte $F(\mathrm{j}\omega)$ in Abhängigkeit von T. *Hinweis:* Es gibt in diesem Fall elegantere Wege als das Lösen des Fourier-Integrals.

Aufgabe 11.2.2

Gegeben sei die Fourier-Transformierte $X(\mathrm{j}\omega)$ in Abbildung 11.8. Es gilt:

$$X(\mathrm{j}\omega) = \begin{cases} \dfrac{\omega^2}{\omega_\mathrm{g}^2} & \text{für} \quad -\omega_\mathrm{g} \leq \omega \leq \omega_\mathrm{g}\,, \\ 0 & \text{sonst.} \end{cases}$$

1. Berechnen Sie die zu $X(\mathrm{j}\omega)$ gehörende Zeitfunktion $x(t)$ in Abhängigkeit von ω_g durch Lösen des inversen Fourier-Integrals. Stellen Sie das Ergebnis als Summe von sin- und cos-Funktionen dar.
2. Bestimmen Sie die zu $X(\mathrm{j}\omega)$ gehörende Zeitfunktion $x(t)$ in Abhängigkeit von ω_g durch mehrfaches Ableiten der Funktion $X(\mathrm{j}\omega)$ nach der Frequenz ω und durch

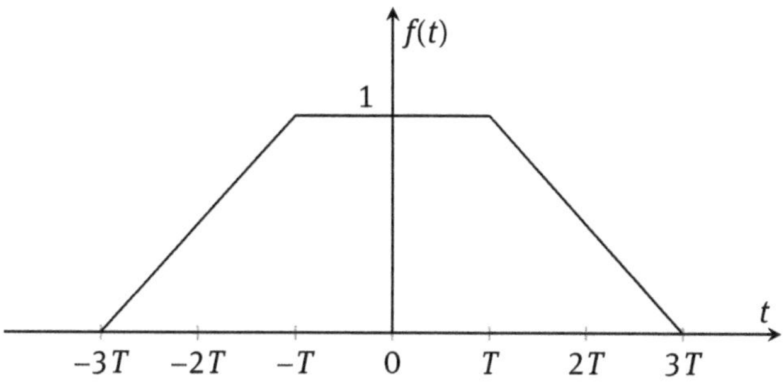

Abb. 11.7: Zeitsignal $f(t)$.

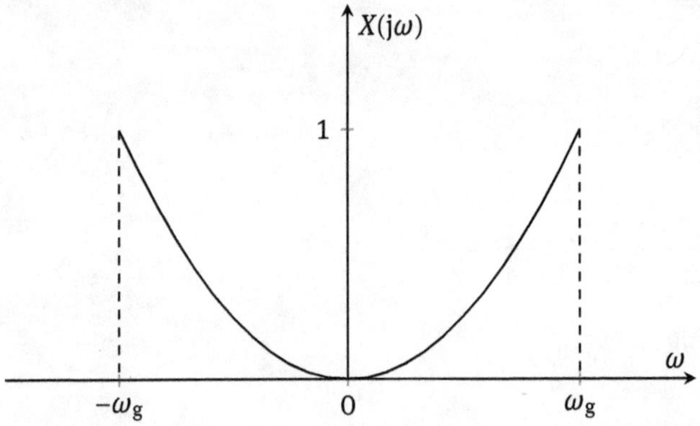

Abb. 11.8: Fourier-Transformierte $X(\mathrm{j}\omega)$.

Anwendung passender Eigenschaften der Fourier-Transformation. Stellen Sie das Ergebnis als Summe von sin- und cos-Funktionen dar.

Aufgabe 11.2.3

Gegeben ist die Fourier-Transformierte $X_1(\mathrm{j}\omega) = \mathcal{F}\{x_1(t)\}$ des Signals $x_1(t)$ in Abbildung 11.9.

1. Bestimmen Sie die Funktionsgleichung von $X_1(\mathrm{j}\omega)$ im Intervall $0 \le \omega \le 4$.
2. Bestimmen Sie die Zeitfunktion $x_1(t) = \mathcal{F}^{-1}\{X_1(\mathrm{j}\omega)\}$.

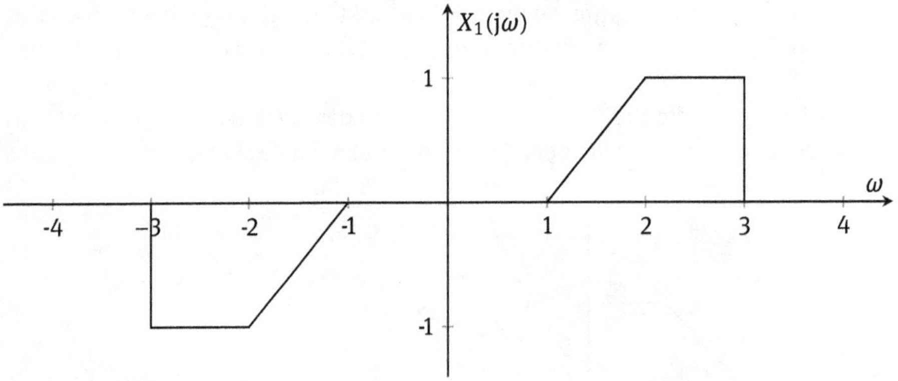

Abb. 11.9: Fourier-Transformierte $X_1(\mathrm{j}\omega)$.

Aufgabe 11.2.4

Gegeben ist das Signal

$$x_2(t) = t\,\mathrm{e}^{-2t}\sin(t)\,\sigma(t) \quad \text{mit} \quad \sigma(t) = \begin{cases} 0 & \text{für } t \le 0\,, \\ 1 & \text{für } t > 0\,. \end{cases}$$

Das Signal $x_2(t)$ liegt als Eingangssignal an dem in Abbildung 11.10 dargestellten System mit der Impulsantwort $h(t)$ an.

1. Das Ausgangssignal ist $y(t) = t\,\mathrm{e}^{-2t}\cos(t)\,\sigma(t)$.
   Bestimmen Sie die Fourier-Transformierten
   $Y(\mathrm{j}\omega) = \mathcal{F}\{y(t)\}$ und $X_2(\mathrm{j}\omega) = \mathcal{F}\{x_2(t)\}$.
2. Bestimmen Sie die Übertragungsfunktion $H(\mathrm{j}\omega) = \mathcal{F}\{h(t)\}$ des Systems.

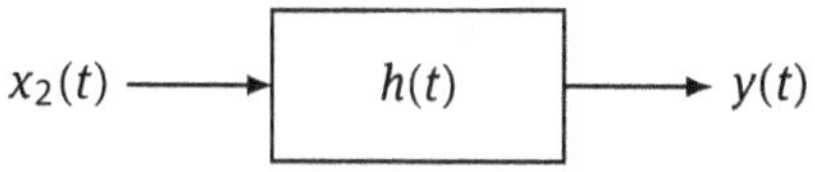

Abb. 11.10: System mit Impulsantwort $h(t)$.

Aufgabe 11.2.5

Das Signal

$$x_3(t) = 5\,\mathrm{e}^{-3t}\sigma(t) \quad \text{mit} \quad \sigma(t) = \begin{cases} 0 & \text{für } t \le 0\,, \\ 1 & \text{für } t > 0 \end{cases}$$

wird von dem in Abbildung 11.11 dargestellten Differenzierer übertragen. Bestimmen Sie die Fourier-Transformierte $Z(\mathrm{j}\omega) = \mathcal{F}\{z(t)\}$.

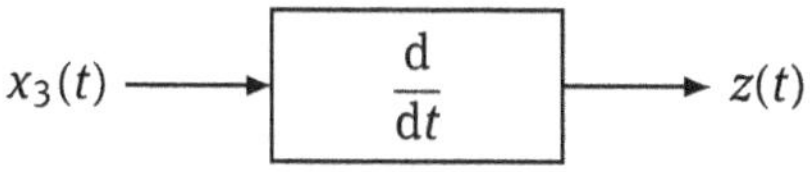

Abb. 11.11: Differenzierer mit $h(t) = {}^{\mathrm{d}}/_{\mathrm{d}t}$.

Aufgabe 11.2.6

1. Berechnen Sie die Fourier-Transformierte $U_1(\mathrm{j}\omega)$ des in Abbildung 11.12 gegebenen Signals $u_1(t)$.
2. Ermitteln Sie $U_2(\mathrm{j}\omega)$ des Signals

$$u_2(t) = u_1(t - 2T) - u_1(t + 2T).$$

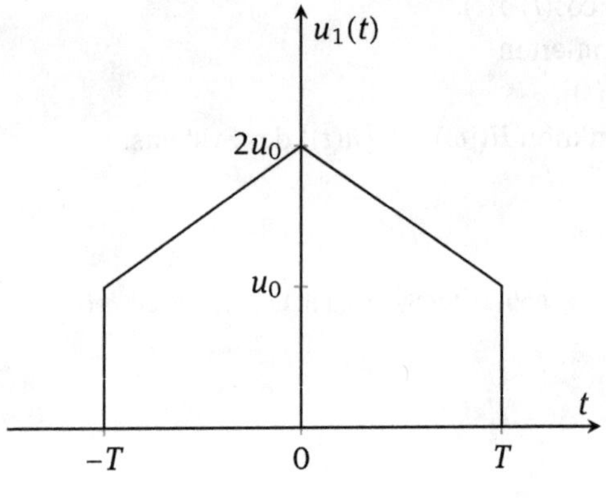

Abb. 11.12: Zeitabhängiges Signal $u_1(t)$.

Aufgabe 11.2.7

Gegeben ist die Fourier-Transformierte $H(\mathrm{j}\omega) = \mathcal{F}\{h(t)\}$ in Abbildung 11.13.

1. Skizzieren Sie die erste und zweite Ableitung von $H(\mathrm{j}\omega)$ nach der Kreisfrequenz ω ($^{\mathrm{d}H(\mathrm{j}\omega)}/_{\mathrm{d}\omega}$ und $^{\mathrm{d}^2H(\mathrm{j}\omega)}/_{\mathrm{d}\omega^2}$). Achten Sie auf die Achsenbeschriftungen!
2. Bestimmen Sie die Zeitfunktion $h(t) = \mathcal{F}^{-1}\{H(\mathrm{j}\omega)\}$.

Aufgabe 11.2.8

Gegeben ist das Signal

$$i(t) = i_0\,\mathrm{si}^2(\omega_0 t) \quad \text{mit} \quad \mathrm{si}(x) = \frac{\sin(x)}{x}\,.$$

1. Bestimmen Sie die Fourier-Transformierte $I(\mathrm{j}\omega) = \mathcal{F}\{i(t)\}$ des Signals $i(t)$ in Abhängigkeit von i_0 und ω_0 unter Verwendung des Dualitätssatzes.
2. Skizzieren Sie die Fourier-Transformierte $I(\mathrm{j}\omega)$. Achten Sie dabei auf die Achsenbeschriftungen!

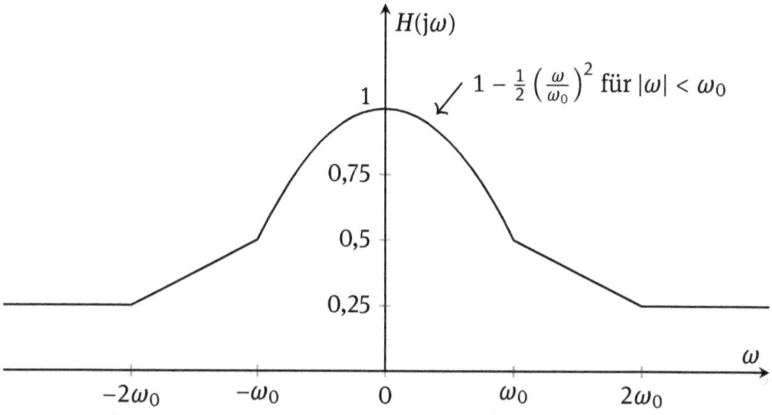

Abb. 11.13: Fourier-Transformierte $H(j\omega)$.

Aufgabe 11.2.9

Die Fourier-Transformierte $U(j\omega) = \mathcal{F}\{u(t)\}$ ist im Folgenden gegeben durch die Dreiecksfunktion

$$\operatorname{tri}\left(\frac{\omega}{\omega_0}\right) = \begin{cases} 1 - \left|\dfrac{\omega}{\omega_0}\right| & \text{für } -\omega_0 < \omega < \omega_0\,, \\ 0 & \text{sonst.} \end{cases}$$

Das Signal $u(t)$ liegt als Eingangssignal an einem System F mit der Impulsantwort $f(t)$ (Abbildung 11.14) an:

$$f(t) = \frac{\omega_0}{2\pi} \operatorname{si}\left(\frac{\omega_0 t}{2}\right).$$

1. Bestimmen Sie die Fourier-Transformierte $P(j\omega) = \mathcal{F}\{p(t)\}$ des Ausgangssignals.
2. Skizzieren Sie die Fourier-Transformierte $P(j\omega)$. Achten Sie dabei auf die Achsenbeschriftungen!

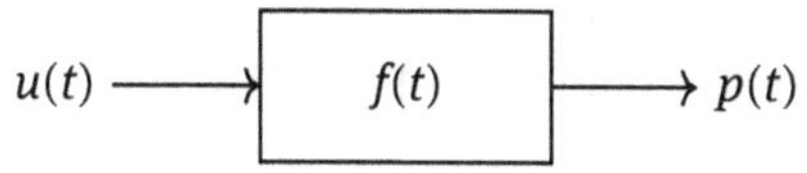

Abb. 11.14: System F mit Impulsantwort $f(t)$.

11.3 Faltung

Aufgabe 11.3.1

Bestimmen Sie die Faltungsoperation $y(t) = x(t) * h(t)$ mittels Faltungsintegral. Führen Sie hierzu eine graphische Fallunterscheidung durch. Dabei sind $x(t)$ und $h(t)$ in Abbildung 11.15 gezeigt.

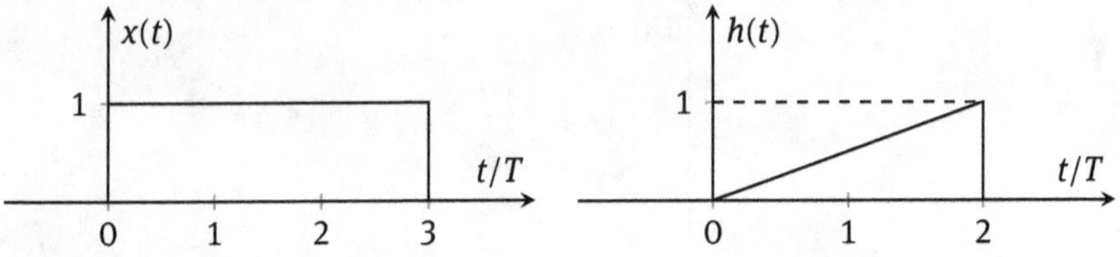

Abb. 11.15: Zeitsignale $x(t)$ und $h(t)$.

Aufgabe 11.3.2

1. Das System G in Abbildung 11.16 kann durch eine Reihenschaltung zweier Systeme mit den Impulsantworten $h_1(t)$ und $h_2(t)$ beschrieben werden. Bestimmen Sie die Impulsantwort des Gesamtsystems $g(t)$.

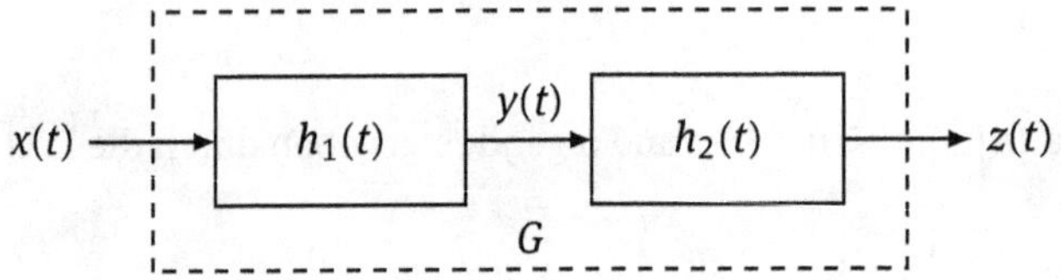

Abb. 11.16: Blockschaltbild des Systems G.

2. Das System wird mit dem Eingangssignal $x(t) = \delta(t)$ beaufschlagt. $y(t)$ ergibt sich zu

$$y(t) = \begin{cases} 1 - t & \text{für } 0 \leq t < 1\,, \\ 0 & \text{sonst.} \end{cases}$$

   Bestimmen Sie die Impulsantwort $h_1(t)$.
3. Das Teilsystem H_2 sei durch die in Abbildung 11.17 dargestellte Schaltung gegeben. Bestimmen Sie die Impulsantwort $h_2(t)$ dieser Schaltung.
4. Geben Sie nun unter Verwendung von Aufgabenteil 1 die Impulsantwort des Gesamtsystems $g(t)$ an.

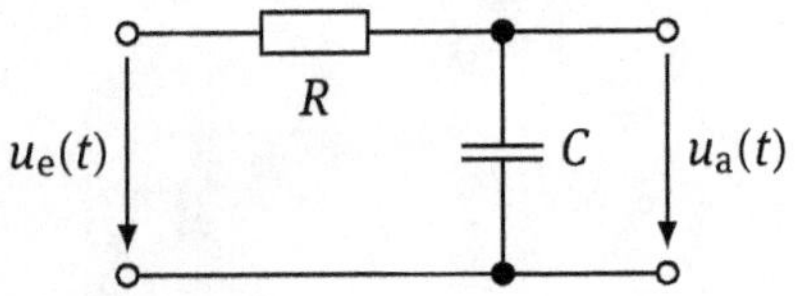

Abb. 11.17: Schaltbild des Teilsystems H_2 mit der Impulsantwort $h_2(t)$.

Aufgabe 11.3.3

Bestimmen Sie die Faltungsoperation $y(t) = x(t) * h(t)$ mittels Faltungsintegral. Führen Sie hierzu eine graphische Fallunterscheidung durch. Dabei sind $x(t)$ und $h(t)$ in Abbildung 11.18 gezeigt.

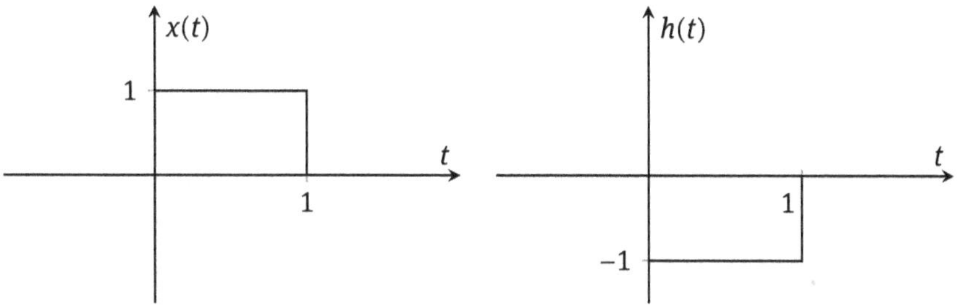

Abb. 11.18: Zeitsignale $x(t)$ und $h(t)$.

12 Die Laplace-Transformation

12.1 Hin- und Rücktransformation

Aufgabe 12.1.1

Geben Sie für den in Abbildung 12.1 dargestellten zeitlichen Verlauf der Größe $f(t)$ die Laplace-Transformierte $F(p)$ an.

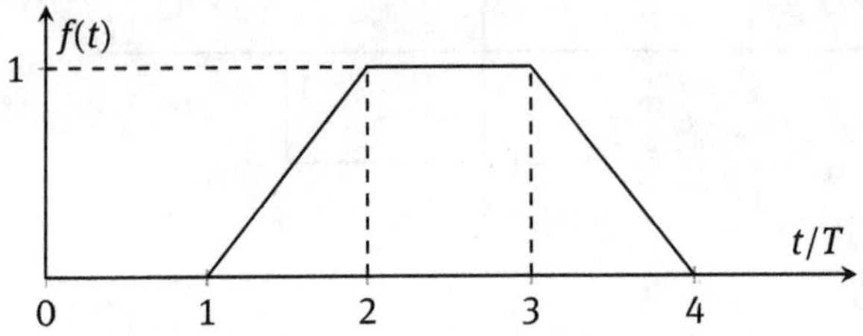

Abb. 12.1: Zeitlicher Verlauf der Größe $f(t)$.

Aufgabe 12.1.2

Finden Sie die Rücktransformierte $x(t)$ von

$$X(p) = \frac{p^2 + 2p + 5}{(p+3)(p+5)^2}\,, \qquad \Re(p) > -3$$

mit Hilfe der Partialbruchzerlegung.

Aufgabe 12.1.3

Finden Sie die Rücktransformierte $x(t)$ von

$$X(p) = \frac{9p^2 + 28p + 37}{p^3 + 8p^2 + 37p + 50}\,, \qquad \Re(p) > -2$$

mit Hilfe der Partialbruchzerlegung.

Aufgabe 12.1.4

Berechnen Sie die Laplace-Transformierte von

$$x(t) = \sinh(at)\,u(t) = \frac{1}{2}\left(e^{at} - e^{-at}\right)u(t)$$

https://doi.org/10.1515/9783110672534-006

mit Hilfe des Integrals für $a > 0$. Bestimmen Sie das Konvergenzgebiet. Es gelte:

$$u(t) = \begin{cases} 0 & \text{für} \quad t \leq 0\,, \\ u_0(1 - e^{-t/T_0}) & \text{für} \quad t > 0\,. \end{cases}$$

Aufgabe 12.1.5

Gegeben ist der elektrische Schwingkreis in Abbildung 12.2.

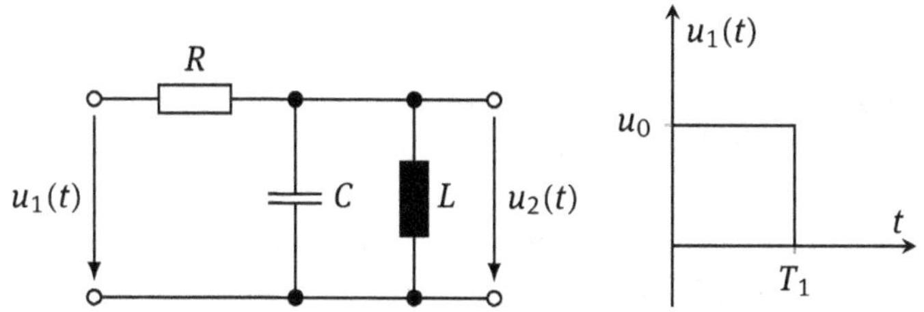

Abb. 12.2: Elektrischer Schwingkreis und zeitlicher Verlauf der Eingangsspannung $u_1(t)$.

Es gilt: $\sqrt{\frac{L}{C}} < 2R$ und $u_1(t) = \begin{cases} 0 & \text{für} \quad t \leq 0\,, \\ u_0 & \text{für} \quad 0 < t \leq T_1\,, \\ 0 & \text{für} \quad t > T_1\,. \end{cases}$

Spule und Kondensator sind für $t < 0$ energiefrei.

1. Gesucht ist die Ausgangsspannung $u_2(t)$. Bestimmen Sie zuerst die Übertragungsfunktion $H(p)$ und berechnen Sie dann die Spannung $u_2(t)$ für den angegebenen Verlauf von $u_1(t)$.
2. Bestimmen Sie die Ausgangsspannung $u_2(t)$, wenn am Eingang folgender Rechteckimpuls anliegt:

$$u_1(t) = \lim_{T_1 \to 0} \tilde{u}_1(t), \quad \text{wobei} \quad \tilde{u}_1(t) = \begin{cases} 0 & \text{für} \quad t \leq 0\,, \\ \frac{u_0 T_0}{T_1} & \text{für} \quad 0 < t \leq T_1\,, \\ 0 & \text{für} \quad t > T_1\,. \end{cases}$$

3. Skizzieren Sie das Pol-Nullstellen-Diagramm der Übertragungsfunktion.
4. Bestimmen Sie den Frequenzgang der Übertragungsfunktion $|H(j\omega)|$.

Aufgabe 12.1.6

Die unbekannte Impulsantwort eines zeitkontinuierlichen, zeitinvarianten linearen Systems soll experimentell bestimmt werden. Dazu wird das System mit dem Eingangssignal $x(t) = x_0 \cos(\omega_0 t) \cdot \sigma(t)$ angeregt, mit

$$\sigma(t) = \begin{cases} 0 & \text{für} \quad t \leq 0\,, \\ 1 & \text{für} \quad t > 0\,. \end{cases}$$

Wenn die Parameter des Eingangssignals zu $\omega_0 = 2$ und $x_0 = 4$ gewählt werden, dann wird am Ausgang des Systems $y(t) = [\cos(2t) + \sin(2t) - \mathrm{e}^{-2t}] \cdot \sigma(t)$ gemessen. Wie lautet die Impulsantwort des Systems?

Aufgabe 12.1.7

Gegeben ist das in Abbildung 12.3 dargestellte Netzwerk.

1. Stellen Sie die Gleichungen der beiden eingetragenen Spannungsumläufe im Zeitbereich auf und transformieren Sie jede Umlaufgleichung in den Laplacebereich. Berücksichtigen Sie dabei die in der Schaltung angegebenen Anfangswerte.
2. Es gilt nun: $C = 1\,\mathrm{F}$, $L = 1/2\,\mathrm{H}$, $R_1 = 1/5\,\Omega$, $R_2 = 1\,\Omega$, $i_2(0^-) = 4\,\mathrm{A}$, $u_C(0^-) = 5\,\mathrm{V}$, $u_0 = 10\,\mathrm{V}$. Lösen Sie das Gleichungssystem nach $I_1(p)$ auf und führen Sie die Rücktransformation durch.

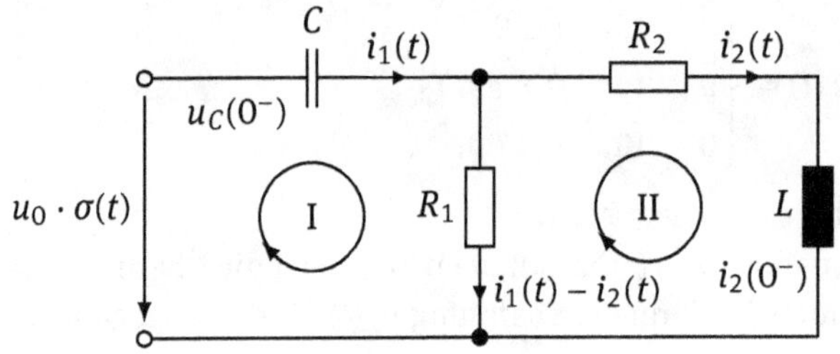

Abb. 12.3: Passives RLC-Netzwerk.

12.2 Die Behandlung von Ausgleichsvorgängen

Aufgabe 12.2.1

Das in Abbildung 12.4 dargestellte Netzwerk befindet sich für $t < 0$ im stationären Zustand. Der Schalter S wird zur Zeit $t = 0$ geöffnet.

1. Bestimmen Sie den Strom $i_L(t)$ durch die Induktivität für $-\infty < t < \infty$. Skizzieren Sie $i_L(t)$ für $R_1 = R_2 = R_3 = R$.
2. Bestimmen Sie die Spannung $u_2(t)$ für $-\infty < t < \infty$. Skizzieren Sie $u_2(t)$ für $R_1 = R_2 = R_3 = R$.

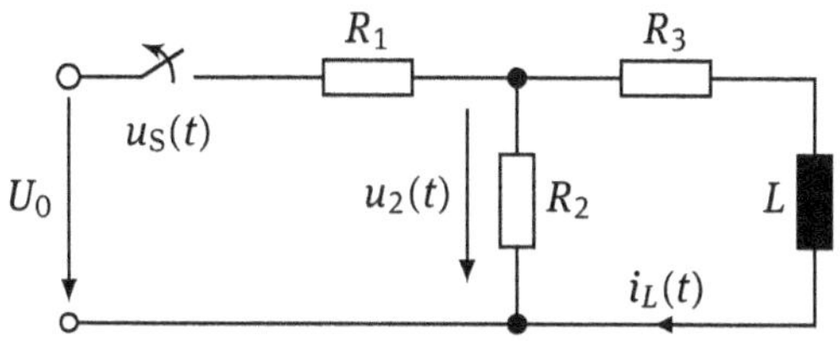

Abb. 12.4: Passives RL-Netzwerk.

3. Bestimmen Sie die Spannung $u_S(t)$ für $-\infty < t < \infty$. Skizzieren Sie $u_S(t)$ für $R_1 = R_2 = R_3 = R$.
4. Es gelte nun $R_1 = R_3 = R$. Wie groß muss R_2 gewählt werden, damit der Betrag der Spannung $u_2(t)$ nach dem Öffnen des Schalters den fünffachen Wert von $u_2(t)$ bei geschlossenem Schalter nicht überschreitet?

Aufgabe 12.2.2

Der Maschenumlauf in einem RLC-Schwingkreis ergibt die Gleichung:

$$\begin{aligned} u(t) &= Ri(t) + L\frac{\mathrm{d}i(t)}{\mathrm{d}t} + \frac{1}{C}\int_{-\infty}^{t} i(\tau)\,\mathrm{d}\tau \\ &= Ri(t) + L\frac{\mathrm{d}i(t)}{\mathrm{d}t} + \frac{1}{C}\int_{0}^{t} i(\tau)\,\mathrm{d}\tau + \underbrace{\frac{1}{C}\int_{-\infty}^{0} i(\tau)\,\mathrm{d}\tau}_{v_0}, \qquad t \geq 0\,, \end{aligned}$$

wobei $v_0 = u_C(t = 0)$ die Anfangsspannung des Kondensators ist. Für den Strom zum Zeitpunkt $t = 0$ gilt: $i(0) = i_0$.

1. Geben Sie die Laplace-Transformierte $I(p)$ in Abhängigkeit von i_0, v_0, $U(p)$ •—○ $u(t)$ an.
2. Bestimmen Sie $i(t)$ für den Fall $i_0 \neq 0$, $v_0 = 0$ und $R/2L = \sqrt{1/LC}$, wenn $u(t)$ den in Abbildung 12.5 dargestellten Verlauf besitzt.

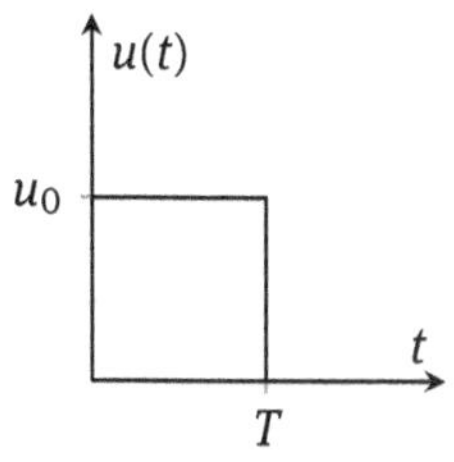

Abb. 12.5: Zeitlicher Verlauf der Spannung $u(t)$.

13 Die z-Transformation

13.1 Hin- und Rücktransformation

Aufgabe 13.1.1

Die Signalfolge x_n wird durch ideale Abtastung des zeitkontinuierlichen Signals $x(t)$ zu den Zeitpunkten $n \cdot T_0$, $n = 0, 1, \ldots$ erzeugt. Berechnen Sie die z-Transformierte $X(z)$ dieser Signalfolge, wenn $x(t)$ wie folgt gegeben ist:

1. $x(t) = \sin(\omega t + \varphi) \cdot \sigma(t)$ mit beliebiger Abtastzeit T_0, $\omega = 2\pi/T$,
2. $x(t)$ wie 1 mit $T_0 = T/2$,
3. durch den Signalverlauf in Abbildung 13.1 mit $T_0 = T/4$.

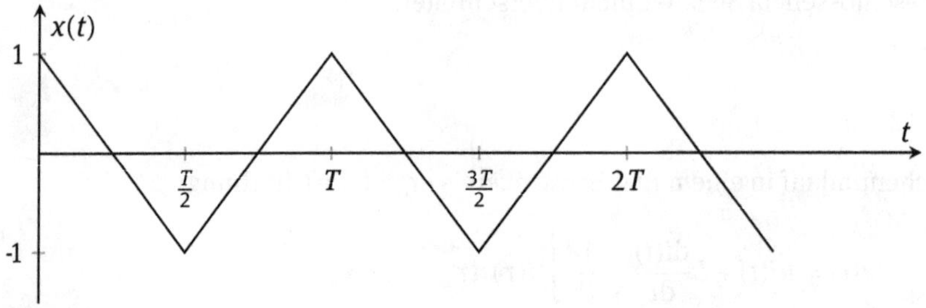

Abb. 13.1: Zeitkontinuierliches Signal $x(t)$ zu Aufgabenteil 13.1.1.3.

Aufgabe 13.1.2

Berechnen Sie die jeweilige Folge x_n der nachfolgenden z-Transformierten $X(z)$:

1. $X(z) = \dfrac{z(z-0{,}7)}{z^2+z+0{,}09}$, $\quad |z| > 0{,}9$,
2. $X(z) = \dfrac{z(z-0{,}9)}{z^2+0{,}6z+0{,}25}$, $\quad |z| > 0{,}5$,
3. $X(z) = \dfrac{z-2}{z^2-z+1}$, $\quad |z| > 1$.

Aufgabe 13.1.3

Bestimmen Sie die zu

$$X(z) = \frac{3z^3 - 7z^2 + 7/2\, z}{z^3 - 5/2\, z^2 + 2z - 1/2}, \qquad |z| > 1$$

gehörende kausale Folge und bestimmen Sie jeweils die Elemente x_0, x_1, x_2.

https://doi.org/10.1515/9783110672534-007

1. Mit Hilfe der Polynomdivision.
2. Mit dem Anfangswertsatz.
3. Mit Partialbruchzerlegung und entsprechenden Transformationsvorschriften.
4. Mit dem Residuensatz. Die Rücktransformation für kausale Folgen ist durch

$$x_n = \frac{1}{2\pi \mathrm{j}} \oint\limits_C X(z)\, z^{n-1}\, \mathrm{d}z = s_n \cdot \sum_{k=1}^{K} \operatorname{Res}\left\{X(z)\, z^{n-1}\right\}\Big|_{z=z_k}$$

definiert. Das Residuum zu einem Pol z_k m-ter Ordnung berechnet man mit

$$\operatorname{Res}\{f(z)\}\big|_{z=z_k} = \lim_{z \to z_k} \frac{1}{(m-1)!} \frac{\mathrm{d}^{m-1}}{\mathrm{d}z^{m-1}} \left[f(z)\,(z - z_k)^m\right] .$$

13.2 Übertragungsfunktion diskreter Systeme

Aufgabe 13.2.1

Lösen Sie mit Hilfe der einseitigen z-Transformation die folgenden Differenzengleichungen mit den gegebenen Anfangswerten. Geben Sie die Übertragungsfunktion $H(z)$ an.

1. Differenzengleichung:

$$y_n - 3y_{n-1} = x_n \quad \text{mit} \quad x_n = 4s_n\,, \quad y_{-1} = 1\,,$$

2. Differenzengleichung:

$$y_n - 5y_{n-1} + 6y_{n-2} = x_n \quad \text{mit} \quad x_n = s_n\,, \quad y_{-1} = 3\,, \quad y_{-2} = 2\,.$$

Aufgabe 13.2.2

Gegeben ist ein lineares zeitdiskretes System (s. Abbildung 13.2), das aus der Kettenschaltung zweier Teilsysteme erster Ordnung besteht. Für die Anfangsbedingungen gelte $x_n = y_n = w_n = 0$ für $n < 0$, $T =$ Abtastintervall.

1. Bestimmen Sie jeweils die Rekursionsgleichungen zwischen den Folgen x_n und w_n sowie w_n und y_n.
2. Geben Sie die z-Übertragungsfunktion $H(z) = {}^{Y(z)}/_{X(z)}$ des Gesamtsystems an.
3. Die Eingangsfolge x_n wird durch ideale Abtastung zu den Zeitpunkten $n \cdot T = n \cdot {}^{T_0}/_4$ für $n \geq 0$ aus dem zeitkontinuierlichen Signal

$$x(t) = 10 \cdot |\cos(\omega_0 t)| \cdot \sigma(t) \quad \text{mit} \quad \omega_0 = \frac{2\pi}{T_0}$$

gewonnen. Skizzieren Sie x_n und berechnen Sie die z-Transformierte $X(z)$.

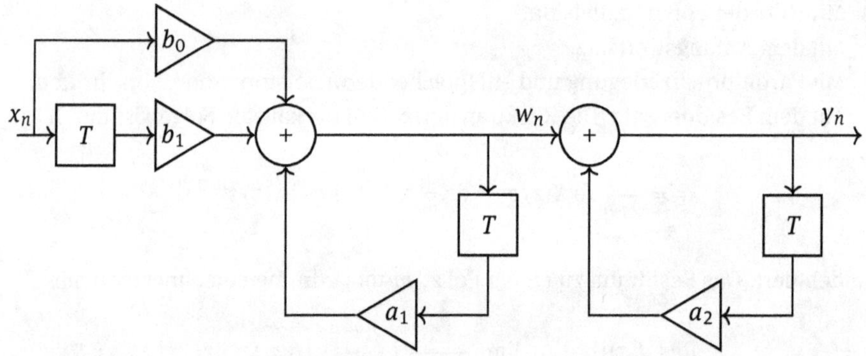

Abb. 13.2: Zeitdiskretes System bestehend aus der Kettenschaltung zweier Teilsysteme erster Ordnung.

4. Die Übertragungsfunktion $H(z)$ sei nun gegeben durch

$$H(z) = \frac{1/5(z+1)}{(z-1/2)^2} \,.$$

Bestimmen Sie mit Hilfe der z-Transformation die Ausgangsfolge y_n als Systemreaktion auf die unter 3. ermittelte Eingangsfolge x_n.

5. Skizzieren Sie das Pol-Nullstellen-Diagramm der Übertragungsfunktion $H(z)$.
6. Geben Sie den Betrag des Frequenzgangs an.

14 Systemtheorie

14.1 Signalanalyse und -rekonstruktion

Aufgabe 14.1.1

Die Definitionsgleichung der DTFT (**D**iskrete-**T**ime **F**ourier **T**ransform = Fourier-Transformation für zeitdiskrete Signale) lautet

$$X(\mathrm{j}\Omega) = \sum_{n=-\infty}^{\infty} x(n)\,\mathrm{e}^{-\mathrm{j}n\Omega}\,.$$

1. Zeigen Sie, dass für die Fourier-Transformation des zeitdiskreten Signals $x(n)$ folgende Beziehung gilt:

$$x^*(n) \circ\!\!-\; X^*(-\mathrm{j}\Omega)\,.$$

2. Im Folgenden sei das zeitdiskrete Signal $x_m(n)$ gegeben durch

$$x_m(n) = \begin{cases} x\left(\frac{n}{m}\right) = x(l) & \text{für} \quad n = lm,\, l \in \mathbb{Z}\,, \\ 0 & \text{für} \quad n \neq lm\,. \end{cases}$$

   Zeigen Sie, dass für die Fourier-Transformierte des diskreten Signals gilt:

$$x_m(n) \circ\!\!-\; X(\mathrm{j}m\Omega)\,.$$

Aufgabe 14.1.2

Gegeben sei die kontinuierliche, periodische Fourier-Transformierte (DTFT) $X(\mathrm{j}\Omega)$ des zeitdiskreten Signals $x(n)$ in Abbildung 14.1. Bestimmen Sie das zugehörige zeitdiskrete

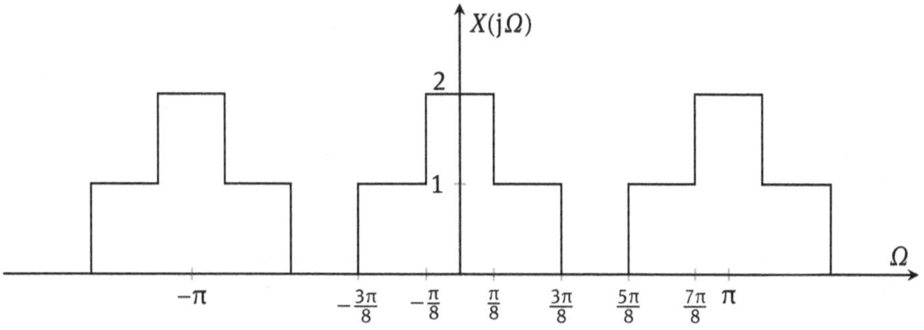

Abb. 14.1: Kontinuierliche und periodische Fourier-Transformierte (DTFT) $X(\mathrm{j}\Omega)$ des zeitdiskreten Signals $x(n)$.

https://doi.org/10.1515/9783110672534-008

Signal $x(n)$. Formen Sie das Ergebnis so um, dass es die Faktoren $\frac{\sin(a\cdot n)}{b\cdot n}$ enthält, wobei $a, b \in \mathbb{R}$.

$$\textit{Hinweis}: \quad x(n) = \frac{1}{2\pi}\int_{-\pi}^{\pi} X(\mathrm{j}\Omega)\,\mathrm{e}^{\mathrm{j}\Omega n}\,\mathrm{d}\Omega \qquad \text{(Synthesegleichung).}$$

Für die Ausnutzung von Symmetrien gelten hier die gleichen Zusammenhänge wie bei der Fourier-Transformation.

Aufgabe 14.1.3

Bestimmen Sie die N-Punkte DFT der folgenden zeitdiskreten Funktionen:
1. $x(n) = \delta_K(n)$,
2. $y(n) = s(n) - s(n-N)$.

$$\text{Es gilt:} \quad N > 0, \quad s(n) = \begin{cases} 1 & \text{für } n \geq 0 \\ 0 & \text{sonst} \end{cases} \quad \text{und} \quad \delta_K(n) = \begin{cases} 1 & \text{für } n = 0 \\ 0 & \text{sonst.} \end{cases}$$

Aufgabe 14.1.4

Gegeben seien die beiden zeitdiskreten Folgen

$$x_1(n) = \delta_K(n) + 3\cdot\delta_K(n-1) + 2\cdot\delta_K(n-2)\,,$$
$$x_2(n) = 3\cdot\delta_K(n) + 2\cdot\delta_K(n-1) + \delta_K(n-2)\,,$$

mit der Definition von $\delta_K(n)$ aus Aufgabe 14.1.3.
1. Berechnen Sie die lineare Faltung $z(n) = x_1(n) * x_2(n)$ der beiden zeitdiskreten Folgen. Skizzieren Sie das resultierende Signal $z(n)$ für $|n| \leq 7$.
2. Die beiden zeitdiskreten Folgen $x_1(n)$ und $x_2(n)$ seien nun periodisch fortgesetzt mit der Periode $N = 3$, sodass $x_1(n) = x_1(n+iN)$ und $x_2(n) = x_2(n+iN)$ mit $i \in \mathbb{Z}$ gilt (s. Abbildung 14.2). Berechnen Sie das Signal $y(n) = x_1(n) \otimes x_2(n)$ im zeitdiskreten Bereich für eine Periode und $n = 0, 1, \ldots, N-1$ wobei der Operator $\otimes$ die zyklische Faltung beschreibt. Skizzieren Sie das resultierende periodische Signal $y(n)$ für $|n| \leq 5$.
3. Durch welche Maßnahme kann im Bereich $0 \leq n \leq 6$ mit der zyklischen Faltung dasselbe Ergebnis wie mit der linearen Faltung erreicht werden?
   Skizzieren Sie die entsprechend geänderten periodischen Funktionen $x_{1v}(n)$ und $x_{2v}(n)$ für diesen Fall.

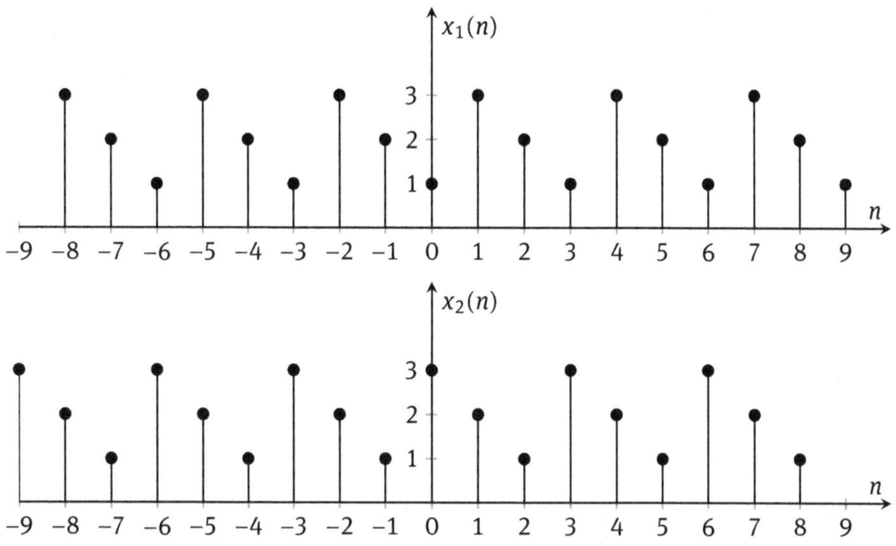

Abb. 14.2: Periodische Fortsetzungen der Folgen $x_1(n)$ und $x_2(n)$.

14.2 Analyse diskreter Systeme

Aufgabe 14.2.1

Gegeben sei das zeitdiskrete LTI (Linear Time Invariant)-System in Abbildung 14.3 mit zeitdiskreter Eingangsfolge $x(n)$, zeitdiskreter Ausgangsfolge $y(n)$ und dem Abtastintervall T.

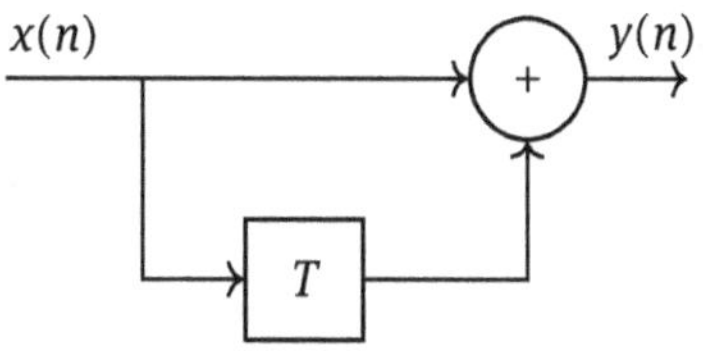

Abb. 14.3: Zeitdiskretes LTI-System.

1. Bestimmen Sie die frequenzkontinuierliche und periodische Übertragungsfunktion $H(\mathrm{j}\Omega)$ des Systems.
2. Bestimmen Sie die zeitdiskrete Impulsantwort $h(n)$ des Systems.
3. Skizzieren Sie den Betragsfrequenzgang $|H(\mathrm{j}\Omega)|$ und den Phasengang $\theta(\mathrm{j}\Omega)$ des Systems für $|\Omega| \leq \pi$.
4. Bestimmen Sie die 3-dB-Grenzfrequenz $\Omega_{3\,\mathrm{dB}}$ des Systems.

Aufgabe 14.2.2

Gegeben seien die beiden zeitdiskreten Signale $x(n)$ und $h(n)$ mit

$$x(n) = \begin{cases} \cos\left(\frac{\pi}{2}n\right) & \text{für } n = 0, \ldots, 3 \\ 0 & \text{sonst} \end{cases}$$

und

$$h(n) = \begin{cases} \delta_K(n-2) + 3 \cdot \delta_K(n-3) & n = 0, \ldots, 3 \\ 0 & \text{sonst.} \end{cases}$$

Weiterhin gilt:

$$\delta_K(n-l) = \begin{cases} 1 & n = l \\ 0 & n \neq l\,. \end{cases}$$

1. Berechnen Sie die lineare Faltung der beiden zeitdiskreten Folgen $x(n)$ und $h(n)$.
2. Berechnen Sie die diskreten Fourier-Transformierten $X_{DFT}(k)$ und $H_{DFT}(k)$ der periodischen Fortsetzungen von $x(n)$ bzw. $h(n)$.
3. Berechnen Sie die inverse DFT des Produktes aus $X_{DFT}(k)$ und $H_{DFT}(k)$.
4. Vergleichen Sie die Ergebnisse aus den Teilaufgaben 1 und 3 und beschreiben sie kurz, wie eine lineare Faltung über eine Multiplikation der DFT-Transformierten erzielt werden kann.

Teil II: **Lösungen**

7 Wechselstromlehre

7.1 Zeitabhängige Ströme und Spannungen

Aufgabe 7.1.1

7.1.1.1

Gesucht: Der Verlauf der Spannung $u(t)$ über zwei Perioden.

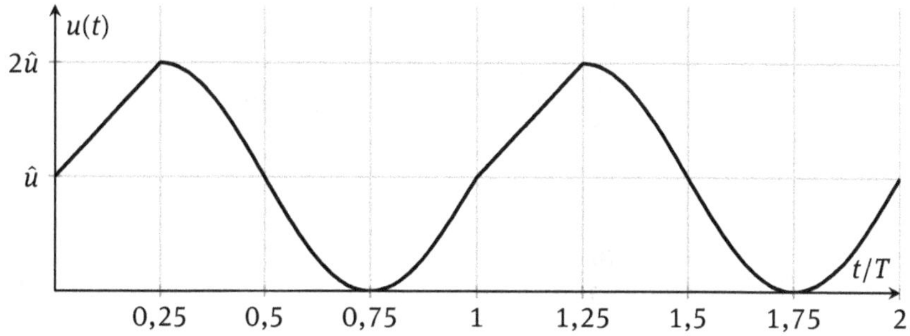

Abb. 7.1: Verlauf der Spannung $u(t)$ über zwei Perioden.

7.1.1.2

Gesucht: Der arithmetische Mittelwert $\overline{u}$.
Gegeben: Zeitverlauf der Spannung aus Abbildung 7.1.
Ansatz: Allgemein gilt für die Berechnung des arithmetischen Mittelwerts

$$\boxed{\overline{u} = \frac{1}{T}\int_0^T u(t)\,\mathrm{d}t = \frac{1}{2\pi}\int_0^{2\pi} u(\omega t)\,\mathrm{d}\omega t}\ . \tag{7.1.1.1}$$

Gemäß der Aufgabenstellung ist das Integral in zwei Teilintegrale aufzuspalten

$$\overline{u} = \frac{1}{T}\int_0^{T/4} \hat{u} + \frac{4\hat{u}}{T}\cdot t\ \mathrm{d}t + \frac{1}{T}\int_{T/4}^{T} \hat{u} + \hat{u}\sin(\omega t)\,\mathrm{d}t \tag{7.1.1.2}$$

$$= \frac{1}{T}\left(\left[\hat{u}t\right]_0^{T/4} + \left[\frac{2\hat{u}}{T}t^2\right]_0^{T/4} + \left[\hat{u}t\right]_{T/4}^{T} + \left[-\hat{u}\cos(\omega t)\frac{1}{\omega}\right]_{T/4}^{T}\right)$$

$$= \frac{1}{T}\left(\hat{u}\,\frac{T}{4} + \frac{2\hat{u}}{T}\frac{T^2}{16} + \hat{u}\,\frac{3T}{4} - \frac{\hat{u}}{\omega}\right) = \frac{\hat{u}}{T}\left(\frac{T}{4} + \frac{T}{8} + \frac{3T}{4} - \frac{T}{2\pi}\right)$$

$$= \underline{\underline{\hat{u}\left(\frac{9}{8} - \frac{1}{2\pi}\right)}} \approx 0{,}9658\,\hat{u}\ .$$

https://doi.org/10.1515/9783110672534-009

7.1.1.3

Gesucht: Der Effektivwert (quadratischer Mittelwert) U.

Ansatz: Allgemein gilt für die Berechnung des Effektivwerts

$$\boxed{U = \sqrt{\frac{1}{T}\int_0^T u(t)^2\,\mathrm{d}t} = \sqrt{\frac{1}{2\pi}\int_0^{2\pi} u(\omega t)^2\,\mathrm{d}\omega t}\;.} \tag{7.1.1.3}$$

Analog zur Berechnung des arithmetischen Mittelwerts ist das Integral wieder in zwei Bereiche aufzuteilen. Weiter vereinfacht sich die Darstellung durch das Quadrieren von Gleichung (7.1.1.3), sodass die Wurzel entfällt

$$U^2 = \underbrace{\frac{1}{T}\int_0^{T/4}\left(\hat{u} + \frac{4\hat{u}}{T}\cdot t\right)^2 \mathrm{d}t}_{U_1^2} + \underbrace{\frac{1}{T}\int_{T/4}^{T}(\hat{u} + \hat{u}\sin(\omega t))^2\,\mathrm{d}t}_{U_2^2} \tag{7.1.1.4}$$

$$U_1^2 = \frac{1}{T}\int_0^{T/4} \hat{u}^2 + \frac{8\hat{u}^2}{T}t + \frac{16\hat{u}^2}{T^2}t^2\,\mathrm{d}t \tag{7.1.1.5}$$

$$= \frac{1}{T}\left(\left[\hat{u}^2 t\right]_0^{T/4} + \left[\frac{4\hat{u}^2}{T}t^2\right]_0^{T/4} + \left[\frac{16}{3}\frac{\hat{u}^2}{T^2}t^3\right]_0^{T/4}\right)$$

$$= \frac{\hat{u}^2}{T}\left(\frac{T}{4} + \frac{4}{T}\frac{T^2}{16} + \frac{16}{3}\frac{1}{T^2}\frac{T^3}{64}\right)$$

$$= \frac{\hat{u}^2}{T}\left(\frac{T}{4} + \frac{T}{4} + \frac{T}{12}\right) = \frac{7}{12}\hat{u}^2\,;$$

$$U_2^2 = \frac{1}{T}\int_{T/4}^{T} \hat{u}^2 + 2\hat{u}^2\sin(\omega t) + \hat{u}^2\sin^2(\omega t)\;\mathrm{d}t\,. \tag{7.1.1.6}$$

Mit $\sin^2(\omega t) = 1/2 - 1/2\cos(2\omega t)$ wird

$$U_2^2 = \frac{1}{T}\left(\left[\hat{u}^2 t\right]_{T/4}^{T} + \left[-2\hat{u}^2\frac{\cos(\omega t)}{\omega}\right]_{T/4}^{T} + \left[\frac{\hat{u}^2}{2}t\right]_{T/4}^{T} - \left[\frac{\hat{u}^2}{2}\frac{\sin(2\omega t)}{2\omega}\right]_{T/4}^{T}\right)$$

$$= \frac{\hat{u}^2}{T}\left(T - \frac{T}{4} - \frac{2T}{2\pi} + \frac{T}{2} - \frac{T}{8} + 0\right) = \hat{u}^2\left(1 - \frac{1}{4} - \frac{1}{\pi} + \frac{1}{2} - \frac{1}{8}\right)$$

$$= \hat{u}^2\left(\frac{9}{8} - \frac{1}{\pi}\right)$$

$$\Rightarrow U = \sqrt{U_1^2 + U_2^2} = \underline{\underline{\hat{u}\sqrt{\frac{41}{24} - \frac{1}{\pi}}}} \approx 1{,}179\,\hat{u}\,.$$

Aufgabe 7.1.2

Gesucht: Der arithmetische Mittelwert P der Funktion $p(t) = u(t)\, i(t)$ allgemein und für

(a) $\varphi_u = \varphi_i = 0$,

(b) $\varphi_u = 0$, $\varphi_i = 1/2\pi$,

(c) $\varphi_u = 1/3\pi$, $\varphi_i = 0$.

Ansatz: Einsetzen der Zeitfunktionen für Spannung und Strom in Gleichung

$$P = \frac{1}{T}\int_0^T p(t)\,\mathrm{d}t = \frac{1}{T}\int_0^T \hat{u}\sin(\omega t + \varphi_u)\cdot \hat{\imath}\sin(\omega t + \varphi_i)\,\mathrm{d}t\,. \tag{7.1.2.1}$$

Mit Hilfe des Additionstheorems

$$2\sin(x)\sin(y) = \cos(x-y) - \cos(x+y) \tag{7.1.2.2}$$

wird (setze $x = \omega t + \varphi_u$ und $y = \omega t + \varphi_i$)

$$\begin{aligned}\hat{u}\sin(\omega t + \varphi_u)\cdot \hat{\imath}\sin(\omega t + \varphi_i) &= \frac{\hat{u}\,\hat{\imath}}{2}(\cos(\omega t + \varphi_u - (\omega t + \varphi_i)) \\ &\quad - \cos(\omega t + \varphi_u + \omega t + \varphi_i)) \\ &= \frac{\hat{u}\,\hat{\imath}}{2}(\cos(\varphi_u - \varphi_i) - \cos(2\omega t + \varphi_u + \varphi_i))\,.\end{aligned} \tag{7.1.2.3}$$

Eingesetzt gilt dann

$$\begin{aligned}P &= \frac{1}{T}\int_0^T \frac{\hat{u}\,\hat{\imath}}{2}(\cos(\varphi_u - \varphi_i) - \cos(2\omega t + \varphi_u + \varphi_i))\,\mathrm{d}t \\ &= \frac{\hat{u}\,\hat{\imath}}{2T}\int_0^T \cos(\varphi_u - \varphi_i)\,\mathrm{d}t - \frac{\hat{u}\,\hat{\imath}}{2T}\int_0^T \cos(2\omega t + \varphi_u + \varphi_i)\,\mathrm{d}t\,.\end{aligned}$$

Das Integral einer Sinus- oder Kosinusfunktion über eine vollständige Periode ist immer null und übrig bleibt

$$P = \frac{\hat{u}\,\hat{\imath}}{2T}\Big[\cos(\varphi_u - \varphi_i)\,t\Big]_0^T\,.$$

Damit wird die allgemeine Lösung

$$\boxed{P = \frac{\hat{u}\,\hat{\imath}}{2}\cos(\varphi_u - \varphi_i)}\,. \tag{7.1.2.4}$$

(a) $\varphi_u = 0, \ \varphi_i = 0$

$$P = \frac{\hat{u}\,\hat{\imath}}{2} = \frac{10\,\mathrm{V} \cdot 5\,\mathrm{A}}{2} = \underline{\underline{25\,\mathrm{W}}}\,,$$

(b) $\varphi_u = 0, \ \varphi_i = 1/2\pi$

$$P = \underline{\underline{0\,\mathrm{W}}}\,,$$

(c) $\varphi_u = 1/3\pi, \ \varphi_i = 0$

$$P = \frac{\hat{u}\,\hat{\imath}}{2} = \frac{10\,\mathrm{V} \cdot 5\,\mathrm{A}}{2} \cdot \cos(1/3\pi) = \underline{\underline{12{,}5\,\mathrm{W}}}\,.$$

Aufgabe 7.1.3

Gesucht: Der arithmetische Mittelwert $\overline{f}$.

Ansatz: Der arithmetische Mittelwert ist definiert durch

$$\boxed{\overline{f} = \frac{1}{T}\int_0^T f(t)\,\mathrm{d}t}\,. \tag{7.1.3.1}$$

Um das Integral lösen zu können, muss eine mathematische Beschreibung der Funktion $f(t)$ in Abbildung 7.1 auf Seite 4 gefunden werden.

Die Funktion $f(t)$ kann abschnittsweise durch zwei Parabeln $f_1(t)$ und $f_2(t)$ ausgedrückt werden:

$$f(t) = \begin{cases} f_1(t) & \text{für } 0 \le t < 3/4T \\ f_2(t) & \text{für } 3/4T \le t < T \end{cases}\,.$$

Ein sinnvoller Ansatz ist hier die Scheitelpunktform einer Parabel

$$f(x) = a(x - x_s)^2 + y_s\,, \quad \text{mit dem Scheitelpunkt} \quad (x_s; y_s)\,.$$

Parabel $f_1(t)$ $0 \le t < 3/4T$

Mit dem Scheitelpunkt $(1/2; -1/2)$ und dem zusätzlichen Punkt $(0; 3/2)$ ergibt sich aus der Scheitelpunktform

$$f_1(t) = a\left(\frac{t}{T} - \frac{1}{2}\right)^2 - \frac{1}{2}\,, \tag{7.1.3.2}$$

$$f_1(0) = a\left(0 - \frac{1}{2}\right)^2 - \frac{1}{2} = \frac{3}{2} \quad \Rightarrow \quad a = 8\,, \tag{7.1.3.3}$$

$$f_1(t) = 8\left(\frac{t}{T} - \frac{1}{2}\right)^2 - \frac{1}{2}\,. \tag{7.1.3.4}$$

Parabel $f_2(t)$ $\,^3/_4T \le t < T$

Mit dem Scheitelpunkt $(1;\,^3/_2)$ und dem zusätzlichen Punkt $(^3/_4;\,0)$ ergibt sich aus der Scheitelpunktform analog

$$f_2(t) = a\left(\frac{t}{T} - 1\right)^2 + \frac{3}{2}\,, \tag{7.1.3.5}$$

$$f_2\left(\frac{3}{4}T\right) = a\left(\frac{3}{4} - 1\right)^2 + \frac{3}{2} = 0 \quad \Rightarrow \quad a = -24\,, \tag{7.1.3.6}$$

$$f_2(t) = -24\left(\frac{t}{T} - 1\right)^2 + \frac{3}{2}\,. \tag{7.1.3.7}$$

Mit den in Gleichung (7.1.3.4) und (7.1.3.7) hergeleiteten Parabelfunktionen ergibt sich für die Berechnung des arithmetischen Mittelwertes

$$\overline{f} = \frac{1}{T}\int\limits_0^{^3/_4T} 8\left(\frac{t}{T} - \frac{1}{2}\right)^2 - \frac{1}{2}\,\mathrm{d}t + \frac{1}{T}\int\limits_{^3/_4T}^{T} -24\left(\frac{t}{T} - 1\right)^2 + \frac{3}{2}\,\mathrm{d}t\,. \tag{7.1.3.8}$$

Es entstehen also zwei Integrale I_1 und I_2. Mit den Substitutionen

$$\tau = \frac{t}{T} - \frac{1}{2} \quad \Rightarrow \quad \mathrm{d}t = T\,\mathrm{d}\tau \quad \text{bzw.} \quad \tau = \frac{t}{T} - 1 \quad \Rightarrow \quad \mathrm{d}t = T\,\mathrm{d}\tau$$

ergeben sich die Lösungen

$$I_1 = \int\limits_{-^1/_2}^{^1/_4} 8\tau^2 - \frac{1}{2}\,\mathrm{d}\tau = \left[8\frac{1}{3}\tau^3 - \frac{1}{2}\tau\right]_{-^1/_2}^{^1/_4} = \frac{8}{3}\left[\left(\frac{1}{4}\right)^3 - \left(-\frac{1}{2}\right)^3\right] - \frac{1}{2}\left[\frac{1}{4} - \left(-\frac{1}{2}\right)\right]$$

$$= \frac{8}{3}\cdot\frac{1}{64} + \frac{8}{3}\cdot\frac{1}{8} - \frac{1}{8} - \frac{1}{4} = \frac{3}{8} - \frac{3}{8} = 0$$

$$I_2 = \int\limits_{-^1/_4}^{0} -24\tau^2 + \frac{3}{2}\,\mathrm{d}\tau = \left[-24\cdot\frac{1}{3}\tau^3 + \frac{3}{2}\tau\right]_{-^1/_4}^{0}$$

$$= -8\left[0 - \left(-\frac{1}{4}\right)^3\right] + \frac{3}{2}\left[0 - \left(-\frac{1}{4}\right)\right] = -8\cdot\frac{1}{64} + \frac{3}{2}\cdot\frac{1}{4} = -\frac{1}{8} + \frac{3}{8} = \frac{1}{4}\,.$$

Damit wird

$$\overline{f} = I_1 + I_2 = 0 + \frac{1}{4} = \underline{\underline{\frac{1}{4}}}\,. \tag{7.1.3.9}$$

7.1.3.1

Gesucht: Der Gleichrichtwert (elektrolytischer Mittelwert) $\overline{|f|}$.

Ansatz: Der Gleichrichtwert ist definiert durch

$$\boxed{\overline{|f|} = \frac{1}{T}\int\limits_0^T |f(t)|\,\mathrm{d}t}\,. \tag{7.1.3.10}$$

Um das Integral lösen zu können, muss zunächst der Betrag der Funktion $f(t)$ gebildet werden, wie sie Abbildung 7.2 zeigt. Auch hier ist eine mathematische Beschreibung der Funktion $|f(t)|$ erforderlich. $|f(t)|$ kann ebenfalls abschnittsweise durch drei Parabeln ausgedrückt werden:

$$|f(t)| = \begin{cases} f_1(t) & \text{für } 0 \le t < 1/4T\,, \\ f_2(t) & \text{für } 1/4T \le t < 3/4T\,, \\ f_3(t) & \text{für } 3/4T \le t < T\,. \end{cases}$$

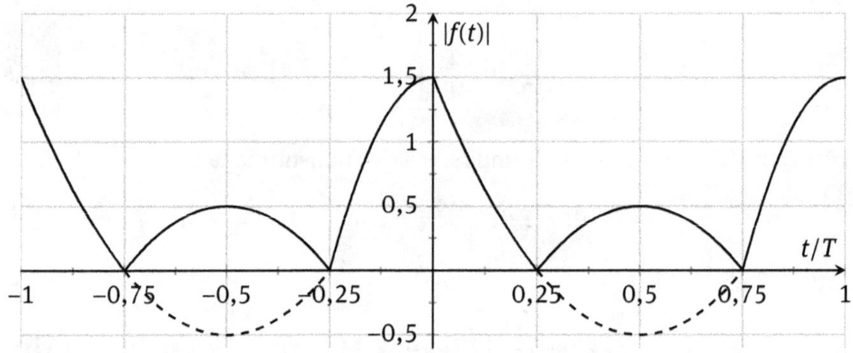

Abb. 7.2: Betrag der unsymmetrischen, periodischen Parabelfunktion.

Parabel $f_1(t)$ $0 \le t < 1/4T$

Im gegebenen Intervall kann die Parabelfunktion (7.1.3.4) übernommen werden

$$f_1(t) = 8\left(\frac{t}{T} - \frac{1}{2}\right)^2 - \frac{1}{2}\,.$$

Parabel $f_2(t)$ $1/4T \le t < 3/4T$

Für die Parabel $f_2(t)$ im gegebenen Intervall gilt einfach

$$f_2(t) = -f_1(t) = -8\left(\frac{t}{T} - \frac{1}{2}\right)^2 + \frac{1}{2}\,. \tag{7.1.3.11}$$

Parabel $f_3(t)$ $3/4T \le t < T$

Auch hier kann die Parabelfunktion aus (7.1.3.7) übernommen werden

$$f_3(t) = -24\left(\frac{t}{T} - 1\right)^2 + \frac{3}{2}\,.$$

Mit den Parabelfunktionen ergibt sich für die Berechnung des Gleichrichtwertes

$$\overline{|f|} = \frac{1}{T}\int_0^{1/4T} 8\left(\frac{t}{T}-\frac{1}{2}\right)^2 - \frac{1}{2}\,\mathrm{d}t$$

$$+\frac{1}{T}\int_{1/4T}^{3/4T} -8\left(\frac{t}{T}-\frac{1}{2}\right)^2 + \frac{1}{2}\,\mathrm{d}t + \frac{1}{T}\int_{3/4T}^{T} -24\left(\frac{t}{T}-1\right)^2 + \frac{3}{2}\,\mathrm{d}t\,.$$

Es entstehen also drei Integrale I_1 bis I_3. Mit den bekannten Substitutionen ergeben sich die Lösungen

$$I_1 = \int_{-1/2}^{-1/4} 8\tau^2 - \frac{1}{2}\,\mathrm{d}\tau = \left[8\frac{1}{3}\tau^3 - \frac{1}{2}\tau\right]_{-1/2}^{-1/4} = \frac{8}{3}\left[\left(-\frac{1}{4}\right)^3 - \left(-\frac{1}{2}\right)^3\right] - \frac{1}{2}\left[-\frac{1}{4} - \left(-\frac{1}{2}\right)\right]$$

$$= -\frac{1}{3}\cdot\frac{1}{8} + \frac{8}{3}\cdot\frac{1}{8} + \frac{1}{8} - \frac{1}{4} = \frac{7}{24} - \frac{1}{8} = \frac{1}{6}\,,$$

$$I_2 = \int_{-1/4}^{1/4} -8\tau^2 + \frac{1}{2}\,\mathrm{d}\tau = \left[-8\frac{1}{3}\tau^3 + \frac{1}{2}\tau\right]_{-1/4}^{1/4} = -\frac{8}{3}\left[\left(\frac{1}{4}\right)^3 - \left(-\frac{1}{4}\right)^3\right] + \frac{1}{2}\left[\frac{1}{4} - \left(-\frac{1}{4}\right)\right]$$

$$= -\frac{8}{3}\cdot\frac{1}{64} - \frac{8}{3}\cdot\frac{1}{64} + \frac{1}{2}\cdot\frac{1}{4} + \frac{1}{2}\cdot\frac{1}{4} = \frac{-1}{12} + \frac{1}{4} = \frac{1}{6}\,,$$

$$I_3 = \int_{-1/4}^{0} -24\tau^2 + \frac{3}{2}\,\mathrm{d}\tau = \left[-24\frac{1}{3}\tau^3 + \frac{3}{2}\tau\right]_{-1/4}^{0} = -8\left[0 - \left(-\frac{1}{4}\right)^3\right] + \frac{3}{2}\left[0 - \left(-\frac{1}{4}\right)\right]$$

$$= -8\cdot\frac{1}{64} + \frac{3}{2}\cdot\frac{1}{4} = -\frac{1}{8} + \frac{3}{8} = \frac{1}{4}\,.$$

Damit wird

$$\overline{|f|} = I_1 + I_2 + I_3 = \frac{1}{6} + \frac{1}{6} + \frac{1}{4} = \frac{2+2+3}{12} = \underline{\underline{\frac{7}{12}}}\,.$$

Aufgabe 7.1.4

Gesucht: (a) $u_2(t)$ zum Zeitpunkt $t = t_1$.
(b) der Zeitpunkt t_1.

Gegeben: Die zwei Wechselspannungen

$$u_1(t) = \hat{u}_1 \cdot \cos(\omega t + \varphi_1)\,, \tag{7.1.4.1}$$

$$u_2(t) = \hat{u}_2 \cdot \cos(\omega t + \varphi_2)\,. \tag{7.1.4.2}$$

Ansatz a: Nach Aufgabenstellung ist $\varphi_1 = 0$, $\varphi_2 = 1/6\pi$ (30°).
Auflösen von Gleichung (7.1.4.1) nach $t = t_1$ ergibt im betrachteten Intervall $[0, 2\pi]$ zwei Lösungen.

$$\arccos\left(\frac{u_1(t_1)}{\hat{u}_1}\right) = \omega t_1 + \varphi_1 \quad \Rightarrow \quad t_{1,1} = \frac{1}{\omega}\left[\arccos\left(\frac{u_1(t_1)}{\hat{u}_1}\right) - \varphi_1\right] \tag{7.1.4.3}$$

$$\arccos\left(\frac{u_1(t_1)}{\hat{u}_1}\right) = 2\pi - (\omega t_1 + \varphi_1)$$

$$\Rightarrow t_{1,2} = \frac{1}{\omega}\left[2\pi - \arccos\left(\frac{u_1(t_1)}{\hat{u}_1}\right) - \varphi_1\right]. \tag{7.1.4.4}$$

Gleichung (7.1.4.3) bzw. (7.1.4.4) eingesetzt in (7.1.4.2):

$$u_2(t_{1,1}) = \hat{u}_2 \cdot \cos\left(\omega \frac{1}{\omega}\left[\arccos\left(\frac{u_1(t_1)}{\hat{u}_1}\right) - \varphi_1\right] + \varphi_2\right) \tag{7.1.4.5}$$

$$= \hat{u}_2 \cdot \cos\left(\arccos\left(\frac{u_1(t_1)}{\hat{u}_1}\right) - \varphi_1 + \varphi_2\right) \tag{7.1.4.6}$$

$$= 30\,\mathrm{V} \cdot \cos\left(\arccos\left(\frac{18\,\mathrm{V}}{30\,\mathrm{V}}\right) + \frac{\pi}{6}\right) \approx \underline{\underline{3{,}588\,\mathrm{V}}},$$

$$u_2(t_{1,2}) = \hat{u}_2 \cdot \cos\left(\omega \frac{1}{\omega}\left[2\pi - \arccos\left(\frac{u_1(t_1)}{\hat{u}_1}\right) - \varphi_1\right] + \varphi_2\right) \tag{7.1.4.7}$$

$$= \hat{u}_2 \cdot \cos\left(2\pi - \arccos\left(\frac{u_1(t_1)}{\hat{u}_1}\right) - \varphi_1 + \varphi_2\right) \tag{7.1.4.8}$$

$$= 30\,\mathrm{V} \cdot \cos\left(2\pi - \arccos\left(\frac{18\,\mathrm{V}}{30\,\mathrm{V}}\right) + \frac{\pi}{6}\right) \approx \underline{\underline{27{,}588\,\mathrm{V}}}.$$

Gegeben: Frequenz $f = 50\,\mathrm{Hz}$, Spannungen $u_1(t_1) = 18\,\mathrm{V}$, $\hat{u}_1 = 30\,\mathrm{V}$.
Ansatz b: Gleichung (7.1.4.3) bzw. (7.1.4.4) zur Bestimmung von t_1 mit $\omega = 2\pi f$.

$$t_{1,1} = \frac{1}{\omega}\left[\arccos\left(\frac{u_1(t_{1,1})}{\hat{u}_1}\right) - \varphi_1\right] \tag{7.1.4.9}$$

$$= \frac{1\,\mathrm{s}}{2\pi\, 50} \arccos\left(\frac{18\,\mathrm{V}}{30\,\mathrm{V}}\right) \approx \underline{\underline{2{,}952\,\mathrm{ms}}},$$

$$t_{1,2} = \frac{1}{\omega}\left[2\pi - \arccos\left(\frac{u_1(t_{1,2})}{\hat{u}_1}\right) - \varphi_1\right] \tag{7.1.4.10}$$

$$= \frac{1\,\mathrm{s}}{2\pi\, 50}\left(2\pi - \arccos\left(\frac{18\,\mathrm{V}}{30\,\mathrm{V}}\right)\right) \approx \underline{\underline{17{,}048\,\mathrm{ms}}}.$$

Alternativ ergibt sich die zweite Lösung anschaulich mit $t_{1,2} = 20\,\mathrm{ms} - t_{1,1}$.

Aufgabe 7.1.5

Gesucht: (a) allgemeine, analytische Lösung von $u_3(t) = u_1(t) - u_2(t)$.
(b) Berechnung von $u_3(t)$ für gegebene Werte.
Gegeben: $u_1 = \hat{u}_1 \cdot \sin(\omega t + \varphi_1)$, $\hat{u}_1 = 5\,\mathrm{V}$, $\varphi_1 = 60°$,
$u_2 = \hat{u}_2 \cdot \sin(\omega t + \varphi_2)$, $\hat{u}_2 = 8\,\mathrm{V}$, $\varphi_2 = -10°$.
Ansatz a: Es gilt: $\sin(x \pm y) = \sin x \cos y \pm \cos x \sin y$.

Durch die konsequente Anwendung auf $u_1(t)$, $u_2(t)$ und $u_3(t)$ ergeben sich

$$u_1(t) = \hat{u}_1\left[\sin(\omega t)\ \cos(\varphi_1) + \cos(\omega t)\ \sin(\varphi_1)\right],$$
$$u_2(t) = \hat{u}_2\left[\sin(\omega t)\ \cos(\varphi_2) + \cos(\omega t)\ \sin(\varphi_2)\right],$$
$$u_3(t) = \hat{u}_3\left[\sin(\omega t)\ \cos(\varphi_3) + \cos(\omega t)\ \sin(\varphi_3)\right].$$

Eingesetzt wird dann die Spannung

$$u_3(t) = \hat{u}_1\left[\sin(\omega t)\ \cos(\varphi_1) + \cos(\omega t)\ \sin(\varphi_1)\right] - \hat{u}_2\left[\sin(\omega t)\ \cos(\varphi_2) + \cos(\omega t)\ \sin(\varphi_2)\right]. \tag{7.1.5.1}$$

Auflösen nach Termen von $\sin(\omega t)$ und $\cos(\omega t)$:

$$u_3(t) = \sin(\omega t)\left[\underbrace{\hat{u}_1\cos(\varphi_1) - \hat{u}_2\cos(\varphi_2)}_{K_1}\right] + \cos(\omega t)\left[\underbrace{\hat{u}_1\sin(\varphi_1) - \hat{u}_2\sin(\varphi_2)}_{K_2}\right]$$

$$u_3(t) = \sin(\omega t)\,\hat{u}_3\cos(\varphi_3) + \cos(\omega t)\,\hat{u}_3\sin(\varphi_3) = \sin(\omega t)\,K_1 + \cos(\omega t)\,K_2\,. \tag{7.1.5.2}$$

Der Koeffizientenvergleich liefert unmittelbar:

$$K_1 = \hat{u}_3\cos(\varphi_3) \tag{7.1.5.3}$$

$$K_2 = \hat{u}_3\sin(\varphi_3) \quad\Rightarrow\quad \tan\varphi_3 = \frac{K_2}{K_1}\,;\quad \hat{u}_3 = \sqrt{K_1^2 + K_2^2} \tag{7.1.5.4}$$

$$\hat{u}_3 = \sqrt{(\hat{u}_1\cos(\varphi_1) - \hat{u}_2\cos(\varphi_2))^2 + (\hat{u}_1\sin(\varphi_1) - \hat{u}_2\sin(\varphi_2))^2} \tag{7.1.5.5}$$

$$\hat{u}_3^2 = \hat{u}_1^2\cos^2(\varphi_1) - 2\hat{u}_1\hat{u}_2\cos(\varphi_1)\cos(\varphi_2) + \hat{u}_2^2\cos^2(\varphi_2) + \hat{u}_1^2\sin^2(\varphi_1) - 2\hat{u}_1\hat{u}_2\sin(\varphi_1)\sin(\varphi_2) + \hat{u}_2^2\sin^2(\varphi_2)\,.$$

Mit $[\cos^2 x + \sin^2 x = 1]$ und $[\cos x\ \cos y \pm \sin x\ \sin y = \cos(x \mp y)]$ vereinfacht sich der Ausdruck zu

$$\underline{\underline{\hat{u}_3 = \sqrt{\hat{u}_1^2 - 2\hat{u}_1\hat{u}_2\cos(\varphi_1 - \varphi_2) + \hat{u}_2^2}}}\,. \tag{7.1.5.6}$$

Bestimmung von φ_3:

$$\tan(\varphi_3) = \underline{\underline{\frac{\hat{u}_1\sin(\varphi_1) - \hat{u}_2\sin(\varphi_2)}{\hat{u}_1\cos(\varphi_1) - \hat{u}_2\cos(\varphi_2)}}}\,. \tag{7.1.5.7}$$

Gegeben: $u_1 = \hat{u}_1 \cdot \sin(\omega t + \varphi_1)$, $\hat{u}_1 = 5\,\text{V}$, $\varphi_1 = 60°$,
$u_2 = \hat{u}_2 \cdot \sin(\omega t + \varphi_2)$, $\hat{u}_2 = 8\,\text{V}$, $\varphi_2 = -10°$.

Ansatz b: Einsetzen der Werte in die zuvor abgeleiteten Gleichungen (7.1.5.6) und (7.1.5.7).

$$\hat{u}_3 = \sqrt{(5\,\text{V})^2 - 2\cdot 5\,\text{V}\cdot 8\,\text{V}\cdot\cos(60° - (-10°)) + (8\,\text{V})^2} \approx \underline{\underline{7{,}851\,\text{V}}}\,.$$

Bestimmung von φ_3, hierbei ist zu beachten, dass der Realteil negativ und der Imaginärteil positiv ist, der Spannungszeiger liegt daher im zweiten Quadranten:

$$\tan(\varphi_3) = \frac{\hat{u}_1 \sin(\varphi_1) - \hat{u}_2 \sin(\varphi_2)}{\hat{u}_1 \cos(\varphi_1) - \hat{u}_2 \cos(\varphi_2)} \tag{7.1.5.8}$$

$$= \frac{5\,\mathrm{V} \cdot \sin(60°) - 8\,\mathrm{V} \cdot \sin(-10°)}{5\,\mathrm{V} \cdot \cos(60°) - 8\,\mathrm{V} \cdot \cos(-10°)} \approx -1{,}0634$$

$$\Rightarrow \quad \varphi_3 = \pi - 0{,}26\pi = \underline{\underline{0{,}74\,\pi}} \quad (133{,}24°)\,,$$

$$u_3(t) = \hat{u}_3 \sin(\omega t + \varphi_3) \approx \underline{\underline{7{,}851\,\mathrm{V} \cdot \sin(\omega t + 0{,}47\pi)}}\,.$$

Anmerkung *Eine alternative Berechnung des Winkels ist möglich über*

$$\varphi = 2 \arctan\left(\frac{\text{Imaginärteil}}{\text{Realteil} + \sqrt{\text{Realteil}^2 + \text{Imaginärteil}^2}}\right) \quad \text{für} \quad -\pi < \varphi < \pi\,. \tag{7.1.5.9}$$

(Bei $\pm\pi$ ist der Imaginärteil null und der Realteil negativ, so dass der Nenner und der Zähler null sind.)

Aufgabe 7.1.6

7.1.6.1

Gesucht: Darstellung der beiden Zeitfunktionen $\cos(\omega t)$ und $\sin(\omega t)$ durch komplexe e-Funktionen.

Ansatz: Mit der Euler'schen Formel gilt wegen

$$\cos(-x) = \cos(x) \quad \text{und} \quad \sin(-x) = -\sin(x) \tag{7.1.6.1}$$

$$\boxed{e^{j\omega t} = \cos(\omega t) + j\sin(\omega t)}\,, \tag{7.1.6.2}$$

$$\boxed{e^{-j\omega t} = \cos(\omega t) - j\sin(\omega t)}\,. \tag{7.1.6.3}$$

Durch die Addition der Gleichungen (7.1.6.2) und (7.1.6.3) kann die Kosinus-Funktion dargestellt werden:

$$e^{j\omega t} + e^{-j\omega t} = \cos(\omega t) + j\sin(\omega t) + \cos(\omega t) - j\sin(\omega t) \tag{7.1.6.4}$$

$$e^{j\omega t} + e^{-j\omega t} = 2\cos(\omega t) \quad \Rightarrow \quad \boxed{\cos(\omega t) = \frac{1}{2}\left(e^{j\omega t} + e^{-j\omega t}\right)}\,. \tag{7.1.6.5}$$

Analog ergibt sich durch Subtraktion von (7.1.6.2) mit (7.1.6.3)

$$e^{j\omega t} - e^{-j\omega t} = \cos(\omega t) + j\sin(\omega t) - (\cos(\omega t) - j\sin(\omega t)) \tag{7.1.6.6}$$

$$e^{j\omega t} - e^{-j\omega t} = 2j\sin(\omega t) \quad \Rightarrow \quad \boxed{\sin(\omega t) = \frac{1}{2j}\left(e^{j\omega t} - e^{-j\omega t}\right)}\,. \tag{7.1.6.7}$$

7.1.6.2

Gesucht: Die Ergebnisse der Funktionen

$$f_1(x) = \sin x + \cos x\,, \quad f_2(x) = (\sin x + \cos x)^2\,.$$

Ansatz: Mit Hilfe der Gleichungen (7.1.6.5) und (7.1.6.7) werden Kosinus- und Sinusfunktion ersetzt.

$$\cos x = \frac{1}{2}\left(e^{jx} + e^{-jx}\right) \quad \text{und} \quad \sin x = \frac{1}{2j}\left(e^{jx} - e^{-jx}\right)\,.$$

Funktion $f_1(x)$

$$f_1(x) = \frac{1}{2j}\left(e^{jx} - e^{-jx}\right) + \frac{1}{2}\left(e^{jx} + e^{-jx}\right)$$
$$= \frac{1}{2j}\left[e^{jx} - e^{-jx} + j\left(e^{jx} + e^{-jx}\right)\right]\,. \qquad (7.1.6.8)$$

Sortiert nach links und rechts drehenden Zeigern ergibt sich

$$f_1(x) = \frac{1}{2j}\left[e^{jx}(1+j) - e^{-jx}(1-j)\right]\,. \qquad (7.1.6.9)$$

Mit

$$1 + j = \sqrt{2}\left(\frac{1}{\sqrt{2}} + j\frac{1}{\sqrt{2}}\right) = \sqrt{2}\,e^{j^1\!/_4\pi} \quad \text{sowie} \quad 1 - j = \sqrt{2}\left(\frac{1}{\sqrt{2}} - j\frac{1}{\sqrt{2}}\right) = \sqrt{2}\,e^{-j^1\!/_4\pi}$$

wird dann

$$f_1(x) = \frac{\sqrt{2}}{2j}\left[e^{jx}e^{j^1\!/_4\pi} - e^{-jx}e^{-j^1\!/_4\pi}\right]$$
$$= \frac{\sqrt{2}}{2j}\left[e^{j(x+^1\!/_4\pi)} - e^{-j(x+^1\!/_4\pi)}\right]$$
$$= \underline{\underline{\sqrt{2}\sin\left(x + \frac{\pi}{4}\right)}}\,. \qquad (7.1.6.10)$$

Funktion $f_2(x)$

$$f_2(x) = f_1(x)^2 = \left(\sqrt{2}\sin(x + {}^1\!/_4\pi)\right)^2 = 2\sin^2(x + {}^1\!/_4\pi)\,. \qquad (7.1.6.11)$$

Mit Gleichung (7.1.6.7) ergibt sich

$$f_2(x) = 2\left[\frac{1}{2j}\left(e^{j(x+^1\!/_4\pi)} - e^{-j(x+^1\!/_4\pi)}\right)\right]^2$$
$$= 2\left[-\frac{1}{4}\left(e^{j2(x+^1\!/_4\pi)} - 2\,e^{j(x+^1\!/_4\pi)}\,e^{-j(x+^1\!/_4\pi)} + e^{-j2(x+^1\!/_4\pi)}\right)\right]$$
$$= -\frac{1}{2}\left(e^{j2(x+^1\!/_4\pi)} - 2 + e^{-j2(x+^1\!/_4\pi)}\right)$$
$$= 1 - \frac{1}{2}\left(e^{j2(x+^1\!/_4\pi)} + e^{-j2(x+^1\!/_4\pi)}\right)\,. \qquad (7.1.6.12)$$

Mit

$$e^{j\frac{1}{2}\pi} = j \quad \text{und} \quad e^{-j\frac{1}{2}\pi} = \frac{1}{j} = -j$$

wird dann:

$$f_2(x) = 1 - \frac{1}{2}\,j\left(e^{j2x} - e^{-j2x}\right) \tag{7.1.6.13}$$

$$= 1 + \frac{1}{2j}\left(e^{j2x} - e^{-j2x}\right) = \underline{\underline{1 + \sin(2x)}}\,. \tag{7.1.6.14}$$

Anmerkung *Aus Gleichung (7.1.6.12) ergäbe sich auch direkt*

$$f_2(x) = 1 - \cos(2x + \tfrac{1}{2}\pi)\,.$$

Womit gezeigt wird, dass gilt:

$$\sin(x) = -\cos(x + \tfrac{1}{2}\pi) = \cos(x - \tfrac{1}{2}\pi)\,.$$

7.2 Komplexe Impedanzen: Zeigerdiagramme, Ortskurven und Resonanz

Aufgabe 7.2.1

1. $\underline{Z} = \frac{1}{1-j}\,\Omega = \frac{1+j}{1+1}\,\Omega = \left(\frac{1}{2} + j\frac{1}{2}\right)\Omega, \quad \varphi = \arctan(1) = \underline{\underline{\tfrac{1}{4}\pi}}\ (45°)\,;$

   $\Re\{\underline{Z}\} = 0{,}5\,\Omega \quad \Rightarrow$ Widerstand $R = \underline{\underline{0{,}5\,\Omega}}\,,$

   $\Im\{\underline{Z}\} = 0{,}5\,\Omega > 0 \Rightarrow$ Induktivität mit $\omega L = 0{,}5\,\Omega \Rightarrow L = \frac{0{,}5\,\Omega}{2\pi\,50\,\text{kHz}} \approx \underline{\underline{1{,}59\,\mu\text{H}}}\,.$

2. $\underline{Z} = (3 + j5)\,\Omega, \quad \varphi = \arctan\left(\frac{5}{3}\right) \approx \underline{\underline{0{,}328\pi}}\ (59°)\,;$

   $\Re\{\underline{Z}\} = 3\,\Omega \quad \Rightarrow$ Widerstand $R = \underline{\underline{3\,\Omega}}$

   $\Im\{\underline{Z}\} = 5\,\Omega > 0 \Rightarrow$ Induktivität mit $\omega L = 5\,\Omega \Rightarrow L = \frac{5\,\Omega}{2\pi\,50\,\text{kHz}} \approx \underline{\underline{15{,}92\,\mu\text{H}}}$

3. $\underline{Z} = \left(6 + \frac{3}{j}\right)\Omega = (6 - j3)\,\Omega, \quad \varphi = \arctan\left(\frac{-3}{6}\right) \approx \underline{\underline{-0{,}148\pi}}\ (-26{,}6°)\,;$

   $\Re\{\underline{Z}\} = 6\,\Omega \quad \Rightarrow$ Widerstand $R = \underline{\underline{6\,\Omega}}\,,$

   $\Im\{\underline{Z}\} = -3\,\Omega < 0 \Rightarrow$ Kapazität mit $\frac{1}{\omega C} = 3\,\Omega \Rightarrow C = \frac{1}{3\,\Omega\,2\pi\,50\,\text{kHz}} \approx \underline{\underline{1{,}06\mu\text{F}}}\,.$

4. $\underline{Z} = \frac{5 + j4}{j}\,\Omega = \left(4 + \frac{5}{j}\right)\Omega = (4 - j5)\,\Omega, \quad \varphi = \arctan\left(\frac{-5}{4}\right) \approx \underline{\underline{-0{,}285\pi}}\ (-51{,}3°)\,;$

   $\Re\{\underline{Z}\} = 4\,\Omega \quad \Rightarrow$ Widerstand $R = \underline{\underline{4\,\Omega}}\,,$

   $\Im\{\underline{Z}\} = -5\,\Omega < 0 \Rightarrow$ Kapazität mit $\frac{1}{\omega C} = 5\,\Omega \Rightarrow C = \frac{1}{5\,\Omega\,2\pi\,50\,\text{kHz}} \approx \underline{\underline{636{,}6\,\text{nF}}}\,.$

Aufgabe 7.2.2

1. $\underline{Z} = 300\,\Omega\, e^{j^1/_3\pi} = R + jX = 300\,\Omega \cdot \cos(^1/_3\pi) + j300\,\Omega \sin(^1/_3\pi)$,

$$\Rightarrow R = \underline{\underline{150\,\Omega}}, \quad X > 0: f = \frac{300\,\Omega \cdot \sin(^1/_3\pi)}{2\pi \cdot 0{,}5\,\text{H}} \approx \underline{\underline{82{,}7\,\text{Hz}}}.$$

2. $\underline{Z} = 128\,\Omega\, e^{j^5/_{12}\pi} = R + jX = 128\,\Omega \cdot \cos(^5/_{12}\pi) + j128\,\Omega \cdot \sin(^5/_{12}\pi)$,

$$\Rightarrow R \approx \underline{\underline{33{,}13\,\Omega}}, \quad X > 0: f = \frac{128\,\Omega \cdot \sin(^5/_{12}\pi)}{2\pi \cdot 0{,}225\,\text{H}} \approx \underline{\underline{87{,}46\,\text{Hz}}}.$$

3. $\underline{Z} = 1200\,\Omega\, e^{j0{,}48\pi} = R + jX = 1200\,\Omega \cdot \cos(0{,}48\pi) + j1200\,\Omega \cdot \sin(0{,}48\pi)$,

$$\Rightarrow R \approx \underline{\underline{75{,}35\,\Omega}}, \quad X > 0: f = \frac{1200\,\Omega \cdot \sin(0{,}48\pi)}{2\pi \cdot 0{,}75\,\text{H}} \approx \underline{\underline{254{,}1\,\text{Hz}}}.$$

Aufgabe 7.2.3

1. $\underline{I}_1 = 5\,\text{A}\, e^{-j^1/_3\pi}, \quad \underline{I}_2 = \underline{I} - \underline{I}_1$

$$\underline{I}_2 = (4 + j3)\,\text{A} - 5\,\text{A}\left(\cos(-^1/_3\pi) + j\sin(-^1/_3\pi)\right)$$
$$= (4 + j3)\,\text{A} - (2{,}5 - j2{,}5\sqrt{3})\,\text{A} \approx (1{,}5 + j7{,}33)\,\text{A}$$
$$\approx \underline{\underline{7{,}482\,\text{A}\, e^{j0{,}436\pi}}}\ (78{,}43°);$$

2. $\underline{I}_1 = 2\,\text{A}\, e^{j^1/_2\pi}$

$$\underline{I}_2 = (4 + j3)\,\text{A} - 2\,\text{A}\left(\cos(^1/_2\pi) + j\sin(^1/_2\pi)\right)$$
$$= (4 + j3)\,\text{A} - (0 + j2)\,\text{A} = (4 + j)\,\text{A}$$
$$\approx \underline{\underline{4{,}123\,\text{A}\, e^{j0{,}078\pi}}}\ (14°);$$

3. $\underline{I}_1 = 6\,\text{A}\, e^{j0{,}47\pi}$

$$\underline{I}_2 = (4 + j3)\,\text{A} - 6\,\text{A}\left(\cos(0{,}47\pi) + j\sin(0{,}47\pi)\right)$$
$$\approx (4 + j3)\,\text{A} - (0{,}565 + j5{,}973)\,\text{A} = (3{,}435 - j2{,}973)\,\text{A}$$
$$\approx \underline{\underline{4{,}543\,\text{A}\, e^{-j0{,}227\pi}}}\ (-40{,}9°).$$

Aufgabe 7.2.4

Gesucht: komplexe Impedanz $\underline{Z}$ (Betrag und Phasenwinkel), Art des Bauelementes und Wert.

Ansatz: Das Ohm'sche Gesetz für den Wechselstromkreis

$$\underline{Z} = \frac{\underline{U}}{\underline{I}}, \quad \underline{Z} = R + \mathrm{j}X .$$

Für die Bauelemente gilt

$$R \neq 0 , \; X = 0 : \text{ ohmscher Widerstand} , \tag{7.2.4.1}$$

$$R = 0 , \; X > 0 : \text{ Induktivität} , \quad X_L = \omega L , \tag{7.2.4.2}$$

$$R = 0 , \; X < 0 : \text{ Kapazität} , \quad X_C = -\frac{1}{\omega C} . \tag{7.2.4.3}$$

7.2.4.1

$$\underline{Z} = \frac{6\,\mathrm{V\,e}^{\mathrm{j}0}}{3\,\mathrm{A\,e}^{\mathrm{j}1/2\pi}} = 2\,\Omega\,\mathrm{e}^{-\mathrm{j}1/2\pi} = \underline{\underline{-\mathrm{j}2\,\Omega}} \quad \Rightarrow \quad \text{Kapazität}$$

$$C = -\frac{1}{\omega X_C} = -\frac{1}{1000\,\mathrm{s}^{-1} \cdot (-)2\,\Omega} = \underline{\underline{500\,\mu\mathrm{F}}} .$$

7.2.4.2

$$\underline{Z} = \frac{54\,\mathrm{V\,e}^{\mathrm{j}1/3\pi}}{9\,\mathrm{A\,e}^{-\mathrm{j}1/6\pi}} = 6\,\Omega\,\mathrm{e}^{\mathrm{j}1/2\pi} = \underline{\underline{\mathrm{j}6\,\Omega}} \quad \Rightarrow \quad \text{Induktivität}$$

$$L = \frac{X_L}{\omega} = \frac{6\,\Omega}{500\,\mathrm{s}^{-1}} = \underline{\underline{12\,\mathrm{mH}}} .$$

7.2.4.3

$$\underline{Z} = \frac{2\,\mathrm{V\,e}^{\mathrm{j}1/7\pi}}{10\,\mathrm{A\,e}^{\mathrm{j}1/7\pi}} = 0{,}2\,\Omega\,\mathrm{e}^{\mathrm{j}0} = \underline{\underline{0{,}2\,\Omega}} \quad \Rightarrow \quad \text{ohmscher Widerstand}$$

$$R = \underline{\underline{0{,}2\,\Omega}} .$$

Aufgabe 7.2.5

Gesucht: Jeweils die komplexe Impedanz $\underline{Z}$, die komplexe Admittanz $\underline{Y}$ (Betrag und Phasenwinkel); jeweils für die Reihen- und Parallelschaltung die Bauelemente (R, L oder C) und deren zugehörige Werte.

Gegeben: Eine sinusförmige Quelle speist zwei Bauelemente mit

1. $\underline{U} = 20\,\mathrm{V\,e}^{\mathrm{j}1/4\pi}$, $\underline{I} = 5\,\mathrm{A\,e}^{-\mathrm{j}1/6\pi}$, $\omega = 1000\,\mathrm{s}^{-1}$;
2. $\underline{U} = 5\,\mathrm{V\,e}^{\mathrm{j}1/4\pi}$, $\underline{I} = 0{,}1\,\mathrm{A\,e}^{\mathrm{j}1/2\pi}$, $\omega = 2000\,\mathrm{s}^{-1}$.

Ansatz: Benötigt wird das Ohm'sche Gesetz für den Wechselstromkreis

$$\underline{Z} = \frac{\underline{U}}{\underline{I}} \quad \text{bzw.} \quad \underline{Y} = \frac{\underline{I}}{\underline{U}}$$

mit

$$\underline{Z} = R + \mathrm{j}X \quad \text{und} \quad \underline{Y} = G + \mathrm{j}B \,.$$

Bei der Reihenschaltung gilt

$$X > 0: \ \text{induktiver Anteil}, \quad X = \omega L \,, \tag{7.2.5.1}$$

$$X < 0: \ \text{kapazitiver Anteil}, \quad X = -\frac{1}{\omega C} \tag{7.2.5.2}$$

und bei der Parallelschaltung

$$B > 0: \ \text{kapazitiver Anteil}, \quad B = \omega C \,, \tag{7.2.5.3}$$

$$B < 0: \ \text{induktiver Anteil}, \quad B = -\frac{1}{\omega L} \,. \tag{7.2.5.4}$$

7.2.5.1
Reihenschaltung

$$\underline{Z} = \frac{\underline{U}}{\underline{I}} = R + \mathrm{j}X$$

$$\underline{Z} = \frac{20\,\mathrm{V}\,\mathrm{e}^{\mathrm{j}1/4\pi}}{5\,\mathrm{A}\,\mathrm{e}^{-\mathrm{j}1/6\pi}} = 4\,\Omega\,\mathrm{e}^{\mathrm{j}(1/4\pi + 1/6\pi)} = \underline{\underline{4\,\Omega\,\mathrm{e}^{\mathrm{j}5/12\pi}}}$$

$$R = \mathfrak{R}\{\underline{Z}\} = 4\,\Omega \cdot \cos\left(\frac{5\pi}{12}\right) \approx \underline{\underline{1{,}035\,\Omega}}$$

$$X = \mathfrak{I}\{\underline{Z}\} = 4\,\Omega \cdot \sin\left(\frac{5\pi}{12}\right) \quad \Rightarrow \quad \text{Induktivität}$$

$$L = \frac{4\,\Omega}{1000\,\mathrm{s}^{-1}} \cdot \sin\left(\frac{5\pi}{12}\right) \approx \underline{\underline{3{,}864\,\mathrm{mH}}} \,.$$

Parallelschaltung

$$\underline{Y} = \frac{\underline{I}}{\underline{U}} = G + \mathrm{j}B$$

$$\underline{Y} = \frac{5\,\mathrm{A}\,\mathrm{e}^{-\mathrm{j}1/6\pi}}{20\,\mathrm{V}\,\mathrm{e}^{\mathrm{j}1/4\pi}} = \frac{1}{4}\,\mathrm{S}\,\mathrm{e}^{-\mathrm{j}(\pi/6 + \pi/4)} = \underline{\underline{0{,}25\,\mathrm{S}\,\mathrm{e}^{-\mathrm{j}5/12\pi}}}$$

$$G = \mathfrak{R}\{\underline{Y}\} = 0{,}25\,\mathrm{S} \cdot \cos\left(-\frac{5\pi}{12}\right) \quad \Rightarrow$$

$$R = \frac{1}{G} = \frac{4}{\cos(5/12\pi)} \approx \underline{\underline{15{,}455\,\Omega}}$$

$$B = \mathfrak{I}\{\underline{Y}\} = 0{,}25\,\mathrm{S} \cdot \sin\left(-\frac{5\pi}{12}\right) \quad \Rightarrow \quad \text{Induktivität}$$

$$L = -\frac{1}{1000\,\mathrm{s}^{-1} \cdot 0{,}25\,\mathrm{S} \cdot \sin(-5/12\pi)} \approx \underline{\underline{4{,}141\,\mathrm{mH}}} \,.$$

7.2.5.2
Reihenschaltung

$$\underline{Z} = \frac{\underline{U}}{\underline{I}} = R + \mathrm{j}X$$

$$\underline{Z} = \frac{5\,\mathrm{V}\,\mathrm{e}^{\mathrm{j}1/4\pi}}{0{,}1\,\mathrm{A}\,\mathrm{e}^{\mathrm{j}1/2\pi}} = 50\,\Omega\,\mathrm{e}^{\mathrm{j}(1/4\pi - 1/2\pi)} = \underline{\underline{50\,\Omega\,\mathrm{e}^{-\mathrm{j}1/4\pi}}}$$

$$R = \Re\{\underline{Z}\} = 50\,\Omega \cdot \cos\left(-\frac{\pi}{4}\right) = 50\,\Omega \cdot \frac{\sqrt{2}}{2} \approx \underline{\underline{35{,}355\,\Omega}}$$

$$X = \Im\{\underline{Z}\} = 50\,\Omega \cdot \sin\left(-\frac{\pi}{4}\right) = -50\,\Omega \cdot \frac{\sqrt{2}}{2} \quad \Rightarrow \quad \text{Kapazität}$$

$$C = -\frac{1}{2000\,\mathrm{s}^{-1} \cdot (-)25\sqrt{2}\,\Omega} \approx \underline{\underline{14{,}142\,\mu\mathrm{F}}}\,.$$

Parallelschaltung

$$\underline{Y} = \frac{\underline{I}}{\underline{U}} = G + \mathrm{j}B$$

$$\underline{Y} = \frac{0{,}1\,\mathrm{A}\,\mathrm{e}^{\mathrm{j}1/2\pi}}{5\,\mathrm{V}\,\mathrm{e}^{\mathrm{j}1/4\pi}} = 0{,}02\,\mathrm{S}\,\mathrm{e}^{\mathrm{j}(1/2\pi - 1/4\pi)} = \underline{\underline{0{,}02\,\mathrm{S}\,\mathrm{e}^{\mathrm{j}1/4\pi}}}$$

$$G = \Re\{\underline{Y}\} = 0{,}02\,\mathrm{S} \cdot \cos\left(\frac{\pi}{4}\right) = 0{,}02\,\mathrm{S}\frac{\sqrt{2}}{2} \quad \Rightarrow$$

$$R = \frac{1}{G} = \frac{1}{\sqrt{2} \cdot 0{,}01\,\mathrm{S}} \approx \underline{\underline{70{,}711\,\Omega}}$$

$$B = \Im\{\underline{Y}\} = 0{,}02\,\mathrm{S} \cdot \sin\left(\frac{\pi}{4}\right) = 0{,}02\,\mathrm{S}\frac{\sqrt{2}}{2} \quad \Rightarrow \quad \text{Kapazität}$$

$$C = \frac{\sqrt{2} \cdot 0{,}01\,\mathrm{S}}{2000\,\mathrm{s}^{-1}} \approx \underline{\underline{7{,}071\,\mu\mathrm{F}}}\,.$$

Aufgabe 7.2.6

Gesucht: Widerstand R_1 zeichnerisch und rechnerisch so dass $\varphi_Z = -1/3\pi$ wird.
Gegeben: $C = 6{,}8\,\mathrm{nF}$, $R_\mathrm{p} = 1{,}2\,\mathrm{k}\Omega$, $f = 80\,\mathrm{kHz}$, $\varphi_Z = -1/3\pi$.
Ansatz: Lösung der Aufgabe mit Hilfe der Leitwerte der Parallelschaltung nach Abbildung 7.3a.

$$\underline{Z} = Z\,\mathrm{e}^{\mathrm{j}\varphi_Z}\,, \quad \underline{Y} = \frac{1}{\underline{Z}} = \frac{1}{Z}\,\mathrm{e}^{-\mathrm{j}\varphi_Z} = Y\,\mathrm{e}^{\mathrm{j}\varphi_Y} \quad \Rightarrow \tag{7.2.6.1}$$

$$\varphi_Y = -\varphi_Z \tag{7.2.6.2}$$

Eintrag des Leitwertes G und der Suszeptanz B_C in das Diagramm, zeichnen einer Geraden mit 60°-Winkel zur reellen Achse beginnend vom Koordinatenursprung bis zur Höhe von B_C zur Ermittlung der Gesamtadmittanz $\underline{Y}$.

Projektion der Spitze von $\underline{Y}$ auf die reelle Achse, messen der fehlenden Strecke bis G.

$$G = \frac{1}{R} = \frac{1}{1{,}2\,\mathrm{k\Omega}} \approx 0{,}833\,\mathrm{mS}$$

$$B_C = \omega C = 2\pi \cdot 80\,\mathrm{kHz} \cdot 6{,}8\,\mathrm{nF} \approx 3{,}418\,\mathrm{mS}\,.$$

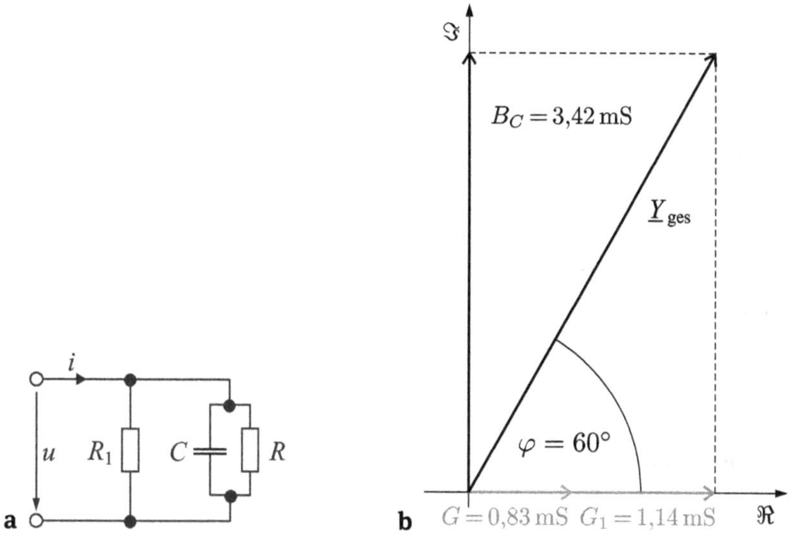

Abb. 7.3: Schaltung (a) und Operatordiagramm der Admittanzen zur Ermittlung von G_1(b).

Rechnerische Lösung

$$\underline{Y} = G_1 + G + \mathrm{j}B_C \quad \Rightarrow \quad \tan\varphi = \frac{B_C}{G + G_1} \quad \Rightarrow \quad G + G_1 = \frac{B_C}{\tan\varphi}$$

$$\Rightarrow G_1 = \frac{B_C}{\tan\varphi} - G$$

$$G_1 = \frac{3{,}418\,\mathrm{mS}}{\tan(^1/_3\pi)} - 0{,}833\,\mathrm{mS} \approx 1{,}14\,\mathrm{mS} \quad \Rightarrow \quad R_1 = \frac{1}{G_1} \approx \underline{\underline{877{,}129\,\Omega}}\,.$$

Aufgabe 7.2.7

7.2.7.1

Gesucht: Kreisfrequenz ω, bei der der Strom $\hat{\imath}_C$ doppelt so groß wie $\hat{\imath}_L$ ist.
Gegeben: $R = 4\,\Omega$, $L = 0{,}2\,\text{mH}$ und $C = 25\,\mu\text{F}$, $\underline{\hat{u}}_\text{q} = 20\,\text{V}$.
Ansatz: Bei der gegebenen Parallelschaltung ist

$$\underline{\hat{\imath}}_C = \frac{\underline{\hat{u}}_\text{q}}{\text{j}X_C} = \underline{\hat{u}}_\text{q}\,\text{j}B_C\,, \quad \underline{\hat{\imath}}_L = \frac{\underline{\hat{u}}_\text{q}}{\text{j}X_L} = \underline{\hat{u}}_\text{q}\,\text{j}B_L\,. \tag{7.2.7.1}$$

Die Forderung $\hat{\imath}_C = 2\,\hat{\imath}_L$ führt auf

$$\hat{\imath}_C = |\underline{\hat{\imath}}_C| = |\underline{\hat{u}}_\text{q}\,\text{j}\omega C| = 2\hat{\imath}_L = |2\underline{\hat{\imath}}_L| = \left|-2\,\text{j}\frac{\underline{\hat{u}}_\text{q}}{\omega L}\right| \tag{7.2.7.2}$$

und damit auf die Bedingung

$$|\text{j}\omega C| = \left|-\text{j}\frac{2}{\omega L}\right| \quad \Rightarrow \quad \omega C = \frac{2}{\omega L}\,. \tag{7.2.7.3}$$

Aufgelöst nach der gesuchten Kreisfrequenz ω ergibt sich

$$\omega^2 = \frac{2}{LC} \quad \Rightarrow \quad \omega = \underline{\underline{\sqrt{\frac{2}{LC}}}}\,. \tag{7.2.7.4}$$

und mit gegebenen Werten

$$\omega = \sqrt{\frac{2}{0{,}2\,\text{mH}\cdot 25\,\mu\text{F}}} = \sqrt{\frac{2\cdot\text{A}\cdot\text{V}}{2\cdot 10^{-4}\,\text{Vs}\cdot 25\cdot 10^{-6}\,\text{As}}} = \underline{\underline{20\cdot 10^3\,\text{s}^{-1}}}\,.$$

7.2.7.2

Gesucht: Zeigerdiagramm der Amplituden von Spannung und Strömen sowie das Operatoren-Diagramm der Admittanzen
Gegeben: $R = 4\,\Omega$, $L = 0{,}2\,\text{mH}$ und $C = 25\,\mu\text{F}$, $\underline{\hat{u}}_\text{q} = 20\,\text{V}$.
Ansatz: Berechnung der Admittanzen und Ströme für gegebenes ω:

$$G = \frac{1}{4\,\Omega} = 0{,}25\,\text{S}\,,$$
$$B_L = -\frac{1}{20\cdot 10^3\,\text{s}^{-1}\cdot 0{,}2\,\text{mH}} = -0{,}25\,\text{S}\,,$$
$$B_C = 20\cdot 10^3\,\text{s}^{-1}\cdot 25\,\mu\text{F} = 0{,}5\,\text{S}\,,$$

$$\underline{\hat{\imath}}_R = 20\,\text{V}\cdot 0{,}25\,\text{S} = 5\,\text{A}\,,$$
$$\underline{\hat{\imath}}_L = 20\,\text{V}\cdot\text{j}(-)0{,}25\,\text{S} = -\text{j}5\,\text{A}\,,$$
$$\underline{\hat{\imath}}_C = 20\,\text{V}\cdot\text{j}0{,}5\,\text{S} = \text{j}10\,\text{A}\,.$$

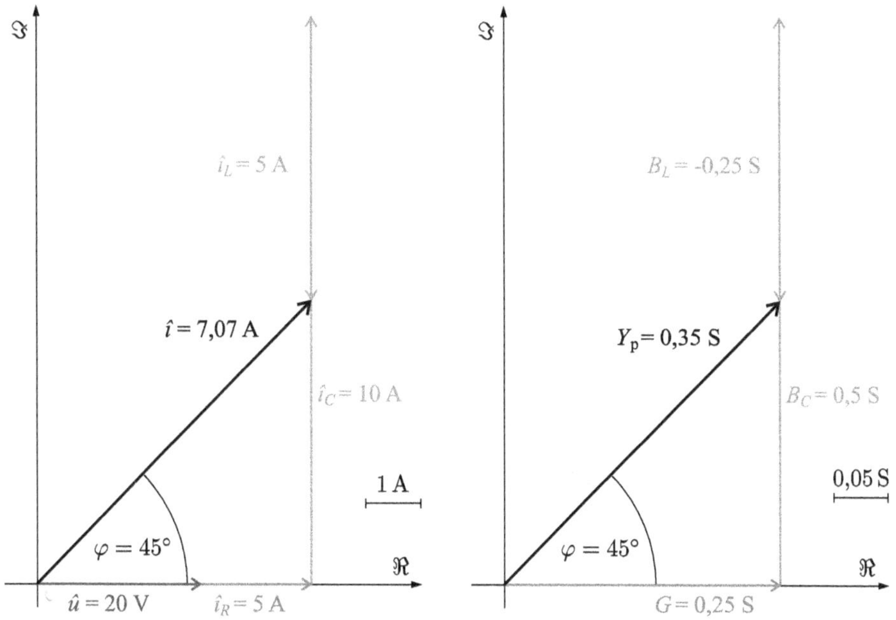

Abb. 7.4: Strom- und Spannungszeiger- sowie Operatoren-Diagramm der Parallelschaltung von R, L und C.

Alle erhaltenen Werte werden den gewählten Maßstäben entsprechend in das Strom- und Spannungszeiger- sowie das Operatoren-Diagramm der Admittanzen in Abbildung 7.4 eingetragen.

Berechnet ergeben sich zusätzlich

$$\begin{aligned}\underline{Y} &= G + \mathrm{j}(B_L + B_C) = 0{,}25\,\mathrm{S} + \mathrm{j}(-0{,}25\,\mathrm{S} + 0{,}5\,\mathrm{S})\\ &= 0{,}25 \cdot (1 + \mathrm{j})\,\mathrm{S} = \sqrt{2} \cdot 0{,}25\,\mathrm{S}\,\mathrm{e}^{\mathrm{j}\,1/4\pi}\,,\end{aligned} \tag{7.2.7.5}$$

$$\begin{aligned}\underline{\hat{\imath}} &= \underline{\hat{\imath}}_R + \underline{\hat{\imath}}_L + \underline{\hat{\imath}}_C = 5\,\mathrm{A} + \mathrm{j}(-5\,\mathrm{A} + 10\,\mathrm{A})\\ &= 5 \cdot (1 + \mathrm{j})\,\mathrm{A} = \sqrt{2} \cdot 5\,\mathrm{A}\,\mathrm{e}^{\mathrm{j}\,1/4\pi}\,.\end{aligned} \tag{7.2.7.6}$$

7.2.7.3

Gesucht: Die qualitative Frequenzabhängigkeit der Admittanz $\underline{Y}_\mathrm{p}$, getrennt dargestellt für Real- und Imaginärteil sowie für Betrag und Phase.

Ansatz: Getrennt nach Real- und Imaginärteil ist

$$\underline{Y}_\mathrm{p} = \mathfrak{R}\{\underline{Y}_\mathrm{p}\} + \mathrm{j}\,\mathfrak{I}\{\underline{Y}_\mathrm{p}\} = G + \mathrm{j}B\,, \quad B = B_L + B_C \tag{7.2.7.7}$$

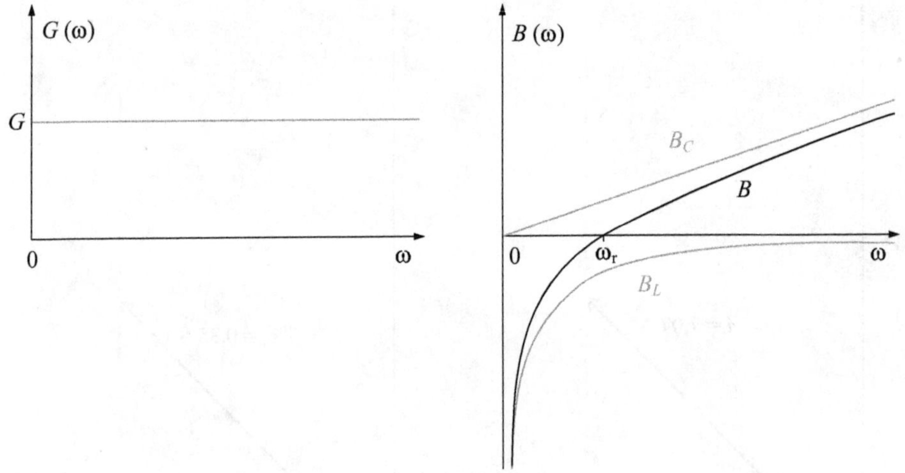

Abb. 7.5: Real- und Imaginärteil der Admittanz $\underline{Y}_p$ abhängig von der Kreisfrequenz ω

wobei sich abhängig von der Kreisfrequenz ergibt

$$\underline{Y}_p(\omega) = G + j\left(\omega C - \frac{1}{\omega L}\right) . \tag{7.2.7.8}$$

Der Realteil ist also unabhängig von der Kreisfrequenz ω und der Imaginärteil setzt sich zusammen aus einer Geraden und einer Hyperbel, siehe die grafische Darstellung in Abbildung 7.5. Analog gilt für Betrag und Phase

$$\underline{Y}_p = |\underline{Y}_p|\, e^{j\varphi} , \quad \varphi = \arctan\left(\frac{\Im\{\underline{Y}_p\}}{\Re\{\underline{Y}_p\}}\right) \tag{7.2.7.9}$$

wobei sich abhängig von der Kreisfrequenz ergibt

$$Y_p(\omega) = \sqrt{G^2 + \left(\omega C - \frac{1}{\omega L}\right)^2} , \quad \varphi(\omega) = \arctan\left(\frac{\omega C - \frac{1}{\omega L}}{G}\right) . \tag{7.2.7.10}$$

Für den Verlauf des Betrags werden folgende Näherungen betrachtet: Bei kleinen Frequenzen gelten

$$\omega \ll \sqrt{\frac{1}{LC}} : \quad Y \approx \sqrt{G^2 + \left(\frac{1}{\omega L}\right)^2} , \tag{7.2.7.11}$$

$$\omega \ll \frac{1}{GL} : \quad Y \approx \frac{1}{\omega L} . \tag{7.2.7.12}$$

Wenn der Imaginärteil verschwindet, ist

$$\omega = \sqrt{\frac{1}{LC}} : \quad Y = G . \tag{7.2.7.13}$$

Für große Frequenzen gelten die Näherungen

$$\omega \gg \sqrt{\frac{1}{LC}} \; : \quad Y \approx \sqrt{G^2 + (\omega C)^2} \,, \tag{7.2.7.14}$$

$$\omega \gg \frac{G}{C} \; : \quad Y \approx \omega C \,. \tag{7.2.7.15}$$

Die oberen Überlegungen sind durch gestrichelte Grenzlinien, so genannte Asymptoten, in Abbildung 7.5 grafisch dargestellt. Für kleine Werte von ω ergibt sich nach Gleichung (7.2.7.12) ein hyperbolischer Verlauf, für große Werte von ω nähert sich die Betragsfunktion asymptotisch der Geraden aus Gleichung (7.2.7.15).

Für den Verlauf der Phase werden folgende Näherungen und Grenzwerte betrachtet: Bei kleinen Frequenzen gilt

$$\omega \ll \sqrt{\frac{1}{LC}} \; : \quad \varphi \approx \arctan\left(\frac{-1}{\omega GL}\right) . \tag{7.2.7.16}$$

Wenn der Imaginärteil verschwindet ist

$$\omega = \sqrt{\frac{1}{LC}} \; : \quad \varphi = \arctan\left(\frac{0}{G}\right) = 0 \,. \tag{7.2.7.17}$$

Für große Frequenzen gilt

$$\omega \gg \sqrt{\frac{1}{LC}} \; : \quad \varphi \approx \arctan\left(\frac{\omega C}{G}\right) . \tag{7.2.7.18}$$

Darüber hinaus ergeben sich die Grenzwerte

$$\omega \to 0 \; : \quad \varphi = \lim_{\omega \to 0} \arctan\left(\frac{\omega C}{G} - \frac{1}{\omega GL}\right) = -\frac{\pi}{2} \,, \tag{7.2.7.19}$$

$$\omega \to \infty \; : \quad \varphi = \lim_{\omega \to \infty} \arctan\left(\frac{\omega C}{G} - \frac{1}{\omega GL}\right) = \frac{\pi}{2} \,. \tag{7.2.7.20}$$

Je nach Wahl der Parameter R, L und C ähnelt der Verlauf des Phasenwinkels nur einem Ausschnitt der Arkustangens-Funktion in Abbildung 7.6, siehe Abbildung 7.7 oder das Beispiel im Lehrbuch. Nahezu unverändert wird die Funktion für den Bereich der Gleichungen (7.2.7.18) und (7.2.7.17) abgebildet. Starke Änderungen treten dagegen oft im Gültigkeitsbereich von Gleichung (7.2.7.16) auf.

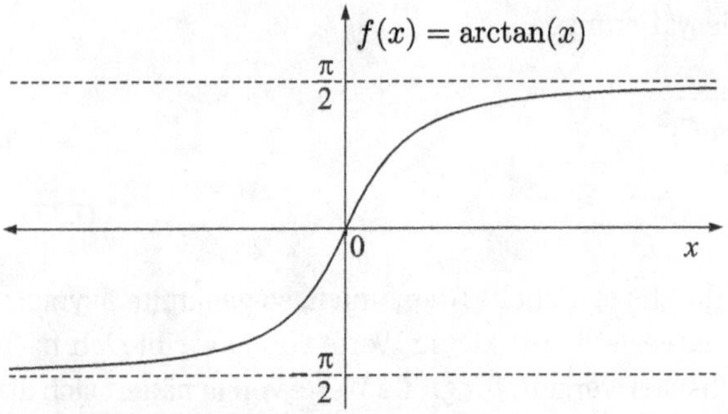

Abb. 7.6: Verlauf der Arkustangens-Funktion.

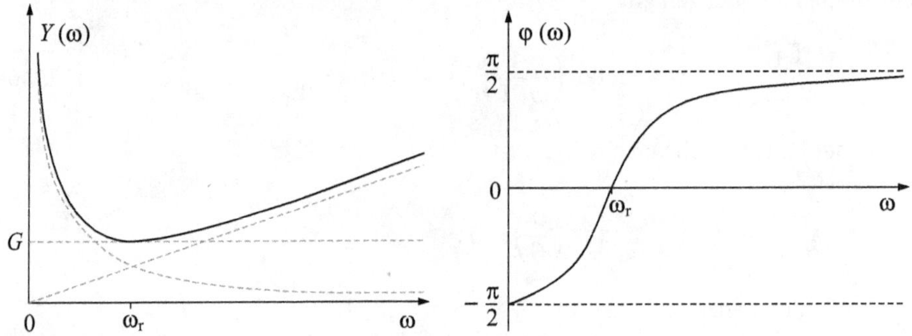

Abb. 7.7: Betrag und Phasenwinkel der Admittanz abhängig von der Kreisfrequenz ω.

Aufgabe 7.2.8

Gesucht: Kreisfrequenz ω bei der $\varphi_u - \varphi_i = 0$ ist.
Gegeben: RLC-Serienschaltung mit $L = 5\,\mathrm{mH}$, $C = 2\,\mu\mathrm{F}$.
Ansatz: Die Impedanz $\underline{Z}$ der Serienschaltung berechnet sich durch

$$\underline{Z} = R + \mathrm{j}\omega L - \mathrm{j}\frac{1}{\omega C}\,. \tag{7.2.8.1}$$

Die Forderung $\varphi_u - \varphi_i = 0$ bedeutet $\varphi_Z = 0$ und damit $\Im\{\underline{Z}\} = 0$:

$$\omega L - \frac{1}{\omega C} = 0\,. \tag{7.2.8.2}$$

$$\omega L = \frac{1}{\omega C} \quad \Rightarrow \quad \omega^2 = \frac{1}{LC} \quad \Rightarrow \quad \boxed{\omega = \frac{1}{\sqrt{LC}}} \tag{7.2.8.3}$$

$$\omega = \frac{1}{\sqrt{5\,\mathrm{mH} \cdot 2\,\mu\mathrm{F}}} = \underline{\underline{10^4\,\mathrm{s}^{-1}}}\,. \tag{7.2.8.4}$$

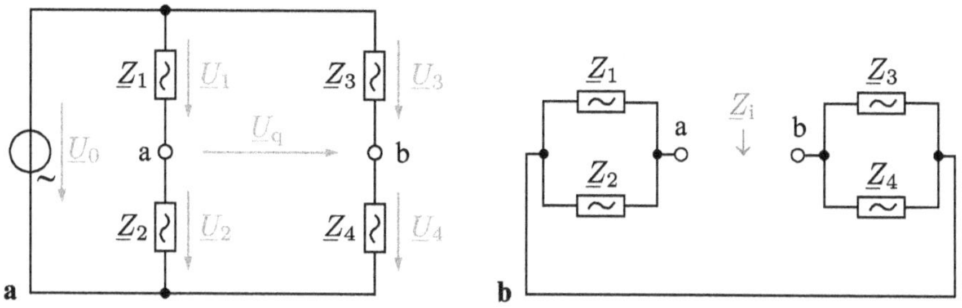

Abb. 7.8: Ersatzschaltungen zur Bestimmung der Quellenspannung $\underline{U}_q$ (a) und des komplexen Innenwiderstandes $\underline{Z}_i$ (b) der Ersatzspannungsquelle.

Aufgabe 7.2.9

7.2.9.1

Gesucht: Allgemeine Gleichung zur Berechnung des Messstroms $\underline{I}_M$.

Ansatz: Berechnung der Quellenspannnung $\underline{U}_q$ der Ersatzspannungsquelle nach Abbildung 7.8 a mit Hilfe der Spannungsteilerregeln:

$$\underline{U}_q = \underline{U}_3 - \underline{U}_1, \quad \underline{U}_3 = \frac{\underline{Z}_3\,\underline{U}_0}{\underline{Z}_3 + \underline{Z}_4}, \quad \underline{U}_1 = \frac{\underline{Z}_1\,\underline{U}_0}{\underline{Z}_1 + \underline{Z}_2}, \tag{7.2.9.1}$$

$$\underline{U}_q = \frac{\underline{Z}_3\,\underline{U}_0}{\underline{Z}_3 + \underline{Z}_4} - \frac{\underline{Z}_1\,\underline{U}_0}{\underline{Z}_1 + \underline{Z}_2}\,. \tag{7.2.9.2}$$

Berechnung des Innenwiderstands $\underline{Z}_i$ gemäß Abbildung 7.8 b:

$$\underline{Z}_i = \frac{\underline{Z}_1\,\underline{Z}_2}{\underline{Z}_1 + \underline{Z}_2} + \frac{\underline{Z}_3\,\underline{Z}_4}{\underline{Z}_3 + \underline{Z}_4}\,. \tag{7.2.9.3}$$

$$\begin{aligned}\underline{I}_M &= \underline{U}_q\,\frac{1}{\underline{Z}_i + \underline{Z}_M}\\ &= \underline{U}_0\,\frac{\underline{Z}_3(\underline{Z}_1 + \underline{Z}_2) - \underline{Z}_1(\underline{Z}_3 + \underline{Z}_4)}{(\underline{Z}_1 + \underline{Z}_2)(\underline{Z}_3 + \underline{Z}_4)}\;\frac{1}{\dfrac{\underline{Z}_1\,\underline{Z}_2}{\underline{Z}_1 + \underline{Z}_2} + \dfrac{\underline{Z}_3\,\underline{Z}_4}{\underline{Z}_3 + \underline{Z}_4} + \underline{Z}_M}\\ &= \underline{U}_0\,\frac{\underline{Z}_3(\underline{Z}_1 + \underline{Z}_2) - \underline{Z}_1(\underline{Z}_3 + \underline{Z}_4)}{\underline{Z}_1\,\underline{Z}_2(\underline{Z}_3 + \underline{Z}_4) + \underline{Z}_3\,\underline{Z}_4(\underline{Z}_1 + \underline{Z}_2) + \underline{Z}_M\,(\underline{Z}_1 + \underline{Z}_2)(\underline{Z}_3 + \underline{Z}_4)}\end{aligned} \tag{7.2.9.4}$$

$$\underline{I}_M = \underline{U}_0\,\frac{\underline{Z}_2\,\underline{Z}_3 - \underline{Z}_1\,\underline{Z}_4}{\underline{Z}_1\,\underline{Z}_2(\underline{Z}_3 + \underline{Z}_4) + \underline{Z}_3\,\underline{Z}_4(\underline{Z}_1 + \underline{Z}_2) + \underline{Z}_M\,(\underline{Z}_1 + \underline{Z}_2)(\underline{Z}_3 + \underline{Z}_4)}\,. \tag{7.2.9.5}$$

7.2.9.2

Gesucht: Abgleichbedingungen der Brückenschaltung
Gegeben: Gleichung für $\underline{I}_M$.
Ansatz: Nullsetzen der Gleichung.

$$0 = \underline{U}_0 \frac{\underline{Z}_2\,\underline{Z}_3 - \underline{Z}_1\,\underline{Z}_4}{\underline{Z}_1\,\underline{Z}_2(\underline{Z}_3 + \underline{Z}_4) + \underline{Z}_3\,\underline{Z}_4(\underline{Z}_1 + \underline{Z}_2) + \underline{Z}_M\,(\underline{Z}_1 + \underline{Z}_2)(\underline{Z}_3 + \underline{Z}_4)} \,. \tag{7.2.9.6}$$

$$0 = \underline{Z}_2\,\underline{Z}_3 - \underline{Z}_1\,\underline{Z}_4 \quad \Rightarrow \quad \underline{Z}_1\,\underline{Z}_4 = \underline{Z}_2\,\underline{Z}_3 \quad \Rightarrow \quad \underline{\underline{\underline{Z}_1 = \frac{\underline{Z}_2\,\underline{Z}_3}{\underline{Z}_4}}}\,. \tag{7.2.9.7}$$

7.2.9.3

Gesucht: Drei Möglichkeiten für die Erfüllung der Phasenbedingung für den Brückenabgleich.
Gegeben: Zu messende Impedanz $\underline{Z}_1 = R_x + \mathrm{j}\omega L_x$, allgemeine Abgleichbedingung.
Ansatz: Betrachtung der Impedanzen in der allgemeinen Abgleichbedingung, dargestellt durch Betrag und Phase:

$$Z_1\,\mathrm{e}^{j\varphi_1} = \frac{Z_2\,Z_3}{Z_4}\,\mathrm{e}^{j(\varphi_2+\varphi_3-\varphi_4)} \quad \Rightarrow \quad \varphi_1 = \varphi_2 + \varphi_3 - \varphi_4\,. \tag{7.2.9.8}$$

Aus der Phasenbedingung lassen sich die in Tabelle 7.1 aufgeführten drei einfachen Kombinationen herleiten. Dabei sollen möglichst viele Impedanzen als ohmsche Widerstände ausgeführt werden.

Tab. 7.1: Drei einfache Kombinationen mit denen die Phasenbedingung erfüllt werden kann.

	φ_2	φ_3	φ_4	Kombination		
				$\underline{Z}_2$	$\underline{Z}_3$	$\underline{Z}_4$
1.	0	0	$-\varphi_1$	R_2	R_3	$R_4 \vert\vert C_4$
2.	0	φ_1	0	R_2	R_3 & L_3	R_4
3.	φ_1	0	0	R_2 & L_2	R_3	R_4

7.2.9.4

Gesucht: Abgleichbedingungen für die drei angegebenen Schaltungskombinationen.
Gegeben: Zu messende Impedanz $\underline{Z}_1 = R_x + \mathrm{j}\omega L_x$, allgemeine Abgleichbedingung.
Ansatz: Einsetzen der einzelnen Bauelemente in die allgemeine Abgleichbedingung. Trennung nach Real- und Imaginärteil.

1. $$\underline{Z}_1 = R_x + \mathrm{j}\omega L_x = \frac{R_2 R_3}{R_4}(1 + \mathrm{j}\omega R_4 C_4)\,, \quad R_4 \| C_4 = \frac{R_4}{1 + \mathrm{j}\omega R_4 C_4}$$

$$R_x = \underline{\underline{\frac{R_2 R_3}{R_4}}}\,, \quad \omega L_x = \frac{R_2 R_3}{R_4}\,\omega R_4 C_4 \quad \Rightarrow \quad L_x = \underline{\underline{R_2 R_3 C_4}}\,. \tag{7.2.9.9}$$

2. $$\underline{Z}_1 = R_x + \mathrm{j}\omega L_x = \frac{R_2 (R_3 + \mathrm{j}\omega L_3)}{R_4}$$

$$R_x = \underline{\underline{\frac{R_2 R_3}{R_4}}}\,, \quad L_x = \underline{\underline{\frac{R_2 L_3}{R_4}}}\,. \tag{7.2.9.10}$$

3. $$\underline{Z}_1 = R_x + \mathrm{j}\omega L_x = \frac{(R_2 + \mathrm{j}\omega L_2) R_3}{R_4}$$

$$R_x = \underline{\underline{\frac{R_2 R_3}{R_4}}}\,, \quad L_x = \underline{\underline{\frac{L_2 R_3}{R_4}}}\,. \tag{7.2.9.11}$$

Aufgabe 7.2.10

7.2.10.1

Gesucht: Die allgemeine Berechnung der Spannung $\underline{U}_2$
(a) mit Hilfe der Methode Ersatzstromquelle,
(b) mit Hilfe der Methode Ersatzspannngsquelle,
(c) mit Hilfe der Methode Umlaufanalyse.

Ansatz a: Betrachtung der Schaltung wie in Abbildung 7.9 dargestellt. Die Ersatzstromquelle ersetzt das Netzwerk, das in Pfeilrichtung betrachtet wird, einschließlich der Spannungsquelle $\underline{U}_1$.

Bestimmung des Kurzschlussstromes als Wert für $\underline{I}_\mathrm{q}$ durch Kurzschließen der Klemmen a, b:

$$\underline{I}_\mathrm{q} = \frac{\underline{U}_1}{R + \mathrm{j}\omega L}\,. \tag{7.2.10.1}$$

Bestimmung der Ersatzadmittanz $\underline{Y}_\mathrm{i}$ durch Kurzschließen der Spannungsquelle $\underline{U}_1$:

$$\underline{Y}_\mathrm{i} = \frac{1}{R + \mathrm{j}\omega L} + \mathrm{j}\omega C_2 = \frac{1 + \mathrm{j}\omega C_2 (R + \mathrm{j}\omega L)}{R + \mathrm{j}\omega L}\,. \tag{7.2.10.2}$$

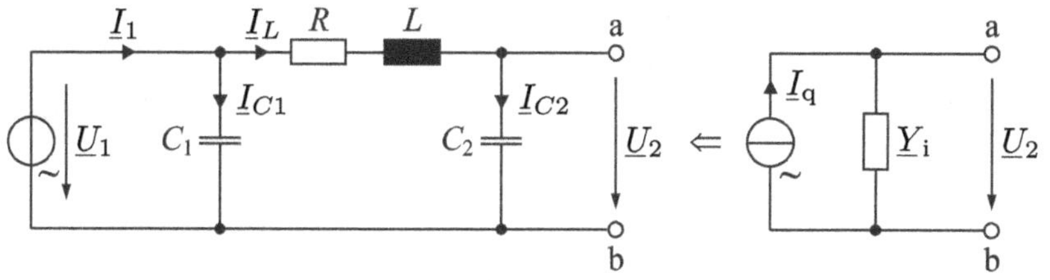

Abb. 7.9: Ersatz des Π-Gliedes durch die Stromquelle $\underline{I}_\mathrm{q}$ und die komplexe Admittanz $\underline{Y}_\mathrm{i}$.

$$\underline{U}_2 = \frac{\underline{I}_q}{\underline{Y}_i} = \frac{\underline{U}_1}{R + j\omega L} \cdot \frac{R + j\omega L}{1 + j\omega C_2 (R + j\omega L)} \tag{7.2.10.3}$$

$$\Rightarrow \underline{U}_2 = \underline{\underline{\frac{\underline{U}_1}{1 - \omega^2 L C_2 + j\omega R C_2}}} . \tag{7.2.10.4}$$

Ansatz b: Betrachtung der Schaltung wie in Abbildung 7.10 dargestellt. Die Ersatzspannungsquelle ersetzt wie unter (a) das Netzwerk, das in Pfeilrichtung betrachtet wird, einschließlich der Spannungsquelle $\underline{U}_1$.

Bestimmung der Leerlaufspannung als Wert für $\underline{U}_q$ an den Klemmen a, b:

$$\underline{U}_q = \frac{\underline{U}_1 \cdot {}^1\!/_{j\omega C_2}}{R + j\omega L + {}^1\!/_{j\omega C_2}} = \frac{\underline{U}_1}{j\omega R C_2 - \omega^2 L C_2 + 1} . \tag{7.2.10.5}$$

Bestimmung der Ersatzimpedanz $\underline{Z}_i$ durch Kurzschließen der Spannungsquelle $\underline{U}_1$ und Betrachtung des Netzwerkes in Pfeilrichtung:

$$\underline{Z}_i = \frac{(R + j\omega L) \cdot {}^1\!/_{j\omega C_2}}{R + j\omega L + {}^1\!/_{j\omega C_2}} = \frac{R + j\omega L}{j\omega R C_2 - \omega^2 L C_2 + 1} . \tag{7.2.10.6}$$

$$\underline{U}_2 = \underline{U}_q \quad \Rightarrow \quad \underline{U}_2 = \underline{\underline{\frac{\underline{U}_1}{1 - \omega^2 L C_2 + j\omega R C_2}}} .$$

Ansatz c: Die gesuchte Spannung wird durch den Strom $\underline{I}_{C_2}$ durch C_2 bestimmt. Nach den Regeln der Umlaufanalyse wird der vollständige Baum so festgelegt, dass der gesuchte Strom $\underline{I}_{C_2} = \underline{I}_L$ auch ein unabhängiger Strom ist, siehe hierzu Abbildung 7.11.

Hieraus lässt sich das folgende Gleichungssystem in Matrix-Form herleiten:

$$\begin{pmatrix} \frac{1}{j\omega C_1} & -\frac{1}{j\omega C_1} \\ -\frac{1}{j\omega C_1} & R + j\omega L + \frac{1}{j\omega C_2} + \frac{1}{j\omega C_1} \end{pmatrix} \cdot \begin{pmatrix} \underline{I}_1 \\ \underline{I}_{C_2} \end{pmatrix} = \begin{pmatrix} \underline{U}_1 \\ 0 \end{pmatrix} . \tag{7.2.10.7}$$

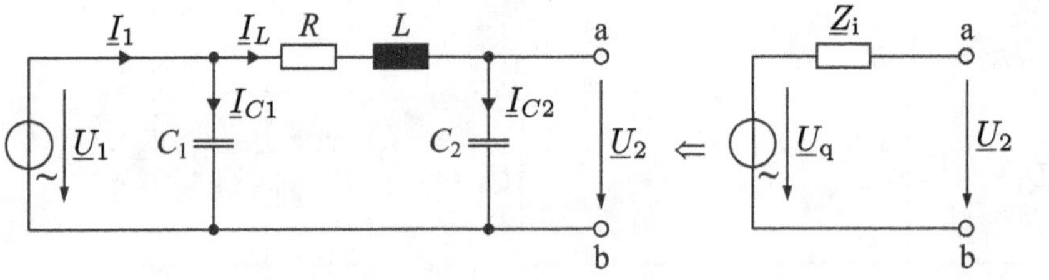

Abb. 7.10: Ersatz des Π-Gliedes durch die Spannungsquelle $\underline{U}_q$ und die komplexe Impedanz $\underline{Z}_i$.

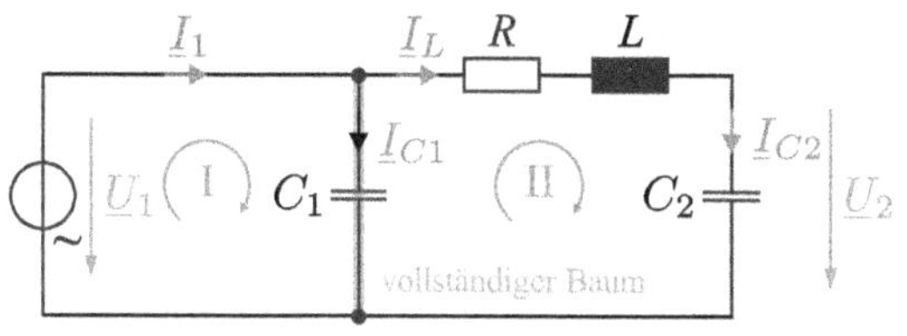

Abb. 7.11: Vereinfachte Schaltung des Π-Glieds mit eingezeichneten Maschenumläufen und vollständigem Baum.

Mit Hilfe der Cramer'schen Regel wird dieses für $\underline{I}_{C2}$ gelöst:

$$\underline{I}_{C2} = \frac{\begin{vmatrix} \frac{1}{\mathrm{j}\omega C_1} & \underline{U}_1 \\ -\frac{1}{\mathrm{j}\omega C_1} & 0 \end{vmatrix}}{\begin{vmatrix} \frac{1}{\mathrm{j}\omega C_1} & -\frac{1}{\mathrm{j}\omega C_1} \\ -\frac{1}{\mathrm{j}\omega C_1} & R + \mathrm{j}\omega L + \frac{1}{\mathrm{j}\omega C_2} + \frac{1}{\mathrm{j}\omega C_1} \end{vmatrix}}$$

$$= \frac{\frac{1}{\mathrm{j}\omega C_1}\underline{U}_1}{\frac{1}{\mathrm{j}\omega C_1}\left(R + \mathrm{j}\omega L + \frac{1}{\mathrm{j}\omega C_2} + \frac{1}{\mathrm{j}\omega C_1}\right) - \left(\frac{1}{\mathrm{j}\omega C_1}\right)^2} = \frac{\underline{U}_1}{R + \mathrm{j}\omega L + \frac{1}{\mathrm{j}\omega C_2}} \,.$$

Die gesuchte Spannung ist dann

$$\underline{U}_2 = \frac{1}{\mathrm{j}\omega C_2}\underline{I}_{C_2} = \frac{\underline{U}_1}{R + \mathrm{j}\omega L + \frac{1}{\mathrm{j}\omega C_2}} \cdot \frac{1}{\mathrm{j}\omega C_2} = \frac{\underline{U}_1}{\mathrm{j}\omega R C_2 - \omega^2 L C_2 + 1}$$

$$\underline{U}_2 = \frac{\underline{U}_1}{1 - \omega^2 L C_2 + \mathrm{j}\omega R C_2} \,.$$

Anmerkung *Eine Impedanz parallel zu einer Spannungsquelle kann vernachlässigt werden, wenn nicht nach der Leistung der Quelle gefragt ist. Weil der Kondensator C_1 im Ergebnis nicht erscheint, hätte die Aufgabe daher auch durch einen einzigen Umlauf gelöst werden können. Dies zu zeigen war auch ein Ziel dieser Teilaufgabe.*

7.2.10.2

Gesucht: Kreisfrequenz ω, Spannung $\underline{U}_2$.
Gegeben: $\underline{U}_1 = U, R, L, C_1 = C_2 = C, \varphi_{U_1} - \varphi_{U_2} = 1/2\pi$.
Ansatz: Gleichung zur Berechnung von $\underline{U}_2$ mit gegebenen Variablen:

$$\underline{U}_2 = \frac{U}{1 - \omega^2 LC + \mathrm{j}\omega RC} \,.$$

Damit die Phasenbedingung erfüllt wird, muss der Realteil im Nenner verschwinden:

$$1 - \omega^2 LC = 0 \quad \Rightarrow \quad \omega = \frac{1}{\sqrt{LC}} \,. \tag{7.2.10.8}$$

$$\underline{U}_2 = \frac{U}{\mathrm{j}\frac{1}{\sqrt{LC}} RC} = -\mathrm{j}\frac{U}{R}\sqrt{\frac{L}{C}} \,. \tag{7.2.10.9}$$

Anmerkung *Das Ergebnis ist gleichzeitig die Resonanz-Kreisfrequenz der Reihenschaltung aus R, L und C_2. Bei Resonanz ist der Strom $\underline{I}_L = \underline{I}_{C2}$ reell (in Phase mit $\underline{U}_1 = U$), d. h. der Imaginärteil der Reihenschaltung verschwindet. Multipliziert mit $-\mathrm{j}\,1/\omega C_2$ ergibt sich dann die gewünschte Phasenlage der Spannung $\underline{U}_2$.*

Aufgabe 7.2.11

7.2.11.1

Gesucht: Admittanz $\underline{Y}$ der Schaltung in allgemeiner Form.

Ansatz: Die Schaltung besteht aus einer Reihenschaltung von Kondensator und Widerstand, der eine Induktivität parallel geschaltet ist

$$\underline{Y} = \frac{1}{R + \frac{1}{\mathrm{j}\omega C}} + \frac{1}{\mathrm{j}\omega L} = \frac{\mathrm{j}\omega C}{1 + \mathrm{j}\omega CR} + \frac{1}{\mathrm{j}\omega L}\,. \tag{7.2.11.1}$$

$$\underline{Y} = \frac{\mathrm{j}\omega C(1 - \mathrm{j}\omega CR)}{1 + (\omega CR)^2} - \mathrm{j}\frac{1}{\omega L} = \underline{\underline{\frac{\omega^2 RC^2}{1 + (\omega CR)^2} + \mathrm{j}\left(\frac{\omega C}{1 + (\omega CR)^2} - \frac{1}{\omega L}\right)}}\,,$$

oder in anderer Form

$$\underline{Y} = \underline{\underline{\frac{1}{R}\,\frac{(\omega CR)^2}{1 + (\omega CR)^2} + \mathrm{j}\frac{\omega^2[LC - R^2C^2] - 1}{\omega L[1 + (\omega CR)^2]}}}\,. \tag{7.2.11.2}$$

7.2.11.2

Gesucht: Kreisfrequenz ω_r bei Phasenresonanz für die Induktivität $L = 2R^2C$.

Ansatz: Phasenresonanz tritt auf, wenn der Phasenwinkel $\varphi = 0$ ist, also der Imaginärteil null wird:

$$\mathfrak{I}\{\underline{Y}(\omega_\mathrm{r})\} \stackrel{!}{=} 0 \quad \Rightarrow \quad \omega_\mathrm{r}^2[LC - R^2C^2] - 1 \stackrel{!}{=} 0\,. \tag{7.2.11.3}$$

$$\omega_\mathrm{r}^2 = \frac{1}{LC - R^2C^2} \quad \Rightarrow \quad \omega_\mathrm{r} = \sqrt{\frac{1}{LC - R^2C^2}} = \sqrt{\frac{1}{2\,R^2C^2 - R^2C^2}} = \underline{\underline{\frac{1}{RC}}}\,. \tag{7.2.11.4}$$

7.2.11.3

Gegeben: Die Phasenresonanz-Kreisfrequenz ω_r, $L = 2R^2C$.

Gesucht: Wert der Admittanz $\underline{Y}(\omega_\mathrm{r})$

Ansatz: Betrachtung der Admittanz bei Phasenresonanz: Der Imaginärteil der Gleichung verschwindet und es bleibt nur der Realteil.

$$\underline{Y}(\omega_\mathrm{r}) = \frac{1}{R}\,\frac{(\omega_\mathrm{r}RC)^2}{1 + (\omega_\mathrm{r}RC)^2} = G\,\frac{(\frac{1}{RC}RC)^2}{1 + (\frac{1}{RC}RC)^2} = \frac{1}{2}\,G\,. \tag{7.2.11.5}$$

7.2.11.4
Konstruktion der Ortskurve

Die Frequenzabhängigkeit der Admittanz der Reihenschaltung aus R und C wird in der $\underline{Y}$-Ebene durch einen Halbkreis im 1. Quadranten abgebildet, der den Koordinatenursprung berührt und den Ausgangspunkt für die Konstruktion darstellt (s. Abbildung 7.12).

Zur Konstruktion werden neben dem Punkt bei Phasenresonanz noch zwei weitere Punkte benötigt, damit der qualitative Verlauf klar wird. Gewählt wurden die Punkte bei $G(\omega_1) = {}^1\!/_4 G$ und $G(\omega_2) = {}^3\!/_4 G$. Die folgenden Gleichungen berechnen die zugehörigen Imaginärteile B_1 und B_2 wobei die normierte Frequenz $\Omega = \omega CR$ eingeführt wurde:

$$\underline{Y} = G \cdot \frac{\Omega^2}{1+\Omega^2} + \mathrm{j}G\left(\frac{\Omega}{1+\Omega^2} - \frac{1}{2\Omega}\right) = G \cdot \frac{\Omega^2}{1+\Omega^2} + \mathrm{j}\frac{G}{2} \cdot \frac{\Omega^2 - 1}{\Omega^3 + \Omega}$$

$$G_1 = \frac{1}{4}G = G \cdot \frac{\Omega_1^2}{1+\Omega_1^2} \quad \Rightarrow \quad \Omega_1^2 = \frac{1}{4}(1+\Omega^2) \quad \Rightarrow \quad \frac{3}{4}\Omega_1^2 = \frac{1}{4} \quad \Rightarrow \quad \Omega_1 = \frac{1}{\sqrt{3}}$$

$$B_1 = G\left(\frac{{}^1\!/\!\sqrt{3}}{1 + {}^1\!/_3} - \frac{1}{{}^2\!/\!\sqrt{3}}\right) = G\left(\frac{\sqrt{3}}{3+1} - \frac{\sqrt{3}}{2}\right) = -\frac{\sqrt{3}}{4}G \approx -0{,}433\,G\,;$$

$$G_2 = \frac{3}{4}G = G \cdot \frac{\Omega_2^2}{1+\Omega_2^2} \quad \Rightarrow \quad \Omega_2^2 = \frac{3}{4}(1+\Omega_2^2) \quad \Rightarrow \quad \frac{1}{4}\Omega_2^2 = \frac{3}{4} \quad \Rightarrow \quad \Omega_2 = \sqrt{3}$$

$$B_2 = G\left(\frac{\sqrt{3}}{1+3} - \frac{1}{2\sqrt{3}}\right) = G\left(\frac{3}{4\sqrt{3}} - \frac{2}{4\sqrt{3}}\right) = \frac{1}{4\sqrt{3}}G \approx 0{,}144\,G\,.$$

Bei Phasenresonanz ist der Wert B_L genauso groß wie der Imaginärteil der Admittanz der Reihenschaltung von R und C. Siehe hierzu den Punkt bei ${}^1\!/_2 G$ in Abbildung 7.12.

7.2.11.5
Gesucht: Kennzeichnen der Betragsresonanz in der Admittanz-Ortskurve $\underline{Y}(\omega)$.

Ansatz: Die Betragsresonanz tritt hier auf, wenn der Betrag sein Minimum erreicht

$$Y_\mathrm{r} = \min|\underline{Y}|\,. \tag{7.2.11.6}$$

Die Betragsresonanz tritt also auf, wenn die Länge des Admittanz-Operators minimal wird. Der Admittanz-Operator beginnt im Ursprung des Koordinatensystems und zeigt senkrecht auf die Tangente an der Kurve bei $\underline{Y} = \underline{Y}_\mathrm{r}$. Dies ist in Abbildung 7.12 mit einem grauen Pfeil dargestellt.

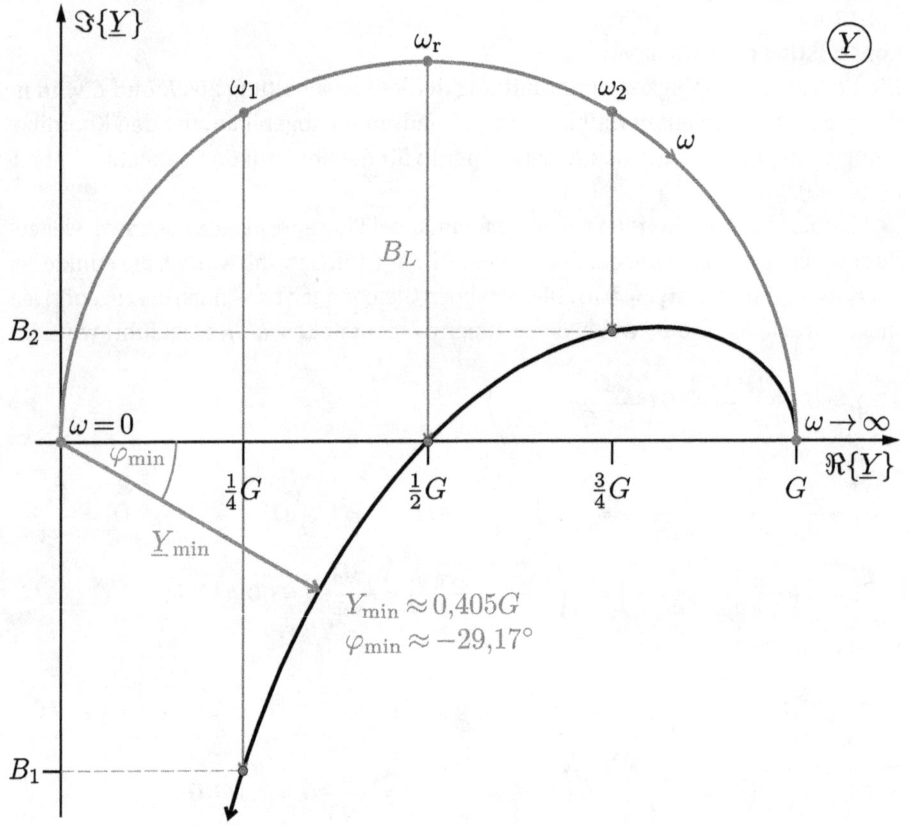

Abb. 7.12: Ortskurve mit eingetragenem Zeiger für die Betragsresonanz ($Y_r = \min|\underline{Y}|$).

Aufgabe 7.2.12

7.2.12.1

Gegeben: Die Funktion $\underline{Y} = G + \mathrm{j}B$.

Gesucht: Grafische Darstellung der Funktion für die beiden Fälle G = konst. und B = konst.

(a) G = konst.

$$\underline{Y}(G_1,B) = G_1 + \mathrm{j}B = 1\,G_1 + \mathrm{j}B$$
$$\underline{Y}(G_2,B) = G_2 + \mathrm{j}B = 2\,G_1 + \mathrm{j}B$$

Die grafische Lösung hierzu zeigt Abbildung 7.13a.

(b) $B = \text{konst.}$

$$\begin{aligned}
\underline{Y}(G,-B_2) &= G - \mathrm{j}B_2 = G - \mathrm{j}2\,B_1\\
\underline{Y}(G,-B_1) &= G - \mathrm{j}B_1 = G - \mathrm{j}1\,B_1\\
\underline{Y}(G,+B_1) &= G + \mathrm{j}B_1 = G + \mathrm{j}1\,B_1\\
\underline{Y}(G,+B_2) &= G + \mathrm{j}B_2 = G + \mathrm{j}2\,B_1
\end{aligned}$$

Die grafische Lösung hierzu zeigt Abbildung 7.13b.

7.2.12.2

Gegeben: Die Ortskurven aus Aufgabenteil 1.
Gesucht: Inversion der Ortskurven für die beiden Fälle $G = \text{konst.}$ und $B = \text{konst.}$

(a) Geraden parallel zur imaginären Achse der Form $\underline{Y} = G_1 + \mathrm{j}B$, $-\infty < B < \infty$ werden in der $\underline{Z}$-Ebene

$$\underline{Z} = \frac{1}{G_1 + \mathrm{j}B}\,. \tag{7.2.12.1}$$

Betrachtung von zwei Punkten:

$$\left.\begin{array}{lll} 1. & B = 0 & \underline{Z} = \dfrac{1}{G_1} \\ 2. & B \to \infty & \underline{Z} = 0 \end{array}\right\} \Rightarrow \text{Kreis durch den Ursprung mit Durchmesser} \quad D = \frac{1}{G_1}\,. \tag{7.2.12.2}$$

Für die gegebenen Werte ergeben sich die Durchmesser $D_1 = 1/G_1$ und $D_2 = 1/(2G_1)$. Die grafische Lösung hierzu zeigt Abbildung 7.13c.

(b) Geraden parallel zur reellen Achse der Form $\underline{Y} = G + \mathrm{j}B_1$, $0 \le G < \infty$ werden in der $\underline{Z}$-Ebene

$$\underline{Z} = \frac{1}{G + \mathrm{j}B_1}\,. \tag{7.2.12.3}$$

Betrachtung von zwei Punkten:

$$\left.\begin{array}{lll} 1. & G = 0 & \underline{Z} = \dfrac{1}{\mathrm{j}B_1} \\ 2. & G \to \infty & \underline{Z} = 0 \end{array}\right\} \Rightarrow \text{Halbkreis durch den Ursprung mit Durchmesser} \quad D = \frac{1}{B_1}\,. \tag{7.2.12.4}$$

Für die gegebenen Werte ergeben sich die Durchmesser $D_1 = 1/B_1$ und $D_2 = 1/(2B_1)$. Die grafische Lösung hierzu zeigt Abbildung 7.13d.

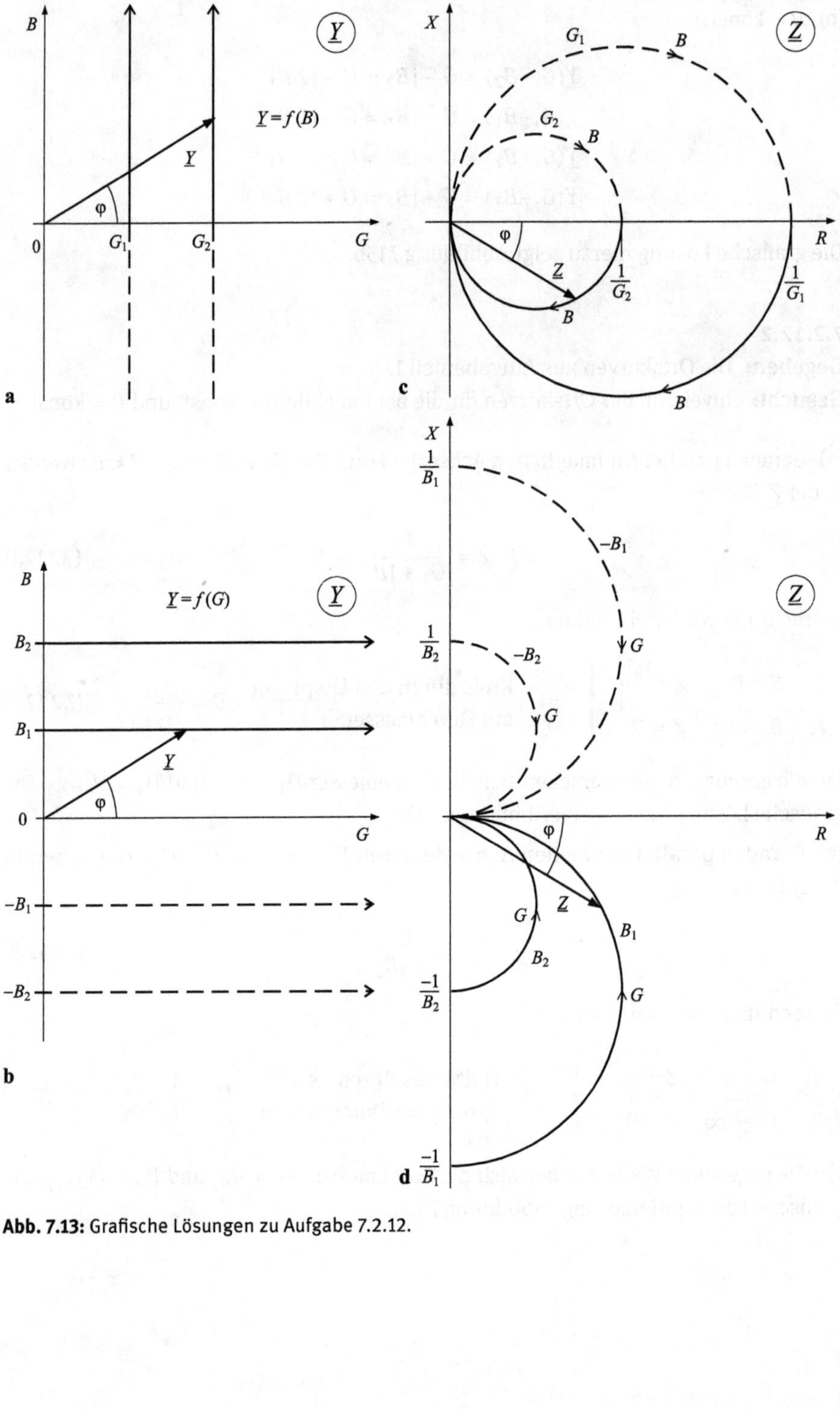

Abb. 7.13: Grafische Lösungen zu Aufgabe 7.2.12.

Aufgabe 7.2.13

Gesucht: Der Widerstandswert R_3, ohne dass sich der Strom I_1 ändert.
Ansatz: Wenn I_1 konstant bleiben soll, dann muss auch $|\underline{Z}| = Z$ konstant bleiben.

1. Eintragen der Impedanz $\underline{Z}_a$ bei geöffnetem Schalter in das Koordinatensystem der $\underline{Z}$-Ebene (Abbildung 7.14, Punkt **a**)

$$\underline{Z}_a = R_1 + jX_2\,, \quad X_2 = -\frac{1}{\omega C_2}\,. \tag{7.2.13.1}$$

2. Bei geschlossenem Schalter liegt $R_3||C_2$ in Reihe mit R_1

$$\underline{Z}_b = R_1 + \frac{1}{\dfrac{1}{R_3} + \dfrac{1}{jX_2}} = R_1 + \underbrace{\frac{jR_3\,X_2}{R_3 + jX_2}}_{\underline{Z}_{E1}}\,. \tag{7.2.13.2}$$

Da R_3 gesucht ist, wird R_3 bzw. G_3 als Variable zur Konstruktion der Ortskurve von $\underline{Z}_{E1}$ verwendet. Sie bildet in der $\underline{Z}$-Ebene einen Halbkreis, der den Ursprung berührt und den Durchmesser $D = {}^{1}/_{B_2}$ hat (Abbildung 7.14).
Dieser Halbkreis wird um den Wert von R_1 auf der reellen Achse verschoben und in das Koordinatensystem der $\underline{Z}$-Ebene eingetragen. Die folgenden drei Punkte beschreiben den Verlauf der resultierenden Ortskurve:

$$\begin{aligned}
&(1):\ R_3 = 0 \quad\Rightarrow \underline{Z} = R_1\,,\\
&(2):\ R_3 \to \infty \ \Rightarrow \underline{Z} = R_1 + jX_2 \text{ (entspricht offenem Schalter)}\\
&(3):\ R_3 = |X_2| \Rightarrow \underline{Z} = R_1 + \frac{-j|X_2|^2}{|X_2| - j|X_2|} = R_1 - j|X_2|\frac{1+j}{2}\,,\\
&\qquad\qquad\qquad\quad = R_1 + \frac{|X_2|}{2} + j\frac{X_2}{2}\,.
\end{aligned} \tag{7.2.13.3}$$

3. Aufgrund der Forderung $|\underline{Z}|$ = konst. wird ein Kreisbogen mit Radius $|\underline{Z}_a| = \sqrt{R_1^2 + X_2^2}$ eingetragen. Der Schnittpunkt mit der Ortskurve in Punkt **b** liefert das gewünschte Ergebnis.
4. Durch Übertragen des Winkels φ der Lösung am Punkt b in Abbildung 7.15 in die $\underline{Z}$-Ebene von Abbildung 7.14 und Eintragen des negativen Winkels in die $\underline{Y}$-Ebene kann der gesuchte Leitwert G_{3b} wie gezeigt auf der reellen Achse der $\underline{Y}$-Ebene als Vielfaches des bekannten Wertes B_2 abgelesen werden.

Vergleich mit der Lösung $R_3 = X_2^2/(2R_1)$ im Lehrbuch:
Setze $R_1 = k\,|X_2|$, mit dem Wert von k gemäß Abbildung 7.15, dann wird

$$R_{3b} = \frac{|X_2|^2}{2k\,|X_2|} = \frac{|X_2|}{2k} \quad \text{bzw.} \quad G_{3b} = 2k\,B_2\,.$$

Im Beispiel ist $k \approx 0{,}6875$, sodass $G_{3b} \approx 1{,}375\,B_2$ ist.

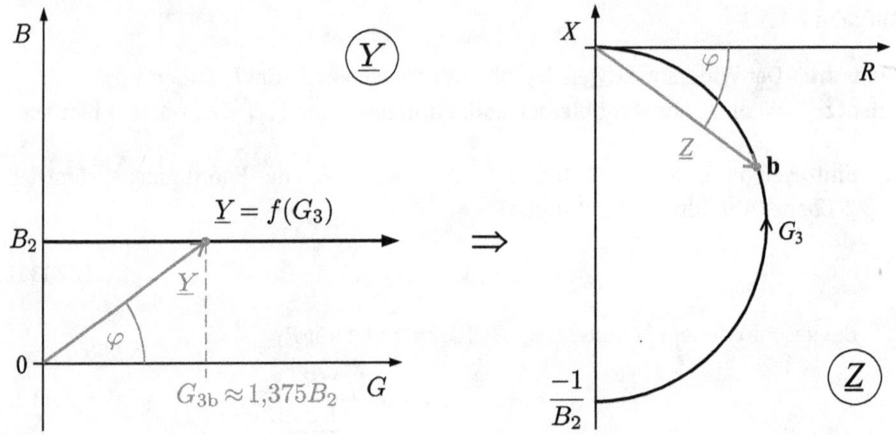

Abb. 7.14: Konstruktion der Ortskurve mit G_3 als variabler Größe für die Parallelschaltung von R_3 und C_2. Rückverfolgung des gesuchten Parameters G_3 über den Winkel φ.

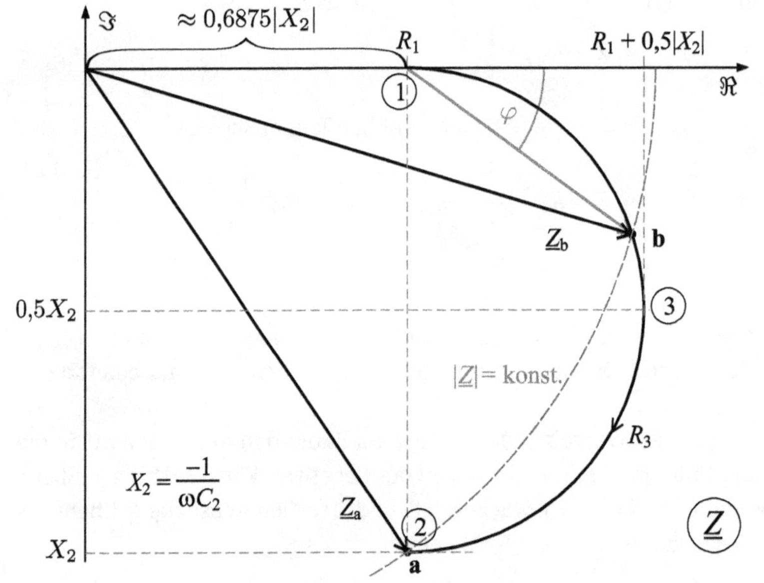

Abb. 7.15: Resultierende Ortskurve der Schaltung abhängig vom Widerstand R_3 mit Kreisbogen Z = konst. ausgehend vom Punkt **a** für die Bestimmung des gesuchten Wertes von R_3 im Punkt **b**.

Aufgabe 7.2.14

7.2.14.1

Gesucht: Resonanzfrequenz f_r.

Gegeben: Die Werte $L = 3{,}183\,\mathrm{mH}$ und $C = 159{,}155\,\mathrm{nF}$.

Ansatz: Betrags- und Phasenresonanz fallen beim einfachen Reihenschwingkreis zusammen, d. h. die Resonanzfrequenz tritt auf, wenn der Imaginärteil von $\underline{Z}$ null wird (Bedingung für Phasenresonanz: $\varphi = 0$)

$$0 = \omega_\mathrm{r} L - \frac{1}{\omega_\mathrm{r} C} \,. \tag{7.2.14.1}$$

$$\omega_\mathrm{r} L = \frac{1}{\omega_\mathrm{r} C} \quad \Rightarrow \quad \omega_\mathrm{r}^2 = \frac{1}{LC} \quad \Rightarrow \quad f_\mathrm{r} = \frac{1}{2\pi\sqrt{LC}} = \underline{\underline{7{,}071\,\mathrm{kHz}}} \,. \tag{7.2.14.2}$$

7.2.14.2

Gesucht: Obere und untere Grenzfrequenz ($f_{\mathrm{g,o}}, f_{\mathrm{g,u}}$) und Bandbreite Δf.

Gegeben: Die Werte $R = 10\,\Omega$, $L = 3{,}183\,\mathrm{mH}$ und $C = 159{,}155\,\mathrm{nF}$.

Ansatz: Die Grenzfrequenz tritt auf, wenn für die *Beträge* der komplexen Funktionswerte eine der folgenden Beziehungen gilt:

$$\boxed{\frac{\text{Funktionswert bei } \omega_\mathrm{g}}{\text{Maximum der Fkt.}} = \frac{1}{\sqrt{2}}} \quad \text{bzw.} \quad \boxed{\frac{\text{Funktionswert bei } \omega_\mathrm{g}}{\text{Minimum der Fkt.}} = \sqrt{2}} \,. \tag{7.2.14.3}$$

Hier tritt der Extremwert bei der Resonanzfrequenz auf:

$$\hat{\imath}(\omega_\mathrm{g}) = \frac{1}{\sqrt{2}} \hat{\imath}(\omega_\mathrm{r}) \quad \Rightarrow \quad \frac{\hat{u}}{Z(\omega_\mathrm{g})} = \frac{1}{\sqrt{2}} \frac{\hat{u}}{R} \,, \tag{7.2.14.4}$$

was für die Impedanz gleichbedeutend ist mit

$$Z(\omega_\mathrm{g}) = \sqrt{2}\, Z(\omega_\mathrm{r}) = \sqrt{2}\, R \,. \tag{7.2.14.5}$$

Daraus abgeleitet ergibt sich dann

$$\Re\{\underline{Z}\} = |\Im\{\underline{Z}\}| \,, \quad \varphi(\omega_\mathrm{g}) = \arctan(\pm 1) = \pm\frac{\pi}{4} \,. \tag{7.2.14.6}$$

Nach Auflösen der Betragsstriche wird

$$\underline{Z} = R + \mathrm{j}\left(\omega_\mathrm{g} L - \frac{1}{\omega_\mathrm{g} C}\right) \quad \Rightarrow \quad R = \left|\omega_\mathrm{g} L - \frac{1}{\omega_\mathrm{g} C}\right| \tag{7.2.14.7}$$

$$\Rightarrow \quad \pm\omega_\mathrm{g} R = \omega_\mathrm{g}^2 L - \frac{1}{C} \quad \Rightarrow \quad \omega_\mathrm{g}^2 \mp \frac{R}{L} - \frac{1}{LC} = 0 \tag{7.2.14.8}$$

$$\Rightarrow \quad \omega_{\mathrm{g}\,1/2} = \pm\frac{R}{2L} \pm \sqrt{\frac{R^2}{4L^2} + \frac{1}{LC}} = \frac{R}{2L}\left(\pm 1 \pm \sqrt{1 + \frac{4L}{R^2 C}}\right) \,. \tag{7.2.14.9}$$

Lösungen sind wegen $\omega_g > 0$ nur sinnvoll für

$$f_{g,u} = \frac{R}{4\pi L}\left(-1 + \sqrt{1 + \frac{4L}{R^2 C}}\right) \quad \Rightarrow \quad f_{g,u} \approx \underline{\underline{6{,}826\,\mathrm{kHz}}}\,; \tag{7.2.14.10}$$

und

$$f_{g,o} = \frac{R}{4\pi L}\left(+1 + \sqrt{1 + \frac{4L}{R^2 C}}\right) \quad \Rightarrow \quad f_{g,o} \approx \underline{\underline{7{,}326\,\mathrm{kHz}}}\,. \tag{7.2.14.11}$$

Bandbreite Δf:

$$\Delta f = f_{g,o} - f_{g,u} \tag{7.2.14.12}$$

$$\Delta f = \frac{R}{4\pi L}\left(+1 + \sqrt{1 + \frac{4L}{R^2 C}}\right) - \frac{R}{4\pi L}\left(-1 + \sqrt{1 + \frac{4L}{R^2 C}}\right) \tag{7.2.14.13}$$

$$\Delta f = \frac{R}{2\pi L} \approx \underline{\underline{500\,\mathrm{Hz}}}\,. \tag{7.2.14.14}$$

7.2.14.3

Gesucht: Spannung $\hat{u}_L$ an der Induktivität L bei Resonanz, Güte Q und Verlustfaktor d.

Gegeben: Die Werte $R = 10\,\Omega$, $L = 3{,}183\,\mathrm{mH}$ und $C = 159{,}155\,\mathrm{nF}$ sowie $\hat{u} = 50\,\mathrm{V}$.

Ansatz: Strom bei Resonanz: $\hat{\imath} = \hat{u}/R$,
Spannung an der Induktivität: $\hat{u}_L = \hat{\imath}\,\omega_r L$.

Mit der Resonanzkreisfrequenz aus Gl. (7.2.14.2) wird

$$\hat{u}_L = \frac{\hat{u}}{R}\,\frac{L}{\sqrt{LC}} = \frac{\hat{u}}{R}\sqrt{\frac{L}{C}} \tag{7.2.14.15}$$

$$\hat{u}_L = \frac{50\,\mathrm{V}}{10\,\Omega}\sqrt{\frac{3{,}183\,\mathrm{mH}}{159{,}155\,\mathrm{nF}}} \approx \underline{\underline{707{,}096\,\mathrm{V}}}\,.$$

Die Güte Q ist hier die normierte Spannungsüberhöhung an L oder C bei Resonanz:

$$\frac{\hat{u}_L}{\hat{u}} = Q = \frac{1}{R}\sqrt{\frac{L}{C}} \approx \underline{\underline{14{,}142}}\,. \tag{7.2.14.16}$$

Der Verlustfaktor d wird durch die Inversion der Güte Q bestimmt:

$$d = \frac{1}{Q} = R\sqrt{\frac{C}{L}} \approx \underline{\underline{0{,}071}}\,. \tag{7.2.14.17}$$

Ergänzung:

Zur Definition der Grenzfrequenz: Die Grenzfrequenz tritt auf, wenn das Ausgangssignal an einen ohmschen Widerstand R entweder die Hälfte der Maximalleistung P_{max} oder das doppelte der Minimalleistung P_{min} abgibt

$$P_{\mathrm{a}} = \frac{1}{2} P_{\mathrm{max}} \quad \Rightarrow \quad \frac{U_{\mathrm{a}}^2}{R} = \frac{1}{2}\frac{U_{\mathrm{max}}^2}{R} \quad \Rightarrow \quad \frac{U_{\mathrm{a}}}{U_{\mathrm{max}}} = \frac{1}{\sqrt{2}} ;$$

$$P_{\mathrm{a}} = 2\,P_{\mathrm{min}} \quad \Rightarrow \quad \frac{U_{\mathrm{a}}^2}{R} = 2\,\frac{U_{\mathrm{min}}^2}{R} \quad \Rightarrow \quad \frac{U_{\mathrm{a}}}{U_{\mathrm{min}}} = \sqrt{2} .$$

In der Signaltheorie tritt die Grenzfrequenz auf, wenn das Ausgangssignal eines Vierpols gegenüber dem Eingangssignal um 3 dB gesunken ist:

$$\frac{P_{\mathrm{a}}}{P_{\mathrm{e}}}_{\mathrm{dB}} = 10\lg\frac{P_{\mathrm{a}}}{P_{\mathrm{e}}} = 10\lg\frac{1}{2} \approx -3\,\mathrm{dB} ; \qquad \frac{U_{\mathrm{a}}}{U_{\mathrm{e}}}_{\mathrm{dB}} = 20\lg\frac{U_{\mathrm{a}}}{U_{\mathrm{e}}} = 20\lg\frac{1}{\sqrt{2}} \approx -3\,\mathrm{dB} .$$

Die Angabe des Übertragungsverhältnisses in der Einheit dB ist ein logarithmisches Maß zur Basis 10.

Aufgabe 7.2.15

7.2.15.1

Gesucht: Resonanzfrequenz f_{r}.

Gegeben: Die Werte $L = 25{,}465$ mH und $C = 1{,}591$ nF.

Ansatz: Betrags- und Phasenresonanz fallen beim einfachen Parallelschwingkreis zusammen, d. h. die Resonanzfrequenz tritt auf, wenn der Imaginärteil von $\underline{Y}$ null wird (Bedingung für Phasenresonanz: $\varphi = 0$)

$$\underline{Y} = \frac{1}{R} + \mathrm{j}\left(\omega_{\mathrm{r}}C - \frac{1}{\omega_{\mathrm{r}}L}\right) \quad \Rightarrow \quad 0 = \omega_{\mathrm{r}}C - \frac{1}{\omega_{\mathrm{r}}L} . \tag{7.2.15.1}$$

$$\omega_{\mathrm{r}}C = \frac{1}{\omega_{\mathrm{r}}L} \quad \Rightarrow \quad \omega_{\mathrm{r}}^2 = \frac{1}{LC} \quad \Rightarrow \quad f_{\mathrm{r}} = \frac{1}{2\pi\sqrt{LC}} \approx \underline{\underline{25{,}0\,\mathrm{kHz}}} . \tag{7.2.15.2}$$

7.2.15.2

Gesucht: Obere und untere Grenzfrequenz ($f_{\mathrm{g,o}}, f_{\mathrm{g,u}}$) und Bandbreite Δf.

Gegeben: Die Werte $R = 1\,\mathrm{k\Omega}$, $L = 25{,}465$ mH und $C = 1{,}591$ nF.

Ansatz: Siehe Definition der Grenzfrequenz von Gleichung (7.2.14.3).

Bei Speisung mit konstantem Strom kann an der Parallelschaltung eine frequenzabhängige Spannung $\hat{u}$ abgegriffen werden, die ihren Maximalwert $\hat{u}_{\mathrm{max}} = \hat{\imath}\,R$ bei Resonanz erreicht:

$$\hat{u}(\omega_{\mathrm{g}}) = \hat{\imath}\,Z(\omega_{\mathrm{g}}) \quad \Rightarrow \quad \frac{\hat{\imath}\,Z(\omega_{\mathrm{g}})}{\hat{\imath}\,R} = \frac{1}{\sqrt{2}} \quad \Rightarrow \quad Y(\omega_{\mathrm{g}}) = \sqrt{2}\,G . \tag{7.2.15.3}$$

Beim einfachen Parallelresonanzkreis ist diese Aussage gleichbedeutend mit

$$\Re\{\underline{Y}\} = |\Im\{\underline{Y}\}| , \quad \varphi(\omega_{\mathrm{g}}) = \arctan(\pm 1) = \pm\frac{\pi}{4} . \tag{7.2.15.4}$$

$$\underline{Y} = \frac{1}{R} + \mathrm{j}\left(\omega_\mathrm{g} C - \frac{1}{\omega_\mathrm{g} L}\right) \quad \Rightarrow \quad \frac{1}{R} = \left|\omega_\mathrm{g} C - \frac{1}{\omega_\mathrm{g} L}\right|$$

$$\Rightarrow \omega_\mathrm{g}^2 LC - 1 = \pm\frac{\omega_\mathrm{g} L}{R} \quad \Rightarrow \quad \omega_\mathrm{g}^2 \mp \frac{1}{RC}\omega_\mathrm{g} - \frac{1}{LC} = 0$$

$$\Rightarrow \omega_{\mathrm{g}\,1/2} = \pm\frac{1}{2RC} \pm \sqrt{\frac{1}{(2RC)^2} + \frac{1}{LC}} = \frac{1}{RC}\,. \tag{7.2.15.5}$$

Lösungen sind wegen $\omega_\mathrm{g} > 0$ nur sinnvoll für

$$f_{\mathrm{g,u}} = \frac{1}{2\pi RC}\left(-\frac{1}{2} + \sqrt{\frac{1}{4} + \frac{R^2 C}{L}}\right) \quad \Rightarrow \quad f_{\mathrm{g,u}} \approx \underline{\underline{5{,}902\,\mathrm{kHz}}}\,; \tag{7.2.15.6}$$

und

$$f_{\mathrm{g,o}} = \frac{1}{2\pi RC}\left(+\frac{1}{2} + \sqrt{\frac{1}{4} + \frac{R^2 C}{L}}\right) \quad \Rightarrow \quad f_{\mathrm{g,o}} \approx \underline{\underline{105{,}937\,\mathrm{kHz}}}\,. \tag{7.2.15.7}$$

Bandbreite Δf:

$$\Delta f = f_{\mathrm{g,o}} - f_{\mathrm{g,u}} \tag{7.2.15.8}$$

$$\Delta f = \frac{1}{2\pi RC}\left(+\frac{1}{2} + \sqrt{\frac{1}{4} + \frac{R^2 C}{L}}\right) - \frac{1}{2\pi RC}\left(-\frac{1}{2} + \sqrt{\frac{1}{4} + \frac{R^2 C}{L}}\right) \tag{7.2.15.9}$$

$$\Delta f = \frac{1}{2\pi RC} \approx \underline{\underline{100{,}035\,\mathrm{kHz}}}\,. \tag{7.2.15.10}$$

7.2.15.3

Gesucht: Strom $\hat{\imath}_C$ durch die Kapazität C bei Resonanz, Güte Q und Verlustfaktor d.
Gegeben: Die Werte $R = 1\,\mathrm{k\Omega}$, $L = 25{,}465\,\mathrm{mH}$ und $C = 1{,}591\,\mathrm{nF}$ sowie $\hat{\imath} = 20\,\mathrm{mA}$.
Ansatz: Spannung bei Resonanz: $\hat{u} = \hat{\imath}\,R$.
Strom durch die Kapazität: $\hat{\imath}_C = \hat{u}\,\omega_\mathrm{r} C$

Mit der Resonanzkreisfrequenz aus Gl. (7.2.15.2) wird

$$\hat{\imath}_C = \hat{\imath} R \frac{1}{\sqrt{LC}} C \quad \Rightarrow \quad \hat{\imath}_C = \hat{\imath} R \sqrt{\frac{C}{L}} = 20\,\mathrm{mA} \cdot 1\,\mathrm{k\Omega} \cdot \sqrt{\frac{1{,}591\,\mathrm{nF}}{25{,}465\,\mathrm{mH}}} \approx \underline{\underline{5\,\mathrm{mA}}}\,. \tag{7.2.15.11}$$

Die Güte Q ist hier die normierte Stromüberhöhung an L oder C bei Resonanz:

$$\frac{\hat{\imath}_C}{\hat{\imath}} = Q = R\sqrt{\frac{C}{L}} = 1\,\mathrm{k\Omega} \cdot \sqrt{\frac{1{,}591\,\mathrm{nF}}{25{,}465\,\mathrm{mH}}} \approx \underline{\underline{0{,}25}}\,. \tag{7.2.15.12}$$

Der Verlustfaktor d wird durch die Inversion der Güte Q bestimmt:

$$d = \frac{1}{Q} = \frac{1}{R}\sqrt{\frac{L}{C}} \approx \underline{\underline{4}}\,. \tag{7.2.15.13}$$

Aufgabe 7.2.16

7.2.16.1

Gesucht: Allgemeine Form der Eingangsimpedanz $\underline{Z}$.

$$\underline{Z} = R + \mathrm{j}\omega L_1 - \mathrm{j}\frac{1}{\omega C_1} + \frac{1}{\frac{1}{\mathrm{j}\omega L_2} + \mathrm{j}\omega C_2} = R + \mathrm{j}\frac{\omega^2 L_1 C_1 - 1}{\omega C_1} + \frac{\mathrm{j}\omega L_2}{1 - \omega^2 L_2 C_2}$$

$$\underline{\underline{\underline{Z} = R + \mathrm{j}\left(\frac{\omega L_2}{1 - \omega^2 L_2 C_2} - \frac{1 - \omega^2 L_1 C_1}{\omega C_1}\right)}}. \qquad (7.2.16.1)$$

7.2.16.2

Gesucht: Resonanzfrequenzen

1. der Spannung $\underline{U}$, wenn der Strom $\underline{I}$ eingeprägt ist,
2. des Stromes $\underline{I}$, wenn die Spannung $\underline{U}$ eingeprägt ist.

Gegeben: $C_1 = C_2 = 1\,\mu\mathrm{F}$ und $L_1 = L_2 = 1\,\mathrm{mH}$.

Ansatz: Aus der Betrachtung von einfachen Reihen- bzw. Parallelschwingkreisen ist bekannt, dass im Resonanzfall der Strom bzw. die Spannung ein Maximum aufweist.

- Ist der Strom $\underline{I}$ eingeprägt, so folgt aus $\underline{U} = \underline{I}\underline{Z}$, dass die Maxima von $\underline{U}$ bei den Maxima von $\underline{Z}$ liegen.
- Ist die Spannung $\underline{U}$ eingeprägt, so folgt aus $\underline{I} = \underline{U}/\underline{Z}$, dass die Maxima von $\underline{I}$ bei den Minima von $\underline{Z}$ liegen.

Um die Resonanzfrequenzen zu bestimmen, müssen also die Maxima und Minima von $|\underline{Z}|$ bestimmt werden. Allgemein erfolgt dies über

$$\frac{\mathrm{d}Z(\omega)}{\mathrm{d}\omega} = 0\,. \qquad (7.2.16.2)$$

Im Resonanzfall strebt der Imaginärteil von $\underline{Z}$ hier gegen null bzw. unendlich. Im vorliegenden Fall reicht es daher aus, beim Imaginärteil die Nullstellen des Zähler- und Nennerpolynoms zu suchen. Zur weiteren Bearbeitung muss der Term $\Im\{\underline{Z}\}$ entsprechend umgeformt werden

$$\Im\{\underline{Z}\} = \frac{\omega L_2}{1 - \omega^2 L_2 C_2} - \frac{1 - \omega^2 L_1 C_1}{\omega C_1} = \frac{\omega^2 L_2 C_1 - (1 - \omega^2 L_1 C_1)(1 - \omega^2 L_2 C_2)}{\omega C_1 (1 - \omega^2 L_2 C_2)}$$

$$\Im\{\underline{Z}\} = \frac{\omega^2 L_2 C_1 - (1 - \omega^2 L_1 C_1 - \omega^2 L_2 C_2 + \omega^4 L_1 C_1 L_2 C_2)}{\omega C_1 (1 - \omega^2 L_2 C_2)}$$

$$\Im\{\underline{Z}\} = -\frac{1 - \omega^2 (L_1 C_1 + L_2 C_2 + L_2 C_1) + \omega^4 L_1 C_1 L_2 C_2}{\omega C_1 (1 - \omega^2 L_2 C_2)}\,. \qquad (7.2.16.3)$$

Fall 1: Der Strom $\underline{I}$ ist eingeprägt
Es ist die Frequenz zu bestimmen, bei der $\Im\{\underline{Z}\}$ maximal wird, also der Nenner gegen null geht:

$$0 = \omega C_1(1 - \omega^2 L_2 C_2) \tag{7.2.16.4}$$

Die erste Lösung liefert den Gleichstromfall, $\omega_1 = 0$. Weiterhin ist

$$1 - \omega^2 L_2 C_2 = 0 \quad \Rightarrow \quad \omega_2 = \frac{1}{\sqrt{L_2 C_2}} \,.$$

Mit den gegebenen Werten:

$$\omega_2 \approx 31{,}623 \cdot 10^3\,\mathrm{s}^{-1}, \quad f_2 \approx \underline{\underline{5033\,\mathrm{Hz}}} \,.$$

Anmerkung *Der Imaginärteil hat bei f_1 und f_2 Polstellen, wird also unendlich. Es tritt bei der Speisung mit konstanter Stromamplitude eine Amplitudenresonanz, aber keine Phasenresonanz der Spannung U auf. Der Phasenverlauf in Abbildung 7.16 zeigt, dass es hier unterschiedliche linksseitige und rechtsseitige Grenzwerte gibt. Die Pole können durch Bildung der 1. Ableitung nicht gefunden werden, die Funktion ist hier nicht differenzierbar.*

Fall 2: Die Spannung $\underline{U}$ ist eingeprägt
Es ist die Frequenz zu bestimmen, bei der $\Im\{\underline{Z}\}$ minimal wird, also der Zähler gegen null geht:

$$0 = 1 - \omega^2(L_1C_1 + L_2C_2 + L_2C_1) + \omega^4 L_1C_1L_2C_2 \,. \tag{7.2.16.5}$$

Mit Hilfe der Substitution $\omega^2 = y$ vereinfacht sich die Gleichung und kann wie eine quadratische Gleichung gelöst werden:

$$1 - y(L_1C_1 + L_2C_2 + L_2C_1) + y^2 L_1C_1L_2C_2 = 0$$

$$y_{1/2} = \frac{L_1C_1 + L_2C_2 + L_2C_1}{2L_1C_1L_2C_2} \pm \sqrt{\left(\frac{L_1C_1 + L_2C_2 + L_2C_1}{2L_1C_1L_2C_2}\right)^2 - \frac{1}{L_1C_1L_2C_2}} \,.$$

Speziell für die gegebenen Werte vereinfacht sich der Ausdruck mit $L_1 = L_2 = L$ und $C_1 = C_2 = C$ zu

$$y_{1/2} = \frac{3}{2LC} \pm \sqrt{\left(\frac{3}{2LC}\right)^2 - \frac{1}{(LC)^2}} = \frac{1}{2LC}\left(3 \pm \sqrt{5}\right)$$

und damit ergeben sich die Resonanzfrequenzen des Stromes zu

$$\omega_3 = \sqrt{y_2} = \sqrt{\frac{1}{2LC}\left(3 - \sqrt{5}\right)} \approx \underline{\underline{19{,}544 \cdot 10^3\,\mathrm{s}^{-1}}}, \quad f_3 \approx \underline{\underline{3111\,\mathrm{Hz}}} \,,$$

$$\omega_4 = \sqrt{y_1} = \sqrt{\frac{1}{2LC}\left(3 + \sqrt{5}\right)} \approx \underline{\underline{51{,}167 \cdot 10^3\,\mathrm{s}^{-1}}}, \quad f_4 \approx \underline{\underline{8143\,\mathrm{Hz}}} \,.$$

Anmerkung *Da hier der Imaginärteil verschwindet, sind die Amplitudenresonanzen des Stromes auch gleichzeitig Phasenresonanzen.*

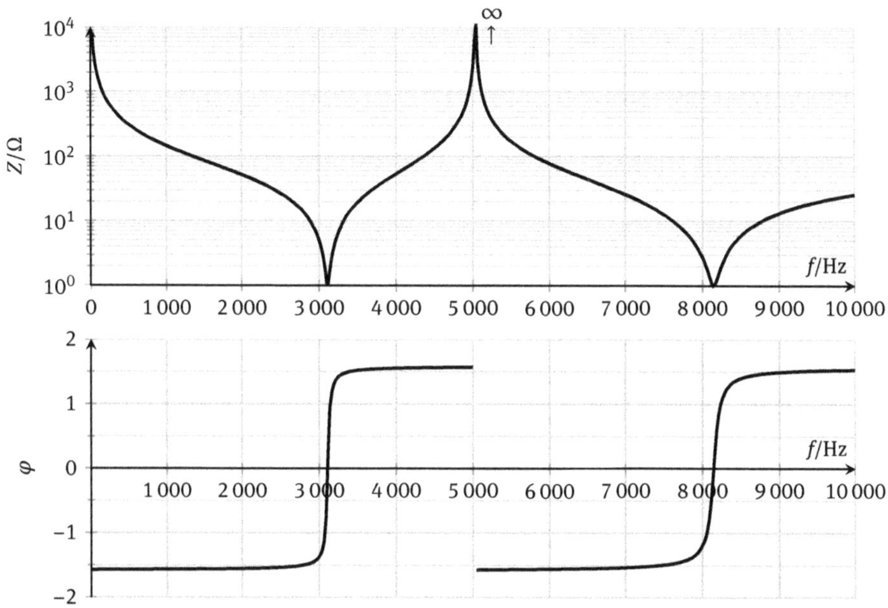

Abb. 7.16: Verlauf von Betrag und Phase der Impedanz $\underline{Z}$.

7.3 Die Leistung eingeschwungener Wechselströme und -spannungen

Aufgabe 7.3.1

7.3.1.1

Gesucht: Die Ströme $\underline{I}_1$, $\underline{I}_2$ und $\underline{I}_3$.

Ansatz: Eintragen des vollständigen Baums gemäß Abbildung 7.17 und Aufstellen des Gleichungssystems:

$$\begin{pmatrix} \underline{Z}_1 + \underline{Z}_3 & \underline{Z}_3 \\ \underline{Z}_3 & \underline{Z}_2 + \underline{Z}_3 \end{pmatrix} \cdot \begin{pmatrix} \underline{I}_1 \\ \underline{I}_2 \end{pmatrix} = \begin{pmatrix} \underline{U}_{q1} \\ \underline{U}_{q2} \end{pmatrix} . \tag{7.3.1.1}$$

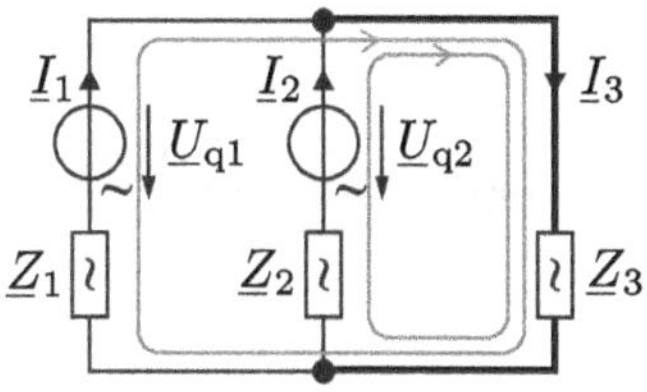

Abb. 7.17: Schaltung mit eingetragenem vollständigem Baum und Umläufen.

Die Lösung der Gleichung mit Hilfe der Cramer'schen Regel ergibt:

$$\underline{I}_1 = \frac{\begin{vmatrix} \underline{U}_{q1} & \underline{Z}_3 \\ \underline{U}_{q2} & \underline{Z}_2 + \underline{Z}_3 \end{vmatrix}}{\begin{vmatrix} \underline{Z}_1 + \underline{Z}_3 & \underline{Z}_3 \\ \underline{Z}_3 & \underline{Z}_2 + \underline{Z}_3 \end{vmatrix}} = \frac{\underline{U}_{q1}\,(\underline{Z}_2 + \underline{Z}_3) - \underline{U}_{q2}\,\underline{Z}_3}{(\underline{Z}_1 + \underline{Z}_3)(\underline{Z}_2 + \underline{Z}_3) - \underline{Z}_3^2}\,. \qquad (7.3.1.2)$$

Mit $\underline{Z}_1 = \underline{Z}_3$:

$$\underline{I}_1 = \frac{\underline{U}_{q1}\,(\underline{Z}_2 + \underline{Z}_3) - \underline{U}_{q2}\,\underline{Z}_3}{2\underline{Z}_3(\underline{Z}_2 + \underline{Z}_3) - \underline{Z}_3^2} = \frac{\underline{U}_{q1}\,(\underline{Z}_2 + \underline{Z}_3) - \underline{U}_{q2}\,\underline{Z}_3}{\underline{Z}_3(2\underline{Z}_2 + \underline{Z}_3)}$$

$$\underline{I}_1 = \frac{100\,\mathrm{V} \cdot (8 + \mathrm{j}6 + 6 - \mathrm{j}3)\,\Omega + \mathrm{j}100\,\mathrm{V} \cdot (8 + \mathrm{j}6)\,\Omega}{(8 + \mathrm{j}6)\,\Omega \cdot (12 - \mathrm{j}6 + 8 + \mathrm{j}6)\,\Omega}$$

$$= 5\,\mathrm{V} \cdot \frac{14 + \mathrm{j}3 + \mathrm{j}(8 + \mathrm{j}6)}{8 + \mathrm{j}6\,\Omega} = \frac{(14 + \mathrm{j}3 + \mathrm{j}8 - 6) \cdot (8 - \mathrm{j}6)}{20}\,\mathrm{A}$$

$$= \frac{(8 + \mathrm{j}11) \cdot (4 - \mathrm{j}3)}{10}\,\mathrm{A} = \underline{\underline{(6{,}5 + \mathrm{j}2)\,\mathrm{A}}}\,.$$

Bestimmung von $\underline{I}_2$:

$$\underline{I}_2 = \frac{\begin{vmatrix} \underline{Z}_1 + \underline{Z}_3 & \underline{U}_{q1} \\ \underline{Z}_3 & \underline{U}_{q2} \end{vmatrix}}{\begin{vmatrix} \underline{Z}_1 + \underline{Z}_3 & \underline{Z}_3 \\ \underline{Z}_3 & \underline{Z}_2 + \underline{Z}_3 \end{vmatrix}} = \frac{(\underline{Z}_1 + \underline{Z}_3)\,\underline{U}_{q2} - \underline{Z}_3\,\underline{U}_{q1}}{(\underline{Z}_1 + \underline{Z}_3)(\underline{Z}_2 + \underline{Z}_3) - \underline{Z}_3^2} \qquad (7.3.1.3)$$

Mit $\underline{Z}_1 = \underline{Z}_3$:

$$\underline{I}_2 = \frac{2\underline{Z}_3\,\underline{U}_{q2} - \underline{Z}_3\,\underline{U}_{q1}}{2\underline{Z}_3(\underline{Z}_2 + \underline{Z}_3) - \underline{Z}_3^2} = \frac{2\underline{U}_{q2} - \underline{U}_{q1}}{2\underline{Z}_2 + \underline{Z}_3} = \frac{-2\,\mathrm{j}100\,\mathrm{V} - 100\,\mathrm{V}}{2 \cdot (6 - \mathrm{j}3)\,\Omega + (8 + \mathrm{j}6)\,\Omega} \qquad (7.3.1.4)$$

$$= -\frac{(100 + \mathrm{j}200)\,\mathrm{V}}{20\,\Omega} = \underline{\underline{-(5 + \mathrm{j}10)\,\mathrm{A}}}\,.$$

Bestimmung von $\underline{I}_3$ mit Hilfe der Knotenpunktgleichung:

$$\underline{I}_3 = \underline{I}_1 + \underline{I}_2 = (6{,}5 + \mathrm{j}2)\,\mathrm{A} - (5 + \mathrm{j}10)\,\mathrm{A} = \underline{\underline{(1{,}5 - \mathrm{j}8)\,\mathrm{A}}}\,. \qquad (7.3.1.5)$$

7.3.1.2

Gesucht: Die komplexe Scheinleistung sowie die Wirk- und Blindleistung beider Quellen ($\underline{S}$, P, Q).

Ansatz: Es gilt allgemein

$$\boxed{\underline{S} = \underline{U}\,\underline{I}^*}\,, \quad P = \Re\{\underline{S}\}\,, \quad Q = \Im\{\underline{S}\}\,. \qquad (7.3.1.6)$$

Für die Scheinleistung der Quellen ergibt sich:

$$\underline{S}_{01} = \underline{U}_{q1}\,\underline{I}_1^* = 100\,\text{V}\cdot(6{,}5 - \text{j}2)\,\text{A}$$
$$= \underline{\underline{(650 - \text{j}200)\,\text{VA}}} \quad\Rightarrow\quad P_1 = \underline{\underline{650\,\text{W}}}\,, \quad Q_1 = \underline{\underline{-200\,\text{var}}}\,;$$

$$\underline{S}_{02} = \underline{U}_{q2}\,\underline{I}_2^* = -\text{j}100\,\text{V}\cdot(-5 + \text{j}10)\,\text{A}$$
$$= \underline{\underline{(1000 + \text{j}500)\,\text{VA}}} \quad\Rightarrow\quad P_2 = \underline{\underline{1000\,\text{W}}}\,, \quad Q_2 = \underline{\underline{500\,\text{var}}}\,.$$

7.3.1.3

Gesucht: Die komplexe Scheinleistung der Lasten. Überprüfung des Ergebnisses mit dem Ergebnis aus der vorherigen Teilaufgabe.

Ansatz: Auch hier gilt

$$\boxed{\underline{S} = \underline{U}\,\underline{I}^*}\,, \quad P = \Re\{\underline{S}\}\,, \quad Q = \Im\{\underline{S}\}\,.$$

Zunächst werden für alle drei Lasten die komplexen Scheinleistungen berechnet. Vorzugsweise erfolgt die Darstellung hier durch Real- und Imaginärteile.

$$\underline{S}_1 = \underline{U}_1\,\underline{I}_1^* = \underline{Z}_1\,\underline{I}_1\,\underline{I}_1^* = \underline{Z}_1\,I_1^2$$
$$= (8 + \text{j}6)\,\Omega\cdot(6{,}5^2 + 4)\,\text{A}^2 = \underline{\underline{(370 + \text{j}277{,}5)\,\text{VA}}}\,, \tag{7.3.1.7}$$

$$\underline{S}_2 = \underline{U}_2\,\underline{I}_2^* = \underline{Z}_2\,\underline{I}_2\,\underline{I}_2^* = \underline{Z}_2\,I_2^2$$
$$= (6 - \text{j}3)\,\Omega\cdot(25 + 100)\,\text{A}^2 = \underline{\underline{(750 - \text{j}375)\,\text{VA}}}\,, \tag{7.3.1.8}$$

$$\underline{S}_3 = \underline{U}_3\,\underline{I}_3^* = \underline{Z}_3\,\underline{I}_3\,\underline{I}_3^* = \underline{Z}_3\,I_3^2$$
$$= (8 + \text{j}6)\,\Omega\cdot(1{,}5^2 + 64)\,\text{A}^2 = \underline{\underline{(530 + \text{j}397{,}5)\,\text{VA}}}\,. \tag{7.3.1.9}$$

Überprüfung des Ergebnisses durch Summieren der einzelnen Scheinleistungen:

$$\underline{S} = \underline{S}_1 + \underline{S}_2 + \underline{S}_3$$
$$= P_1 + \text{j}Q_1 + P_2 + \text{j}Q_2 + P_3 + \text{j}Q_3$$
$$= P_1 + P_2 + P3 + \text{j}(Q_1 + Q_2 + Q_3)$$
$$= (370 + 750 + 530)\,\text{W} + \text{j}(277{,}5 - 375 + 397{,}5)\,\text{var}$$
$$= \underline{\underline{(1650 + \text{j}300)\,\text{VA}}}\,. \tag{7.3.1.10}$$

Vergleich mit der Scheinleistung der Quellen

$$\underline{S}_0 = \underline{S}_{01} + \underline{S}_{02}$$
$$= (650 - \text{j}200)\,\text{VA} + (1000 + \text{j}500)\,\text{VA} = \underline{\underline{(1650 + \text{j}300)\,\text{VA}}}\,. \tag{7.3.1.11}$$

Fazit: Die Bedingung $\sum_i \underline{S}_{0,i} = \sum_j \underline{S}_j$ wird erfüllt.

7.3.1.4

Gesucht: Welche Last nimmt die größte Wirk- bzw. größte Blindleistung auf?

Ansatz: Aus den Gleichungen (7.3.1.7), (7.3.1.8) und (7.3.1.9) ergibt sich:

(a) Die größte Wirkleistung ($P = 750\,\mathrm{W}$) nimmt Impedanz $\underline{Z}_2$ auf.

(b) Die größte Blindleistung ($Q = 397{,}5\,\mathrm{var}$) nimmt Impedanz $\underline{Z}_3$ auf.

7.3.1.5

Gesucht: Höhe der zu kompensierenden Blindleistung, und benötigtes Bauelement.

Ansatz: Aus Gleichung (7.3.1.11) ergibt sich:

(a) Die Höhe der zu kompensierenden Blindleistung beträgt $Q = 300\,\mathrm{var}$.

(b) Als Bauelement zur Kompensation wird ein Kondensator benötigt.

Aufgabe 7.3.2

7.3.2.1

Gesucht: Die in $\underline{Z}_\mathrm{a}$ umgesetzte Wirkleistung.

Gegeben: $R_\mathrm{i} = 10\,\Omega$, $R_\mathrm{a} = 40\,\Omega$, $L_\mathrm{a} = 95{,}5\,\mathrm{mH}$ sowie $U_\mathrm{q} = 230\,\mathrm{V}$, $f = 50\,\mathrm{Hz}$.

Ansatz: Gleichung für die Berechnung der Scheinleistung

$$\underline{S}_\mathrm{a} = \underline{U}\,\underline{I}^*\,, \quad \underline{U} = \frac{\underline{U}_\mathrm{q}\,\underline{Z}_\mathrm{a}}{R_\mathrm{i} + \underline{Z}_\mathrm{a}}\,, \quad \underline{I}^* = \frac{\underline{U}_\mathrm{q}^*}{R_\mathrm{i} + \underline{Z}_\mathrm{a}^*}\,. \tag{7.3.2.1}$$

$$\underline{S}_\mathrm{a} = \frac{\underline{U}_\mathrm{q}\,\underline{U}_\mathrm{q}^*(R_\mathrm{a} + \mathrm{j}X_\mathrm{a})}{(R_\mathrm{i} + R_\mathrm{a})^2 + X_\mathrm{a}^2} \quad \Rightarrow \quad P_\mathrm{a} = \Re\{\underline{S}_\mathrm{a}\} = \frac{U_\mathrm{q}^2 R_\mathrm{a}}{(R_\mathrm{i} + R_\mathrm{a})^2 + X_\mathrm{a}^2}$$

$$P_\mathrm{a} = \frac{(230\,\mathrm{V})^2 \cdot 40\,\Omega}{(10\,\Omega + 40\,\Omega)^2 + (2\pi \cdot 50\,\mathrm{Hz} \cdot 95{,}5\,\mathrm{mH})^2} \approx \underline{\underline{622{,}329\,\mathrm{W}}}\,.$$

7.3.2.2

Gesucht: Erforderliche Kapazität C (zu $\underline{Z}_\mathrm{a}$ parallel oder in Reihe) zur Blindstromkompensation.

Gegeben: $R_\mathrm{i} = 10\,\Omega$, $R_\mathrm{a} = 40\,\Omega$, $L_\mathrm{a} = 95{,}5\,\mathrm{mH}$ sowie $f = 50\,\mathrm{Hz}$.

Ansatz: Mögliche Anordnungen für die Kapazität C zeigen die Abbildungen 7.18a für die Reihen- und 7.18b für die Parallelkompensation von $\underline{Z}_\mathrm{a}$.
Für die Blindstromkompensation müssen jeweils die Imaginärteile von $\underline{Z}'_\mathrm{a}$ und $\underline{Y}'_\mathrm{a}$ verschwinden.

(a) Reihenkompensation

$$\underline{Z}'_\mathrm{a} = R_\mathrm{a} + \mathrm{j}\left(\omega L_\mathrm{a} - \frac{1}{\omega C}\right) \quad \Rightarrow \quad \omega L_\mathrm{a} = \frac{1}{\omega C} \quad \Rightarrow \quad C = \frac{1}{\omega^2 L_\mathrm{a}}$$

$$C = \frac{1}{(2\pi \cdot 50\,\mathrm{Hz})^2 \cdot 95{,}5\,\mathrm{mH}} = \underline{\underline{106{,}1\,\mu\mathrm{F}}}\,.$$

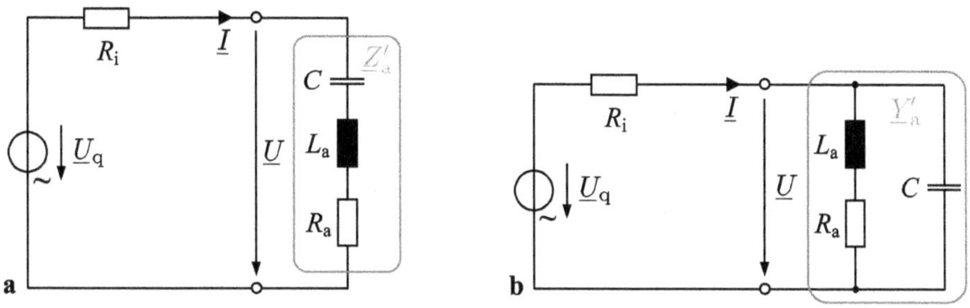

Abb. 7.18: Mögliche Schaltungsanordnungen der Kapazität für (a) Reihen- und (b) Parallelkompensation.

(b) Parallelkompensation

$$\underline{Y}'_a = \frac{1}{R_a + j\omega L_a} + j\omega C$$

$$= \frac{R_a - j\omega L_a}{R_a^2 + (\omega L_a)^2} + j\omega C = \frac{R_a}{R_a^2 + (\omega L_a)^2} + j\omega\left(\frac{-L_a}{R_a^2 + (\omega L_a)^2} + C\right)$$

$$C = \frac{L_a}{R_a^2 + (\omega L_a)^2} \quad \Rightarrow \quad C = \frac{95{,}5\,\text{mH}}{(40\,\Omega)^2 + (2\pi \cdot 50\,\text{Hz} \cdot 95{,}5\,\text{mH})^2} \approx \underline{\underline{38{,}2\,\mu\text{F}}}\,.$$

7.3.2.3

Gesucht: Die Wirkleistungsaufnahme mit Kompensation für beide Fälle.

Gegeben: $R_i = 10\,\Omega$, $R_a = 40\,\Omega$, $L_a = 95{,}5\,\text{mH}$ sowie $U_q = 230\,\text{V}$, $f = 50\,\text{Hz}$.

Ansatz: Berechnung der Scheinleistung $\underline{S}_a$ und Bildung der Wirkleistung $P_a = \Re\{\underline{S}_a\}$.

(a) Bei Reihenkompensation

$$\underline{S}_a = \frac{U_q^2\left[R_a + j\left(\omega L_a - \frac{1}{\omega C}\right)\right]}{(R_i + R_a)^2 + \left(\omega L_a - \frac{1}{\omega C}\right)^2}$$

laut Kompensationsansatz ist

$$\omega L_a - \frac{1}{\omega C} = 0\,.$$

Damit wird

$$P_a = \frac{U_q^2 R_a}{(R_i + R_a)^2} \quad \Rightarrow \quad P_a = \frac{(230\,\text{V})^2 \cdot 40\,\Omega}{(10\,\Omega + 40\,\Omega)^2} = \underline{\underline{846{,}4\,\text{W}}}\,.$$

(b) Bei Parallelkompensation

$$\underline{S}_a = U^2 \underline{Y}_a'^*, \quad \underline{U} = \frac{\underline{U}_q \underline{Z}_a'}{R_i + \underline{Z}_a'},$$

$$\underline{Y}_a' = \frac{R_a}{R_a^2 + (\omega L_a)^2} \quad \Rightarrow \quad R_a' = R_a + \frac{(\omega L_a)^2}{R_a}$$

$$\underline{S}_a = \frac{\underline{U}_q \underline{U}_q^* \underline{Z}_a' \underline{Z}_a'^*}{(R_i + \underline{Z}_a')(R_i + \underline{Z}_a'^*)} \underline{Y}_a'^* = \frac{U_q^2 R_a'}{(R_i + R_a')^2}$$

$$\Rightarrow P_a = \frac{U_q^2 (R_a^2 + (\omega L_a)^2)}{\left(R_i + R_a + \frac{(\omega L_a)^2}{R_a}\right)^2 R_a}$$

$$P_a = \frac{(230\,\mathrm{V})^2((40\,\Omega)^2 + (2\pi \cdot 50\,\mathrm{Hz} \cdot 95{,}5\,\mathrm{mH})^2)}{\left(10\,\Omega + 40\,\Omega + \frac{(2\pi \cdot 50\,\mathrm{Hz} \cdot 95{,}5\,\mathrm{mH})^2}{40\,\Omega}\right)^2 \cdot 40\,\Omega} \approx \underline{\underline{629{,}013\,\mathrm{W}}}.$$

Aufgabe 7.3.3

Gesucht: Die Kapazität C_a zur Kompensation der Blindleistung.
Gegeben: Die Werte $U = 209\,\mathrm{V}$, $S = 4584\,\mathrm{VA}$, $\varphi = 17{,}66°$, $f = 50\,\mathrm{Hz}$.
Ansatz: Kompensation der Blindleistung bedeutet

$$\boxed{Q_L = -Q_C}. \tag{7.3.3.1}$$

Aufgrund der Parallelschaltung von L_a und C_a gilt

$$Q_L = \frac{U^2}{X_L}, \quad Q_C = \frac{U^2}{X_C} \quad \Rightarrow \quad X_L = -X_C = \frac{1}{\omega C_a}. \tag{7.3.3.2}$$

Mit den Werten von S und φ sowie der an den Klemmen anliegenden Spannung U bei *geöffnetem* Schalter S muss X_L bestimmt werden:

$$X_L = \frac{U^2}{S \sin \varphi}. \tag{7.3.3.3}$$

Eingesetzt ergibt sich dann mit $\omega = 2\pi f$

$$\frac{U^2}{S \sin \varphi} = \frac{1}{\omega C_a} \quad \Rightarrow \quad C_a = \frac{S \sin(\varphi)}{U^2 \cdot 2\pi f} = \frac{4584\,\mathrm{VA} \cdot \sin(17{,}66°)}{(209\,\mathrm{V})^2 \cdot 2\pi \cdot 50\,\mathrm{Hz}} \approx \underline{\underline{101{,}33\,\mu\mathrm{F}}}.$$

7.4 Der Transformator im eingeschwungenen Zustand

Aufgabe 7.4.1

Gesucht: Die drei Ströme $\underline{I}_1$, $\underline{I}_2$ und $\underline{I}_3$ in Abhängigkeit von der Spannung $\underline{U}_q$ und den Bauteildaten unter Berücksichtigung der Gegeninduktivität M.

Ansatz: Der resultierende Fluss Φ_1, der die Wicklung 1 durchsetzt, setzt sich aus zwei Anteilen zusammen. Zum einen aus dem Fluss Φ_{11}, der durch den Stromfluss in Wicklung 1 durch die Eigeninduktivität L_1 hervorgerufen wird und zum anderen aus dem Fluss Φ_{12}, der durch den Stromfluss in Wicklung 2 durch die Gegeninduktivität L_{12} (magnetische Kopplung zwischen Wicklung 1 und 2) hervorgerufen wird. Bei gleichsinnig gekoppelten Spulen (siehe Abbildung 7.19b und d) addieren sich die Teilflüsse

$$\Phi_1 = \Phi_{11} + \Phi_{12} = \frac{L_1 I_1}{N_1} + \frac{L_{12} I_2}{N_1} \, . \tag{7.4.1.1}$$

Analog gilt für Wicklung 2

$$\Phi_2 = \Phi_{22} + \Phi_{21} = \frac{L_2 I_2}{N_2} + \frac{L_{21} I_1}{N_2} \, . \tag{7.4.1.2}$$

Hieraus ergeben sich die Flussverkettungen Ψ_1 und Ψ_2

$$\Psi_1 = N_1 \Phi_1 = L_1 I_1 + L_{12} I_2 \, , \tag{7.4.1.3}$$

$$\Psi_2 = N_2 \Phi_2 = L_2 I_2 + L_{21} I_1 \, . \tag{7.4.1.4}$$

Bei eingeschwungenen sinusförmigen Strömen ergeben sich die Spannungen an den Induktivitäten

$$\underline{U}_{L_1} = \mathrm{j}\omega \Psi_1 = \mathrm{j}\omega L_1 I_1 + \mathrm{j}\omega L_{12} I_2 \, , \tag{7.4.1.5}$$

$$\underline{U}_{L_2} = \mathrm{j}\omega \Psi_2 = \mathrm{j}\omega L_2 I_2 + \mathrm{j}\omega L_{21} I_1 \, . \tag{7.4.1.6}$$

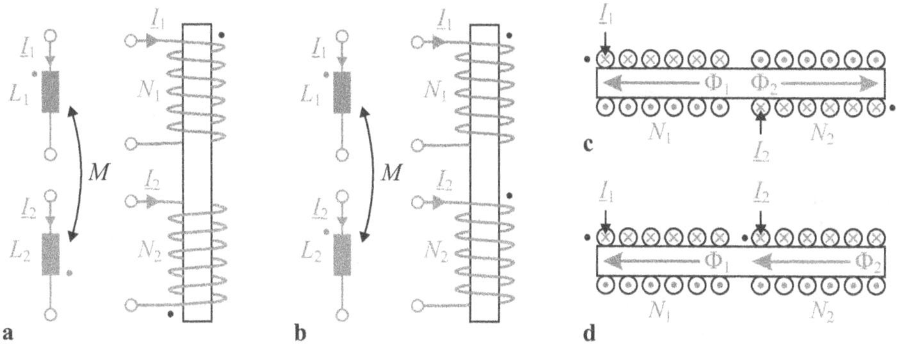

Abb. 7.19: Zusammenhang zwischen magnetischer Kopplung, Stromfluss und Wicklungssinn. (a) Gegensinnige Wicklungen, (b) gleichsinnige Wicklungen, (c) magnetische Flüsse bei gegensinnigen und (d) gleichsinnigen Wicklungen.

Für die Schaltung in Abbildung 7.13 auf Seite 13 können zwei Umläufe aufgestellt werden:

$$0 = \underline{U}_{L_1} + \underline{U}_{L_2} - \underline{U}_\mathrm{q} \tag{7.4.1.7}$$

$$0 = \underline{U}_{L_2} - R_3\,\underline{I}_3\,. \tag{7.4.1.8}$$

Unter Beachtung der Gleichungen (7.4.1.5) und (7.4.1.6) sowie der Knotengleichung $\underline{I}_3 = \underline{I}_1 - \underline{I}_2$ ergeben sich:

$$-\underline{U}_\mathrm{q} + \mathrm{j}\omega L_1\,\underline{I}_1 + \mathrm{j}\omega L_{12}\,\underline{I}_2 + \mathrm{j}\omega L_2\,\underline{I}_2 + \mathrm{j}\omega L_{21}\,\underline{I}_1 = 0\,, \tag{7.4.1.9}$$

$$\mathrm{j}\omega L_2\,\underline{I}_2 + \mathrm{j}\omega L_{21}\,\underline{I}_1 - R_3\,(\underline{I}_1 - \underline{I}_2) = 0\,. \tag{7.4.1.10}$$

Mit der Beziehung $M = L_{12} = L_{21}$ entsteht das Gleichungssystem

$$\begin{pmatrix} \mathrm{j}\omega(L_1 + M) & \mathrm{j}\omega(L_2 + M) \\ -R_3 + \mathrm{j}\omega M & R_3 + \mathrm{j}\omega L_2 \end{pmatrix} \cdot \begin{pmatrix} \underline{I}_1 \\ \underline{I}_2 \end{pmatrix} = \begin{pmatrix} \underline{U}_\mathrm{q} \\ 0 \end{pmatrix}. \tag{7.4.1.11}$$

Zur Lösung werden die drei Determinanten $\det \underline{\boldsymbol{Z}}$, $\det \underline{\boldsymbol{Z}}_1$ und $\det \underline{\boldsymbol{Z}}_2$ gebildet:

$$\begin{aligned} \det \underline{\boldsymbol{Z}} &= \mathrm{j}\omega(L_1 + M)\cdot(R_3 + \mathrm{j}\omega L_2) - (-R_3 + \mathrm{j}\omega M)\cdot \mathrm{j}\omega(L_2 + M)\,, \\ &= \omega^2(M^2 - L_1L_2) + \mathrm{j}\omega R_3(L_1 + L_2 + 2M) \\ \det \underline{\boldsymbol{Z}}_1 &= \underline{U}_\mathrm{q}\cdot(R_3 + \mathrm{j}\omega L_2)\,, \\ \det \underline{\boldsymbol{Z}}_2 &= -(-R_3 + \mathrm{j}\omega M)\cdot \underline{U}_\mathrm{q}\,. \end{aligned}$$

Hieraus ergeben sich die Ströme

$$\underline{I}_1 = \frac{\det \underline{\boldsymbol{Z}}_1}{\det \underline{\boldsymbol{Z}}} = \underline{\underline{\frac{\underline{U}_\mathrm{q}(R_3 + \mathrm{j}\omega L_2)}{\omega^2(M^2 - L_1L_2) + \mathrm{j}\omega R_3(L_1 + L_2 + 2M)}}}\,,$$

$$\underline{I}_2 = \frac{\det \underline{\boldsymbol{Z}}_2}{\det \underline{\boldsymbol{Z}}} = \underline{\underline{\frac{(R_3 - \mathrm{j}\omega M)\cdot \underline{U}_\mathrm{q}}{\omega^2(M^2 - L_1L_2) + \mathrm{j}\omega R_3(L_1 + L_2 + 2M)}}}$$

und mit $\underline{I}_3 = \underline{I}_1 - \underline{I}_2$ wird

$$\underline{I}_3 = \frac{\underline{U}_\mathrm{q}(R_3 + \mathrm{j}\omega L_2) - \underline{U}_\mathrm{q}(R_3 - \mathrm{j}\omega M)}{\omega^2(M^2 - L_1L_2) + \mathrm{j}\omega R_3(L_1 + L_2 + 2M)}$$

$$\underline{I}_3 = \underline{\underline{\frac{\underline{U}_\mathrm{q}\,\mathrm{j}\omega(L_2 + M)}{\omega^2(M^2 - L_1L_2) + \mathrm{j}\omega R_3(L_1 + L_2 + 2M)}}}\,.$$

Alternativer Lösungsansatz

Durch bilden einer Ersatzschaltung (ähnlich dem T-förmigen Ersatzschaltbild eines Transformators, nur dass die Last jetzt im Querzweig liegt) des Spartransformators wie in Abbildung 7.20 gezeigt wird, lässt sich in einfacher Weise die Umlaufanalyse anwenden. Mit dem gewählten Baum entsteht dann das Gleichungssystem

$$\begin{pmatrix} R_3 + \mathrm{j}\omega L_1 & -R_3 + \mathrm{j}\omega M \\ -R_3 + \mathrm{j}\omega M & R_3 + \mathrm{j}\omega L_2 \end{pmatrix} \cdot \begin{pmatrix} \underline{I}_1 \\ \underline{I}_2 \end{pmatrix} = \begin{pmatrix} \underline{U}_\mathrm{q} \\ 0 \end{pmatrix}. \tag{7.4.1.12}$$

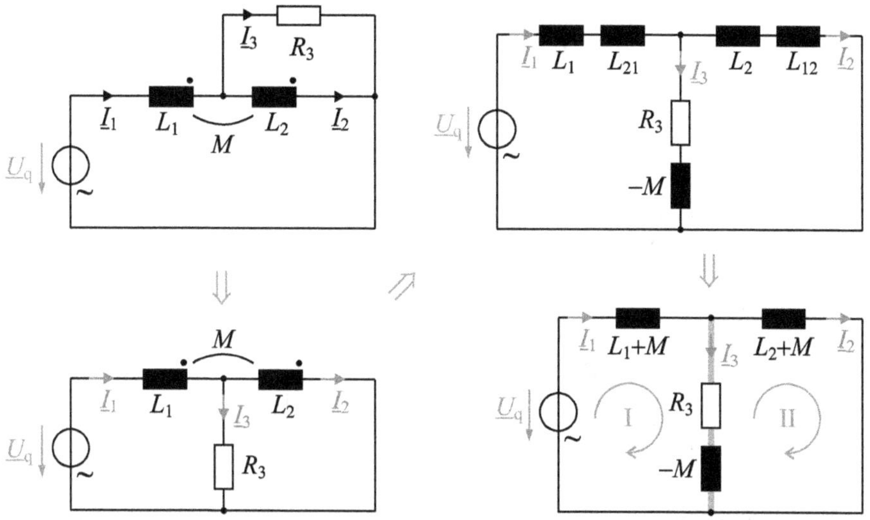

Abb. 7.20: Bildung des elektrischen Ersatzschaltbildes. Umzeichnen der Schaltung und Ersatz der gekoppelten Induktivitäten durch nicht gekoppelte Induktivitäten in einer T-Form-Ersatzschaltung. Eingetragener vollständiger Baum für die Umlaufanalyse.

Aufgabe 7.4.2

Gesucht: Die Ströme $\underline{I}_1$ und $\underline{I}_2$ als Funktion der Eingangsspannung $\underline{U}_e$ und der Schaltungsdaten.

Gegeben: Transformatorschaltung in Abbildung 7.14 auf Seite 13.

Ansatz: Für die Eigeninduktivitäten gilt:

$$N_1\Phi_{11} = N_1^2 \Lambda i_1 = L_1\, i_1 \quad \text{und} \quad N_2\Phi_{22} = N_2^2\Lambda i_2 = L_2\, i_2\,.$$

Für die Gegeninduktivitäten gilt ($L_{12} = L_{21} = M$):

$$N_1\Phi_{12} = N_1 N_2\, \Lambda\, i_2 = L_{12}\, i_2 \quad \text{und} \quad N_2\Phi_{21} = N_2 N_1\, \Lambda\, i_1 = L_{21}\, i_1\,.$$

Da die Wicklungen magnetisch gegensinnig gekoppelt sind (vergleiche die Darstellung in Abbildung 7.21), wirken auch die Ströme $\underline{I}_1$ und $\underline{I}_2$ in entgegengesetzte Richtungen (siehe Abbildung 7.19a und c). Mit diesem Wissen können für die beiden unabhängigen Stromkreise der Wicklung 1 und der Wicklung 2 folgende Gleichungen aufgestellt werden:

$$-\underline{U}_e + \underline{I}_1 R_1 + \underline{I}_1\, \mathrm{j}\omega L_1 - \underline{I}_2\, \mathrm{j}\omega M = 0\,, \tag{7.4.2.1}$$

$$\underline{I}_2 R_2 + \underline{I}_2\, \mathrm{j}\left(\omega L_2 - \frac{1}{\omega C_2}\right) - \underline{I}_1\, \mathrm{j}\omega M = 0\,. \tag{7.4.2.2}$$

Mit diesen Gleichungen lassen sich die Ströme $\underline{I}_1$ und $\underline{I}_2$ bestimmen:

$$\underline{I}_2 \left[R_2 + \mathrm{j}\left(\omega L_2 - \frac{1}{\omega C_2}\right)\right] = \underline{I}_1\, \mathrm{j}\omega M \quad \Rightarrow \quad \underline{I}_2 = \underline{I}_1 \frac{\mathrm{j}\omega M}{R_2 + \mathrm{j}(\omega L_2 - {}^1\!/_{\omega C_2})}\,.$$

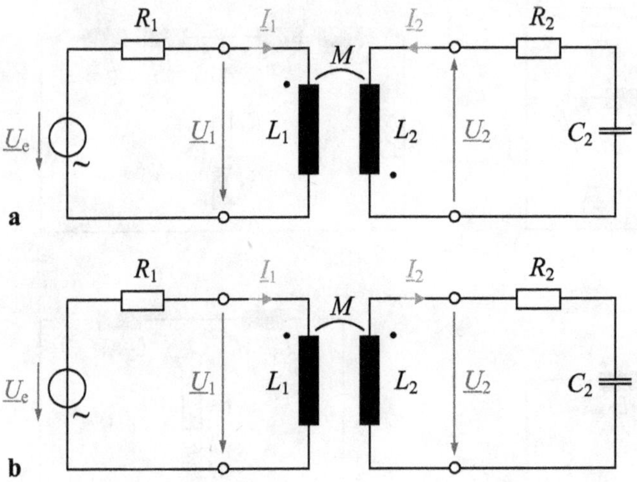

Abb. 7.21: Zwei magnetisch gleichwertige Darstellungen der Schaltung (a) mit gegensinnigen und (b) gleichsinnigen Wicklungen.

Eingesetzt in Gl. (7.4.2.1) ergibt sich

$$-\underline{U}_\mathrm{e} + \underline{I}_1 R_1 + \underline{I}_1\,\mathrm{j}\omega L_1 - \underline{I}_1 \frac{\mathrm{j}\omega M}{R_2 + \mathrm{j}(\omega L_2 - 1/\omega C_2)}\,\mathrm{j}\omega M = 0$$

$$-\underline{U}_\mathrm{e} + \underline{I}_1 \left[R_1 + \mathrm{j}\omega L_1 + \frac{\omega^2 M^2}{R_2 + \mathrm{j}(\omega L_2 - 1/\omega C_2)}\right] = 0$$

$$-\underline{U}_\mathrm{e}\left[R_2 + \mathrm{j}\left(\omega L_2 - \frac{1}{\omega C_2}\right)\right] + \underline{I}_1\left((R_1 + \mathrm{j}\omega L_1)\left[R_2 + \mathrm{j}\left(\omega L_2 - \frac{1}{\omega C_2}\right)\right] + \omega^2 M^2\right) = 0$$

$$\Rightarrow \quad \underline{\underline{\underline{I}_1 = \frac{\underline{U}_\mathrm{e}\,[R_2 + \mathrm{j}(\omega L_2 - 1/\omega C_2)]}{(R_1 + \mathrm{j}\omega L_1)\,[R_2 + \mathrm{j}(\omega L_2 - 1/\omega C_2)] + \omega^2 M^2}}}\,;$$

und für den Strom $\underline{I}_2$

$$\underline{I}_2 = \frac{\underline{U}_\mathrm{e}\,[R_2 + \mathrm{j}(\omega L_2 - 1/\omega C_2)]}{(R_1 + \mathrm{j}\omega L_1)\,[R_2 + \mathrm{j}(\omega L_2 - 1/\omega C_2)] + \omega^2 M^2} \cdot \frac{\mathrm{j}\omega M}{R_2 + \mathrm{j}(\omega L_2 - 1/\omega C_2)}$$

$$\Rightarrow \quad \underline{\underline{\underline{I}_2 = \frac{\underline{U}_\mathrm{e}\,\mathrm{j}\omega M}{(R_1 + \mathrm{j}\omega L_1)\,[R_2 + \mathrm{j}(\omega L_2 - 1/\omega C_2)] + \omega^2 M^2}}}\,.$$

Aufgabe 7.4.3

7.4.3.1

Gesucht: Das Ersatzschaltbild für einen Transformator ohne primäre Streuinduktivität und dessen Werte.

Gegeben: Folgende Kenndaten sind bekannt:

$$R_1 = 6\,\Omega\,, \quad R_2 = 18\,\Omega\,, \quad L_1 = 20\,\mathrm{mH}\,, \quad L_2 = 80\,\mathrm{mH}\,, \quad k = \frac{3}{4}\,.$$

Ansatz: Für einen Transformator ohne primäre Streuinduktivität gilt $v = L_1/M$ und damit ergibt sich das Ersatzschaltbild in Abbildung 7.22.

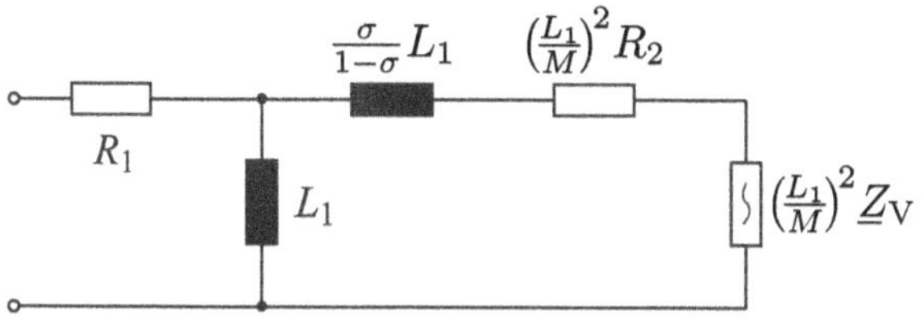

Abb. 7.22: Transformator-Ersatzschaltung ohne primäre Streuinduktivität.

Mit dem Streufaktor

$$\sigma = 1 - k^2 = 1 - \frac{9}{16} = \frac{7}{16} \tag{7.4.3.1}$$

berechnet sich die sekundäre Streuinduktivität:

$$\frac{\sigma}{1-\sigma}L_1 = \frac{\frac{7}{16}}{\frac{16}{16} - \frac{7}{16}}L_1 = \frac{7}{9} \cdot 20\,\mathrm{mH} = \underline{\underline{15{,}5\overline{5}\,\mathrm{mH}}}\,. \tag{7.4.3.2}$$

Mit der Gegeninduktivität

$$M = k\sqrt{L_1 \cdot L_2} = \frac{3}{4}\sqrt{20\,\mathrm{mH} \cdot 80\,\mathrm{mH}} = \frac{3}{4}\,40\,\mathrm{mH} = 30\,\mathrm{mH} \tag{7.4.3.3}$$

und

$$v = \frac{L_1}{M} = \frac{20\,\mathrm{mH}}{30\,\mathrm{mH}} = \frac{2}{3} \tag{7.4.3.4}$$

ergibt sich für

$$\left(\frac{L_1}{M}\right)^2 R_2 = v^2 R_2 = \frac{4}{9} \cdot 18\,\Omega = \underline{\underline{8\,\Omega}} \tag{7.4.3.5}$$

und

$$\left(\frac{L_1}{M}\right)^2 \underline{Z}_V = v^2 \underline{Z}_V = \frac{4}{9} \cdot (27\,\Omega + \mathrm{j}\omega \cdot 15\,\mathrm{mH}) = \underline{\underline{12\,\Omega + \mathrm{j}\omega \cdot {}^{20}/_{3}\,\mathrm{mH}}}\,. \tag{7.4.3.6}$$

7.4.3.2

Gesucht: Eine ohmsch-induktive Ersatzimpedanz $\underline{Z}_{\text{ers}}$ für den Fall, dass der Transformator als passiver Zweipol aufgefasst werden soll.

Gegeben: Frequenz $f = 9/2\pi\,\text{kHz}$, die zuvor berechneten Induktivitäten sowie die transformierte Lastimpedanz $\underline{Z}'_{\text{V}}$.

Ansatz: Zusammenfassen der einzelnen Impedanzen.

Mit

$$X_1 = \omega L_1 = 2\pi \cdot \frac{9}{2\pi}\,\text{kHz} \cdot 20\,\text{mH} = 180\,\Omega\,, \tag{7.4.3.7}$$

$$X'_2 = \omega \frac{\sigma}{1-\sigma} L_1 = 2\pi \cdot \frac{9}{2\pi}\,\text{kHz} \cdot \frac{140}{9}\,\text{mH} = 140\,\Omega\,, \tag{7.4.3.8}$$

$$\underline{Z}'_{\text{V}} = \left(\frac{L_1}{M}\right)^2 \underline{Z}_{\text{V}} = 12\,\Omega + \text{j}\omega \cdot \frac{20}{3}\,\text{mH} = 12\,\Omega + \text{j}60\,\Omega \tag{7.4.3.9}$$

lässt sich

$$\begin{aligned}
\underline{Z}_{\text{ers}} &= R_1 + \frac{\left(\underline{Z}'_{\text{V}} + \left(\frac{L_1}{M}\right)^2 R_2 + \text{j}X'_2\right) \cdot \text{j}X_1}{\left(\underline{Z}'_{\text{V}} + \left(\frac{L_1}{M}\right)^2 R_2 + \text{j}X'_2\right) + \text{j}X_1} \\
&= R_1 + \frac{(12\,\Omega + \text{j}60\,\Omega + 8\,\Omega + \text{j}140\,\Omega) \cdot \text{j}180\,\Omega}{(12\,\Omega + \text{j}60\,\Omega + 8\,\Omega + \text{j}140\,\Omega) + \text{j}180\,\Omega} \\
&= R_1 + \frac{(20\,\Omega + \text{j}200\,\Omega) \cdot \text{j}18\,\Omega}{(2\,\Omega + \text{j}20\,\Omega) + \text{j}18\,\Omega} = R_1 + \frac{(2 + \text{j}20) \cdot \text{j}180\,\Omega}{2 + \text{j}38} \\
&= R_1 + \text{j}180\,\Omega \cdot \frac{1 + \text{j}10}{1 + \text{j}19} \cdot \frac{1 - \text{j}19}{1 - \text{j}19} = R_1 + \text{j}180\,\Omega \cdot \frac{191 - \text{j}9}{1 + 19^2} \\
&\approx 6\,\Omega + 4{,}475\,\Omega + \text{j}94{,}972\,\Omega \approx \underline{\underline{10{,}475\,\Omega + \text{j}\omega \cdot 10{,}552\,\text{mH}}}
\end{aligned}$$

angeben.

Aufgabe 7.4.4

7.4.4.1

Gesucht: Das Ersatzschaltbild für einen Transformator mit Eisenverlusten.

Ansatz: Für einen Transformator mit Eisenverlusten lässt sich das Ersatzschaltbild in Abbildung 7.23 angeben.

7.4.4.2

Gesucht: Die Bauelemente des Ersatzschaltbildes.

Ansatz: Bei einem Leistungstransformator können aufgrund der geringen Streuung und der geringen Eisenverluste für die Bestimmung der Bauelemente folgende Beziehungen ausgenutzt werden:

$$R_1 \ll R'_{\text{E}}\,, \quad R'_2 \ll R'_{\text{E}}\,, \quad L_\sigma \ll M'\,.$$

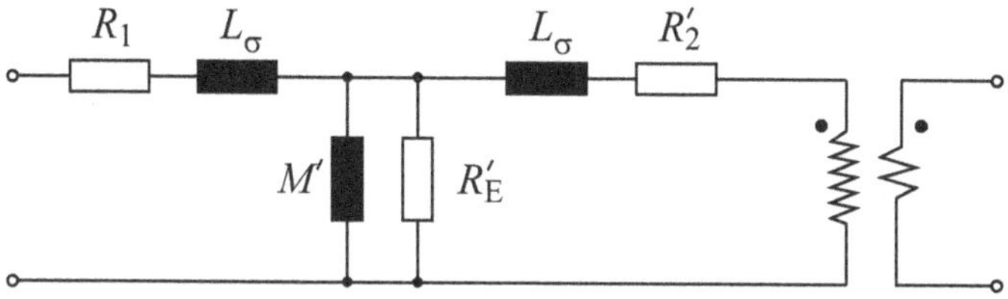

Abb. 7.23: Transformatorersatzschaltung mit Berücksichtigung der Eisenverluste.

Leerlaufmessung

Für die Eisenverluste gilt:

$$R_E' \simeq \frac{U_0^2}{P_0} = \frac{400^2\,\mathrm{V}^2}{160\,\mathrm{W}} = \underline{\underline{1\,\mathrm{k\Omega}}}\,. \tag{7.4.4.1}$$

Mit der Scheinleistung

$$S_0 = U_0 \cdot I_0 = 400\,\mathrm{V} \cdot 0{,}8\,\mathrm{A} = 320\,\mathrm{VA} \tag{7.4.4.2}$$

kann

$$\cos\varphi_0 = \frac{P_0}{S_0} = \frac{160\,\mathrm{W}}{320\,\mathrm{VA}} = 0{,}5 \quad \Rightarrow \quad \varphi_0 = \arccos 0{,}5 = \frac{\pi}{3} \quad (60°) \tag{7.4.4.3}$$

bestimmt werden und hiermit die Blindleistung

$$Q_0 = S_0 \cdot \sin\varphi_0 = 320\,\mathrm{VA} \cdot \sin\frac{\pi}{3} \approx 277{,}128\,\mathrm{var}\,. \tag{7.4.4.4}$$

Damit ergibt sich für die Hauptinduktivität:

$$\omega M' \simeq \frac{U_0^2}{Q_0} = \frac{400^2\,\mathrm{V}^2}{277{,}128\,\mathrm{var}} \approx 577{,}35\,\Omega \quad \Rightarrow \quad M' \simeq \frac{577{,}35\,\Omega}{2\pi \cdot 50\,\mathrm{Hz}} \approx \underline{\underline{1{,}838\,\mathrm{H}}}\,.$$

Kurzschlussmessung

Mit der Kurzschlussleistung

$$P_k \simeq I_k^2 \cdot (R_1 + R_2') = I_k^2 \cdot (R_1 + ü^2 R_2) = I_k^2 \cdot 2\,R_1 \tag{7.4.4.5}$$

ergibt sich für die Wicklungswiderstände

$$R_1 = R_2' \simeq \frac{P_k}{2\,I_k^2} = \frac{288\,\mathrm{W}}{2 \cdot 12^2\,\mathrm{A}^2} = \underline{\underline{1\,\Omega}}\,. \tag{7.4.4.6}$$

Mit der Scheinleistung

$$S_k = U_k \cdot I_N = 35\,\mathrm{V} \cdot 12\,\mathrm{A} = 420\,\mathrm{VA} \tag{7.4.4.7}$$

kann der Winkel

$$\cos\varphi_k = \frac{P_k}{S_k} = \frac{288\,\text{W}}{420\,\text{VA}} = 0{,}686 \quad \Rightarrow \quad \varphi_k = \arccos 0{,}6857 \approx 0{,}25949\pi \quad (46{,}71°)$$

bestimmt werden und hiermit auch die Blindleistung

$$Q_k = S_k \cdot \sin\varphi_k = 420\,\text{VA} \cdot \sin(0{,}25949\,\pi) \approx 305{,}706\,\text{var}\,. \tag{7.4.4.8}$$

Damit ergibt sich für die Streuinduktivitäten:

$$\omega L_\sigma \simeq \frac{U_k^2}{Q_k} = \frac{35^2\,\text{V}^2}{305{,}706\,\text{var}} \approx 4{,}007\,\Omega \quad \Rightarrow \quad L_\sigma \simeq \frac{4{,}007\,\Omega}{2\pi\,50\,\text{Hz}} \approx \underline{\underline{12{,}755\,\text{mH}}}\,.$$

7.4.4.3

Gesucht: Der Wirkungsgrad η bei Nennbelastung.

Ansatz: Der Nennstrom $I_N = 12$ A fließt komplett durch R_1 und fast ausschließlich durch R_2' (da $R_2' \ll R_E'$ gilt). Außerdem liegt am Widerstand R_E' fast die gesamte Nennspannung $U_{1N} = 400$ V (da $R_1 = R_2' \ll R_E'$ gilt) an.

Mit den Kupferverlusten

$$P_{Ku} = I_N^2 \cdot (R_1 + R_2') = 12^2\,\text{A}^2 \cdot 2\,\Omega = 288\,\text{W} \tag{7.4.4.9}$$

und den Eisenverlusten

$$P_E = \frac{U_N^2}{R_E'} = \frac{400^2\,\text{V}^2}{1\,\text{k}\Omega} = 160\,\text{W} \tag{7.4.4.10}$$

kann der Wirkungsgrad bei Nennbelastung angegeben werden:

$$\eta = \frac{P_N}{P_N + P_E + P_{Ku}} = \frac{4{,}8\,\text{kW}}{4{,}8\,\text{kW} + 160\,\text{W} + 288\,\text{W}} \approx \underline{\underline{0{,}915}}\,. \tag{7.4.4.11}$$

7.5 Vierpole

Aufgabe 7.5.1

7.5.1.1

Gesucht: Die Vierpolparameter für die Leitwertform allgemein.

Ansatz: Die Leitwertform des Vierpols lautet

$$\begin{pmatrix} \underline{I}_1 \\ \underline{I}_2 \end{pmatrix} = \begin{pmatrix} \underline{Y}_{11} & \underline{Y}_{12} \\ \underline{Y}_{21} & \underline{Y}_{22} \end{pmatrix} \cdot \begin{pmatrix} \underline{U}_1 \\ \underline{U}_2 \end{pmatrix}. \tag{7.5.1.1}$$

Die einzelnen Parameter errechnen sich dabei wie folgt:

$$\underline{Y}_{11} = \left.\frac{\underline{I}_1}{\underline{U}_1}\right|_{\underline{U}_2=0}, \quad \underline{Y}_{12} = \left.\frac{\underline{I}_1}{\underline{U}_2}\right|_{\underline{U}_1=0},$$
$$\underline{Y}_{21} = \left.\frac{\underline{I}_2}{\underline{U}_1}\right|_{\underline{U}_2=0}, \quad \underline{Y}_{22} = \left.\frac{\underline{I}_2}{\underline{U}_2}\right|_{\underline{U}_1=0}. \tag{7.5.1.2}$$

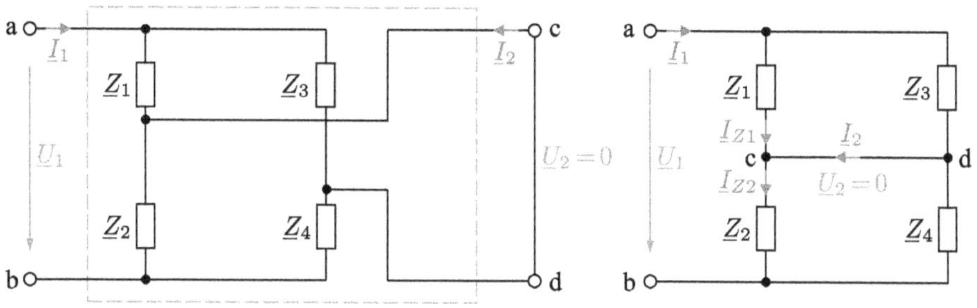

Abb. 7.24: Ersatzschaltung für kurzgeschlossene Spannung U_2.

Je nach Berechnungsvorschrift wird eine entsprechende Ersatzschaltung gebildet und daraus der gesuchte Parameter errechnet.

1. Parameter für $U_2 = 0$

Damit die Bedingung $\underline{U}_2 = 0$ erfüllt ist, wird der Ausgang (Klemmen c, d) kurzgeschlossen. Hieraus lässt sich das Ersatzschaltbild in Abbildung 7.24 herleiten.

Bestimmen von $\underline{Y}_{11}$: Zunächst wird die Eingangsimpedanz berechnet

$$\frac{\underline{U}_1}{\underline{I}_1} = \frac{\underline{Z}_1\,\underline{Z}_3}{\underline{Z}_1+\underline{Z}_3} + \frac{\underline{Z}_2\,\underline{Z}_4}{\underline{Z}_2+\underline{Z}_4} = \frac{\underline{Z}_1\,\underline{Z}_3(\underline{Z}_2+\underline{Z}_4)+\underline{Z}_2\,\underline{Z}_4(\underline{Z}_1+\underline{Z}_3)}{(\underline{Z}_1+\underline{Z}_3)(\underline{Z}_2+\underline{Z}_4)}\,. \tag{7.5.1.3}$$

Invertiert ergibt sich der Parameter

$$\underline{Y}_{11} = \frac{(\underline{Z}_1+\underline{Z}_3)(\underline{Z}_2+\underline{Z}_4)}{\underline{Z}_1\,\underline{Z}_3(\underline{Z}_2+\underline{Z}_4)+\underline{Z}_2\,\underline{Z}_4(\underline{Z}_1+\underline{Z}_3)}\,. \tag{7.5.1.4}$$

Bestimmen von $\underline{Y}_{21}$: Für das Verhältnis $\underline{I}_2/\underline{U}_1$ muss der Strom $\underline{I}_2$ im Kurzschlusszweig berechnet werden. Nach der Knotenregel ist

$$\underline{I}_2 = -\underline{I}_{Z1} + \underline{I}_{Z2} \quad \text{mit} \quad \underline{I}_{Z1} = \frac{\underline{U}_{Z1}}{\underline{Z}_1}\,, \quad \underline{I}_{Z2} = \frac{\underline{U}_{Z2}}{\underline{Z}_2}\,. \tag{7.5.1.5}$$

Also sind zunächst die Spannungen $\underline{U}_{Z1}$ und $\underline{U}_{Z2}$ zu berechnen. Durch zusammenfassen der parallel geschalteten Widerstände ergibt sich dann über die Spannungsteilerregel

$$\underline{U}_{Z1} = \underline{U}_1\,\frac{\underline{Z}_{13}}{\underline{Z}_{13}+\underline{Z}_{24}} \quad \text{mit} \quad \underline{Z}_{13} = \frac{\underline{Z}_1\,\underline{Z}_3}{\underline{Z}_1+\underline{Z}_3}\,, \quad \underline{Z}_{24} = \frac{\underline{Z}_2\,\underline{Z}_4}{\underline{Z}_2+\underline{Z}_4} \tag{7.5.1.6}$$

$$\underline{U}_{Z2} = \underline{U}_1\,\frac{\underline{Z}_{24}}{\underline{Z}_{13}+\underline{Z}_{24}}\,. \tag{7.5.1.7}$$

Damit wird

$$\frac{\underline{I}_2}{\underline{U}_1} = -\frac{\dfrac{\underline{Z}_1\,\underline{Z}_3}{\underline{Z}_1+\underline{Z}_3}\,\dfrac{1}{\underline{Z}_1}}{\dfrac{\underline{Z}_1\,\underline{Z}_3}{\underline{Z}_1+\underline{Z}_3}+\dfrac{\underline{Z}_2\,\underline{Z}_4}{\underline{Z}_2+\underline{Z}_4}} + \frac{\dfrac{\underline{Z}_2\,\underline{Z}_4}{\underline{Z}_2+\underline{Z}_4}\,\dfrac{1}{\underline{Z}_2}}{\dfrac{\underline{Z}_1\,\underline{Z}_3}{\underline{Z}_1+\underline{Z}_3}+\dfrac{\underline{Z}_2\,\underline{Z}_4}{\underline{Z}_2+\underline{Z}_4}}$$

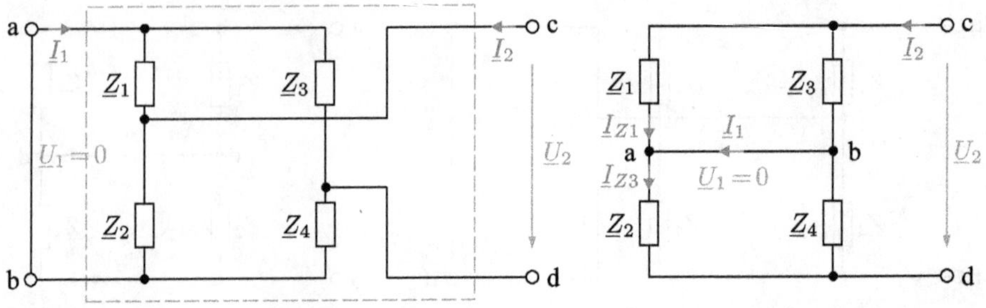

Abb. 7.25: Ersatzschaltung für kurzgeschlossene Spannung U_1.

$$\frac{\underline{I}_2}{\underline{U}_1} = \frac{-\underline{Z}_3(\underline{Z}_2 + \underline{Z}_4) + \underline{Z}_4(\underline{Z}_1 + \underline{Z}_3)}{\underline{Z}_1\,\underline{Z}_3(\underline{Z}_2 + \underline{Z}_4) + \underline{Z}_2\,\underline{Z}_4(\underline{Z}_1 + \underline{Z}_3)} \tag{7.5.1.8}$$

$$\underline{Y}_{21} = \frac{\underline{Z}_1\,\underline{Z}_4 - \underline{Z}_2\,\underline{Z}_3}{\underline{Z}_1\,\underline{Z}_3(\underline{Z}_2 + \underline{Z}_4) + \underline{Z}_2\,\underline{Z}_4(\underline{Z}_1 + \underline{Z}_3)} \,. \tag{7.5.1.9}$$

2. Parameter für $U_1 = 0$

Damit die Bedingung $\underline{U}_1 = 0$ erfüllt ist, wird jetzt der Eingang (Klemmen a, b) kurzgeschlossen. Hieraus lässt sich das Ersatzschaltbild in Abbildung 7.25 herleiten.

Bestimmen von $\underline{Y}_{22}$: Zunächst wird die Ausgangsimpedanz berechnet

$$\frac{\underline{U}_2}{\underline{I}_2} = \frac{\underline{Z}_1\,\underline{Z}_2}{\underline{Z}_1 + \underline{Z}_2} + \frac{\underline{Z}_3\,\underline{Z}_4}{\underline{Z}_3 + \underline{Z}_4} = \frac{\underline{Z}_1\,\underline{Z}_2(\underline{Z}_3 + \underline{Z}_4) + \underline{Z}_3\,\underline{Z}_4(\underline{Z}_1 + \underline{Z}_2)}{(\underline{Z}_1 + \underline{Z}_2)(\underline{Z}_3 + \underline{Z}_4)} \,. \tag{7.5.1.10}$$

Invertiert ergibt sich der Parameter

$$\underline{Y}_{22} = \frac{(\underline{Z}_1 + \underline{Z}_2)(\underline{Z}_3 + \underline{Z}_4)}{\underline{Z}_1\,\underline{Z}_2(\underline{Z}_3 + \underline{Z}_4) + \underline{Z}_3\,\underline{Z}_4(\underline{Z}_1 + \underline{Z}_2)} \,. \tag{7.5.1.11}$$

Bestimmen von $\underline{Y}_{12}$: Für das Verhältnis $\underline{I}_1/\underline{U}_2$ muss der Strom $\underline{I}_1$ im Kurzschlusszweig berechnet werden. Nach der Knotenregel ist

$$\underline{I}_1 = -\underline{I}_{Z1} + \underline{I}_{Z3} \quad \text{mit} \quad \underline{I}_{Z1} = \frac{\underline{U}_{Z1}}{\underline{Z}_1} \,, \quad \underline{I}_{Z3} = \frac{\underline{U}_{Z3}}{\underline{Z}_3} \,. \tag{7.5.1.12}$$

Also sind zunächst wieder die Spannungen $\underline{U}_{Z1}$ und $\underline{U}_{Z3}$ zu berechnen. Durch zusammenfassen der parallel geschalteten Widerstände ergibt sich dann über die Spannungsteilerregel

$$\underline{U}_{Z1} = \underline{U}_2 \frac{\underline{Z}_{12}}{\underline{Z}_{12} + \underline{Z}_{34}} \quad \text{mit} \quad \underline{Z}_{12} = \frac{\underline{Z}_1\,\underline{Z}_2}{\underline{Z}_1 + \underline{Z}_2} \,, \quad \underline{Z}_{34} = \frac{\underline{Z}_3\,\underline{Z}_4}{\underline{Z}_3 + \underline{Z}_4} \tag{7.5.1.13}$$

$$\underline{U}_{Z3} = \underline{U}_2 \frac{\underline{Z}_{34}}{\underline{Z}_{12} + \underline{Z}_{34}} \,. \tag{7.5.1.14}$$

Damit wird

$$\frac{\underline{I}_1}{\underline{U}_2} = -\frac{\frac{\underline{Z}_1\underline{Z}_2}{\underline{Z}_1+\underline{Z}_2}\frac{1}{\underline{Z}_1}}{\frac{\underline{Z}_1\underline{Z}_2}{\underline{Z}_1+\underline{Z}_2}+\frac{\underline{Z}_3\underline{Z}_4}{\underline{Z}_3+\underline{Z}_4}} + \frac{\frac{\underline{Z}_3\underline{Z}_4}{\underline{Z}_3+\underline{Z}_4}\frac{1}{\underline{Z}_3}}{\frac{\underline{Z}_1\underline{Z}_2}{\underline{Z}_1+\underline{Z}_2}+\frac{\underline{Z}_3\underline{Z}_4}{\underline{Z}_3+\underline{Z}_4}}$$

$$= \frac{-\underline{Z}_2(\underline{Z}_3+\underline{Z}_4)+\underline{Z}_4(\underline{Z}_1+\underline{Z}_2)}{\underline{Z}_1\underline{Z}_2(\underline{Z}_3+\underline{Z}_4)+\underline{Z}_3\underline{Z}_4(\underline{Z}_1+\underline{Z}_2)} \tag{7.5.1.15}$$

$$\underline{Y}_{12} = \frac{\underline{Z}_1\underline{Z}_4-\underline{Z}_2\underline{Z}_3}{\underline{Z}_1\underline{Z}_2(\underline{Z}_3+\underline{Z}_4)+\underline{Z}_3\underline{Z}_4(\underline{Z}_1+\underline{Z}_2)}\,. \tag{7.5.1.16}$$

Normalerweise sollten die Nenner immer gleich sein, Rechenprobe:

$$\underline{Z}_1\underline{Z}_3(\underline{Z}_2+\underline{Z}_4)+\underline{Z}_2\underline{Z}_4(\underline{Z}_1+\underline{Z}_3) =$$

$$= \underline{Z}_1\underline{Z}_2\underline{Z}_3+\underline{Z}_1\underline{Z}_3\underline{Z}_4+\underline{Z}_1\underline{Z}_2\underline{Z}_4+\underline{Z}_2\underline{Z}_3\underline{Z}_4$$

$$= \underline{Z}_1\underline{Z}_2(\underline{Z}_3+\underline{Z}_4)+\underline{Z}_3\underline{Z}_4(\underline{Z}_1+\underline{Z}_2) \qquad q.e.d. \tag{7.5.1.17}$$

7.5.1.2

Gesucht: Die Ströme $\underline{I}_1$ und $\underline{I}_2$ in Abhängigkeit von $\underline{U}_1$.

Gegeben: Widerstand $R_5 = 10R$ und die Widerstandskombinationen
(a) $\underline{Z}_1 = 8R,\ \underline{Z}_2 = 4R,\ \underline{Z}_3 = 2R$ und $\underline{Z}_4 = R$;
(b) $\underline{Z}_1 = 6R,\ \underline{Z}_2 = 4R,\ \underline{Z}_3 = 2R$ und $\underline{Z}_4 = R$.

Ansatz: Einsetzen der gegebenen Widerstandswerte in die Parameter-Gleichungen und Lösen des Gleichungssystems für $\underline{U}_2 = 10R\,\underline{I}_2$ unter der Annahme, dass $\underline{U}_1$ bekannt ist.

Widerstandskombination a

$$\underline{Y}_{11} = \frac{(8R+2R)(4R+R)}{8R\,2R(4R+R)+4R\,R(8R+2R)} = \frac{(10R)(5R)}{16R^2(5R)+4R^2(10R)}$$
$$= \frac{10}{16R+8R} = \frac{10}{24R} = \underline{\underline{\frac{5}{12R}}}\,. \tag{7.5.1.18}$$

$$\underline{Y}_{12} = \frac{8R\,R-4R\,2R}{8R\,4R(2R+R)+2R\,R(8R+4R)} = \underline{\underline{0}}\,. \tag{7.5.1.19}$$

$$\underline{Y}_{21} = \frac{8R\,R-4R\,2R}{8R\,2R(4R+R)+4R\,R(8R+2R)} = \underline{Y}_{12} = \underline{\underline{0}}. \tag{7.5.1.20}$$

$$\underline{Y}_{22} = \frac{(8R+4R)(2R+R)}{8R\,4R(2R+R)+2R\,R(8R+4R)} = \frac{(12R)(3R)}{32R^2(3R)+2R^2(12R)}$$
$$= \frac{12}{32R+2R(4)} = \frac{12}{32R+2R(4)} = \underline{\underline{\frac{3}{10R}}}\,. \tag{7.5.1.21}$$

Also ist folgendes Gleichungssystem zu lösen

$$\begin{pmatrix} \underline{I}_1 \\ \underline{I}_2 \end{pmatrix} = \begin{pmatrix} \frac{5}{12R} & 0 \\ 0 & \frac{3}{10R} \end{pmatrix} \cdot \begin{pmatrix} \underline{U}_1 \\ 10R\,\underline{I}_2 \end{pmatrix} . \tag{7.5.1.22}$$

Ausgeschrieben

$$\underline{I}_1 = \frac{5}{12R} \cdot \underline{U}_1 + 0 \quad \Rightarrow \quad \underline{I}_1 = \underline{\underline{\frac{5\underline{U}_1}{12R}}} ,$$

$$\underline{I}_2 = 0 + \frac{3}{10R} \cdot 10R\,\underline{I}_2 \quad \Rightarrow \quad \underline{I}_2 = \underline{\underline{0}} .$$

Anmerkung *Offenbar ist dies die Abgleichbedingung der Brücke, die ja auch im Zähler der Koeffizienten $\underline{Y}_{12}$ und $\underline{Y}_{21}$ steht.*

Widerstandskombination b

$$\begin{aligned} \underline{Y}_{11} &= \frac{(6R + 2R)(4R + R)}{6R\,2R(4R + R) + 4R\,R(6R + 2R)} = \frac{(8R)(5R)}{12R^2(5R) + 4R^2(8R)} \\ &= \frac{(2R)(5R)}{3R^2(5R) + R^2(8R)} = \frac{10}{15R + 8R} = \underline{\underline{\frac{10}{23R}}} , \end{aligned} \tag{7.5.1.23}$$

$$\underline{Y}_{12} = \frac{6R\,R - 4R\,2R}{6R\,4R(2R + R) + 2R\,R(6R + 4R)} = \frac{-2}{24(3R) + 2(10R)} = \underline{\underline{-\frac{1}{46R}}} , \tag{7.5.1.24}$$

$$\underline{Y}_{21} = \frac{6R\,R - 4R\,2R}{6R\,2R(4R + R) + 4R\,R(6R + 2R)} = \underline{Y}_{12} = \underline{\underline{-\frac{1}{46R}}} , \tag{7.5.1.25}$$

$$\begin{aligned} \underline{Y}_{22} &= \frac{(6R + 4R)(2R + R)}{6R\,4R(2R + R) + 2R\,R(6R + 4R)} = \frac{(10R)(3R)}{24R^2(3R) + 2R^2(10R)} \\ &= \frac{30}{24(3R) + 2(10R)} = \frac{15}{12(3R) + 10R} = \underline{\underline{\frac{15}{46R}}} . \end{aligned} \tag{7.5.1.26}$$

Also ist folgendes Gleichungssystem zu lösen:

$$\begin{pmatrix} \underline{I}_1 \\ \underline{I}_2 \end{pmatrix} = \begin{pmatrix} \frac{10}{23R} & -\frac{1}{46R} \\ -\frac{1}{46R} & \frac{15}{46R} \end{pmatrix} \cdot \begin{pmatrix} \underline{U}_1 \\ 10R\,\underline{I}_2 \end{pmatrix} . \tag{7.5.1.27}$$

Ausgeschrieben:

$$\underline{I}_1 = \frac{10}{23R} \cdot \underline{U}_1 - \frac{1}{46R} \cdot 10R\,\underline{I}_2\,,$$

$$\underline{I}_2 = -\frac{1}{46R} \cdot \underline{U}_1 + \frac{15}{46R} \cdot 10R\,\underline{I}_2 \quad \Rightarrow \quad \underline{I}_2\left(1 - \frac{150}{46}\right) = -\frac{1}{46R} \cdot \underline{U}_1$$

$$\Rightarrow \underline{I}_2\,(-46 + 150)\,R = \underline{U}_1 \quad \Rightarrow \quad \underline{I}_2 = \underline{\underline{\frac{\underline{U}_1}{104R}}}\,,$$

$$\underline{I}_1 = \frac{10}{23R} \cdot \underline{U}_1 - \frac{1}{46R} \cdot 10R\,\frac{\underline{U}_1}{104R} = \left(\frac{10}{23R} - \frac{10}{46 \cdot 104R}\right)\underline{U}_1$$

$$= \left(\frac{10 \cdot 208 - 10}{46 \cdot 104R}\right)\underline{U}_1 = \underline{\underline{\frac{1035\underline{U}_1}{2392R}}}\,.$$

7.5.1.3

Gesucht: Die Vierpolgleichungen der Kettenform (A-Parameter).

Ansatz: Mit Hilfe der Transformationsregeln

$$\underline{A}_{11} = \frac{-\underline{Y}_{22}}{\underline{Y}_{21}}\,, \quad \underline{A}_{12} = \frac{-1}{\underline{Y}_{21}}\,, \quad \underline{A}_{21} = \frac{-\det \boldsymbol{Y}}{\underline{Y}_{21}}\,, \quad \underline{A}_{22} = \frac{-\underline{Y}_{11}}{\underline{Y}_{21}} \tag{7.5.1.28}$$

lässt sich die Y-Parameterform in die A-Parameterform umwandeln. Da alle Nenner der Y-Parameter gleich sind kann die Y-Matrix vereinfacht geschrieben werden als

$$\underline{\boldsymbol{Y}} = \frac{1}{\text{Nenner}} \begin{pmatrix} (\underline{Z}_1 + \underline{Z}_3)(\underline{Z}_2 + \underline{Z}_4) & \underline{Z}_1\,\underline{Z}_4 - \underline{Z}_2\,\underline{Z}_3 \\ \underline{Z}_1\,\underline{Z}_4 - \underline{Z}_2\,\underline{Z}_3 & (\underline{Z}_1 + \underline{Z}_2)(\underline{Z}_3 + \underline{Z}_4) \end{pmatrix} \tag{7.5.1.29}$$

$$\text{mit Nenner} = \underline{Z}_1\,\underline{Z}_2(\underline{Z}_3 + \underline{Z}_4) + \underline{Z}_3\,\underline{Z}_4(\underline{Z}_1 + \underline{Z}_2)\,.$$

Da bei den meisten A-Parametern bei der Umrechnung jeweils zwei Y-Parameter durcheinander geteilt werden, entfällt der Nenner in diesen Fällen bei der Umrechnung.

Bestimmen von $\underline{A}_{11}$:

$$\underline{A}_{11} = -\frac{\underline{Y}_{22}}{\underline{Y}_{21}} = -\frac{(\underline{Z}_1 + \underline{Z}_2)(\underline{Z}_3 + \underline{Z}_4)}{\underline{Z}_1\,\underline{Z}_4 - \underline{Z}_2\,\underline{Z}_3} = \underline{\underline{\frac{(\underline{Z}_1 + \underline{Z}_2)(\underline{Z}_3 + \underline{Z}_4)}{\underline{Z}_2\,\underline{Z}_3 - \underline{Z}_1\,\underline{Z}_4}}}\,. \tag{7.5.1.30}$$

Bestimmen von $\underline{A}_{12}$:

$$\underline{A}_{12} = -\frac{1}{\underline{Y}_{21}} = -\frac{\underline{Z}_1\,\underline{Z}_2(\underline{Z}_3 + \underline{Z}_4) + \underline{Z}_3\,\underline{Z}_4(\underline{Z}_1 + \underline{Z}_2)}{\underline{Z}_1\,\underline{Z}_4 - \underline{Z}_2\,\underline{Z}_3}$$

$$= \underline{\underline{\frac{\underline{Z}_1\,\underline{Z}_2(\underline{Z}_3 + \underline{Z}_4) + \underline{Z}_3\,\underline{Z}_4(\underline{Z}_1 + \underline{Z}_2)}{\underline{Z}_2\,\underline{Z}_3 - \underline{Z}_1\,\underline{Z}_4}}}\,. \tag{7.5.1.31}$$

Bestimmen von $\underline{A}_{22}$:

$$\underline{A}_{22} = -\frac{\underline{Y}_{11}}{\underline{Y}_{21}} = -\frac{(\underline{Z}_1 + \underline{Z}_3)(\underline{Z}_2 + \underline{Z}_4)}{\underline{Z}_1\,\underline{Z}_4 - \underline{Z}_2\,\underline{Z}_3} = \underline{\underline{\frac{(\underline{Z}_1 + \underline{Z}_3)(\underline{Z}_2 + \underline{Z}_4)}{\underline{Z}_2\,\underline{Z}_3 - \underline{Z}_1\,\underline{Z}_4}}}\,. \tag{7.5.1.32}$$

Bestimmen von $\underline{A}_{21}$:

$$\underline{A}_{21} = -\frac{\det \underline{\boldsymbol{Y}}}{\underline{Y}_{21}} \tag{7.5.1.33}$$

Nebenrechnung: Berechnung von $\det \underline{\boldsymbol{Y}}$

$$\begin{aligned}\det \underline{\boldsymbol{Y}} &= \underline{Y}_{11}\,\underline{Y}_{22} - \underline{Y}_{12}\,\underline{Y}_{21} = \underline{Y}_{11}\,\underline{Y}_{22} - \underline{Y}_{12}^2 \\ &= \frac{(\underline{Z}_1 + \underline{Z}_3)(\underline{Z}_2 + \underline{Z}_4)(\underline{Z}_1 + \underline{Z}_2)(\underline{Z}_3 + \underline{Z}_4) - (\underline{Z}_1\,\underline{Z}_4 - \underline{Z}_2\,\underline{Z}_3)^2}{(\underline{Z}_1\,\underline{Z}_2(\underline{Z}_3 + \underline{Z}_4) + \underline{Z}_3\,\underline{Z}_4(\underline{Z}_1 + \underline{Z}_2))^2}\,.\end{aligned}$$

Ausmultiplizieren des Zählers ergibt

$$\begin{gathered}(\underline{Z}_1\,\underline{Z}_2 + \underline{Z}_1\,\underline{Z}_4 + \underline{Z}_2\,\underline{Z}_3 + \underline{Z}_3\,\underline{Z}_4)(\underline{Z}_1\,\underline{Z}_3 + \underline{Z}_1\,\underline{Z}_4 + \underline{Z}_2\,\underline{Z}_3 + \underline{Z}_2\,\underline{Z}_4) \\ -(\underline{Z}_1\,\underline{Z}_4)^2 + 2\underline{Z}_1\,\underline{Z}_2\,\underline{Z}_3\,\underline{Z}_4 - (\underline{Z}_2\,\underline{Z}_3)^2\,.\end{gathered}$$

Dieser lässt sich vereinfachen und nach einer längeren Rechnung wird er

$$(\underline{Z}_1 + \underline{Z}_2 + \underline{Z}_3 + \underline{Z}_4)[\underline{Z}_1\,\underline{Z}_2(\underline{Z}_3 + \underline{Z}_4) + \underline{Z}_3\,\underline{Z}_4(\underline{Z}_1 + \underline{Z}_2)]\,.$$

Damit ergibt sich für die Determinante

$$\begin{aligned}\det \underline{\boldsymbol{Y}} &= \frac{(\underline{Z}_1 + \underline{Z}_2 + \underline{Z}_3 + \underline{Z}_4)[\underline{Z}_1\,\underline{Z}_2(\underline{Z}_3 + \underline{Z}_4) + \underline{Z}_3\,\underline{Z}_4(\underline{Z}_1 + \underline{Z}_2)]}{(\underline{Z}_1\,\underline{Z}_2(\underline{Z}_3 + \underline{Z}_4) + \underline{Z}_3\,\underline{Z}_4(\underline{Z}_1 + \underline{Z}_2))^2} \\ &= \frac{\underline{Z}_1 + \underline{Z}_2 + \underline{Z}_3 + \underline{Z}_4}{\underline{Z}_1\,\underline{Z}_3(\underline{Z}_2 + \underline{Z}_4) + \underline{Z}_2\,\underline{Z}_4(\underline{Z}_1 + \underline{Z}_3)}\end{aligned} \tag{7.5.1.34}$$

und der gesuchte Parameter wird schließlich

$$\underline{A}_{21} = -\frac{\det \underline{\boldsymbol{Y}}}{\underline{Y}_{21}} = -\frac{\underline{Z}_1 + \underline{Z}_2 + \underline{Z}_3 + \underline{Z}_4}{\underline{Z}_1\,\underline{Z}_4 - \underline{Z}_2\,\underline{Z}_3} = \underline{\underline{\frac{\underline{Z}_1 + \underline{Z}_2 + \underline{Z}_3 + \underline{Z}_4}{\underline{Z}_2\,\underline{Z}_3 - \underline{Z}_1\,\underline{Z}_4}}}\,. \tag{7.5.1.35}$$

Anmerkung *Offenbar sind alle $\underline{A}$-Parameter singulär, wenn die Abgleichbedingung der Brücke erfüllt ist.*

Alternative Berechnung von $\underline{A}_{21}$

Basierend auf der Definition des Parameters

$$\underline{A}_{21} = \left.\frac{\underline{I}_1}{\underline{U}_2}\right|_{\underline{I}_2=0} \tag{7.5.1.36}$$

ergibt sich die zugehörige Ersatzschaltung in Abbildung 7.26. Damit die Bedingung $\underline{I}_2 = 0$ erfüllt ist, wird der Ausgang (Klemmen c, d) offen gelassen.

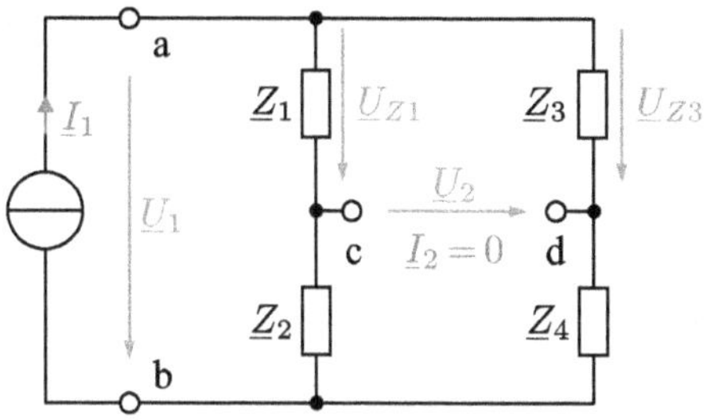

Abb. 7.26: Ersatzschaltung mit Stromquelle $\underline{I}_1$ im Eingang.

Zu berechnen ist daher die Leerlaufspannung zwischen den Klemmen c und d

$$\underline{U}_2 = -\underline{U}_{Z1} + \underline{U}_{Z3} \,, \quad \text{mit} \quad \underline{U}_{Z1} = \underline{I}_{Z1}\,\underline{Z}_1 \,, \quad \underline{U}_{Z3} = \underline{I}_{Z3}\,\underline{Z}_3 \,. \tag{7.5.1.37}$$

Die unbekannten Ströme $\underline{I}_{Z1}$ und $\underline{I}_{Z3}$ können komfortabel über die Stromteilerregel bestimmt werden

$$\frac{\underline{I}_{Z1}}{\underline{I}_1} = \frac{\underline{Z}_{34}}{\underline{Z}_{12} + \underline{Z}_{34}} \,, \quad \frac{\underline{I}_{Z3}}{\underline{I}_1} = \frac{\underline{Z}_{12}}{\underline{Z}_{12} + \underline{Z}_{34}} \,. \tag{7.5.1.38}$$

Mit $\underline{Z}_{12} = \underline{Z}_1 + \underline{Z}_2$ und $\underline{Z}_{34} = \underline{Z}_3 + \underline{Z}_4$ ergibt sich

$$\frac{\underline{U}_2}{\underline{I}_1} = -\frac{(\underline{Z}_3 + \underline{Z}_4)\underline{Z}_1}{\underline{Z}_1 + \underline{Z}_2 + \underline{Z}_3 + \underline{Z}_4} + \frac{(\underline{Z}_1 + \underline{Z}_2)\underline{Z}_3}{\underline{Z}_1 + \underline{Z}_2 + \underline{Z}_3 + \underline{Z}_4} \tag{7.5.1.39}$$

und

$$\frac{\underline{I}_1}{\underline{U}_2} = \underline{\underline{\frac{\underline{Z}_1 + \underline{Z}_2 + \underline{Z}_3 + \underline{Z}_4}{\underline{Z}_2\,\underline{Z}_3 - \underline{Z}_1\,\underline{Z}_4}}} \,. \tag{7.5.1.40}$$

Aufgabe 7.5.2

7.5.2.1

Gesucht: Die Vierpolparameter für die Kettenform allgemein.

Ansatz: Die Schaltung kann in vier elementare Vierpole unterteilt werden (siehe Abbildung 7.27):

$$\underline{\boldsymbol{A}}_1 = \begin{pmatrix} 1 & \underline{Z}_1 \\ 0 & 1 \end{pmatrix} , \quad \underline{\boldsymbol{A}}_2 = \begin{pmatrix} 1 & 0 \\ G_2 & 1 \end{pmatrix} , \quad \underline{\boldsymbol{A}}_3 = \begin{pmatrix} 1 & \underline{Z}_1 \\ 0 & 1 \end{pmatrix} , \quad \underline{\boldsymbol{A}}_4 = \begin{pmatrix} 1 & 0 \\ \underline{Y}_4 & 1 \end{pmatrix} . \tag{7.5.2.1}$$

Die Vierpolparameter berechnen sich dann aus der Multiplikation der Kettenmatrizen der Teilvierpole:

$$\underline{\boldsymbol{A}} = \underline{\boldsymbol{A}}_1 \cdot \underline{\boldsymbol{A}}_2 \cdot \underline{\boldsymbol{A}}_3 \cdot \underline{\boldsymbol{A}}_4 \,. \tag{7.5.2.2}$$

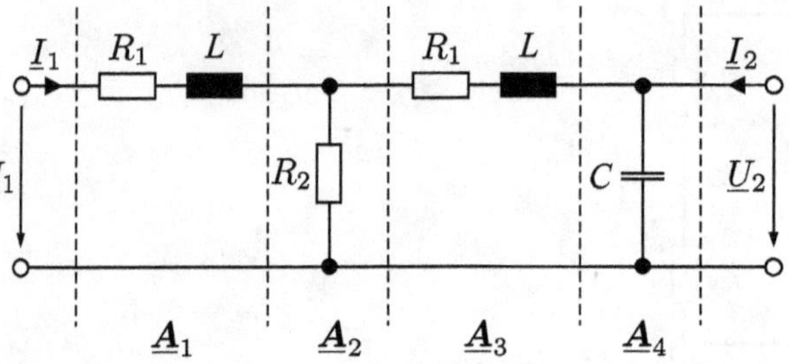

Abb. 7.27: Netzwerk als Kettenschaltung vier elementarer Vierpole.

Berechnung von $\underline{\boldsymbol{A}}$:

$$\underline{\boldsymbol{A}} = \begin{pmatrix} (1 + \underline{Z}_1 \cdot G_2) & \underline{Z}_1 \\ G_2 & 1 \end{pmatrix} \cdot \underline{\boldsymbol{A}}_3 \cdot \underline{\boldsymbol{A}}_4$$

$$= \begin{pmatrix} (1 + \underline{Z}_1 \cdot G_2) & (2\underline{Z}_1 + \underline{Z}_1^2 \cdot G_2) \\ G_2 & (\underline{Z}_1 \cdot G_2 + 1) \end{pmatrix} \cdot \underline{\boldsymbol{A}}_4$$

$$= \begin{pmatrix} (1 + \underline{Z}_1 \cdot G_2 + 2\underline{Z}_1 \cdot \underline{Y}_4 + 2\underline{Z}_1^2 \cdot G_2 \cdot \underline{Y}_4) & (2\underline{Z}_1 + \underline{Z}_1^2 \cdot G_2) \\ (G_2 + \underline{Z}_1 \cdot G_2 \cdot \underline{Y}_4 + \underline{Y}_4) & (\underline{Z}_1 \cdot G_2 + 1) \end{pmatrix} . \tag{7.5.2.3}$$

7.5.2.2

Gesucht: Die Spannung $\underline{U}_2$ und der Strom $\underline{I}_2$.

Gegeben: Die Eingangsspannung $\underline{U}_1 = 5\,\text{V}$, $\omega = 100\,\text{s}^{-1}$, der Widerstand $R_3 = 20\,\Omega$ am Ausgang und folgende Parameter:

$$\underline{Z}_1 = R_1 + \text{j}\omega L = 10\,\Omega + \text{j}5\,\Omega \tag{7.5.2.4}$$

$$\underline{Y}_4 = \text{j}\omega C = \text{j}10\,\text{mS} . \tag{7.5.2.5}$$

Ansatz: Einsetzen der gegebenen Werte in die Parameter-Gleichungen und Lösen des Gleichungssystems

$$\begin{pmatrix} \underline{U}_1 \\ \underline{I}_1 \end{pmatrix} = \begin{pmatrix} \underline{A}_{11} & \underline{A}_{12} \\ \underline{A}_{21} & \underline{A}_{22} \end{pmatrix} \cdot \begin{pmatrix} \underline{U}_2 \\ -\underline{I}_2 \end{pmatrix} . \tag{7.5.2.6}$$

Berechnung der Parameter:

$$\begin{aligned} \underline{A}_{11} &= 1 + \underline{Z}_1 \cdot G_2 + 2\,\underline{Z}_1 \cdot \underline{Y}_4 + 2\underline{Z}_1^2 \cdot G_2 \cdot \underline{Y}_4 \\ &= 1 + (10\,\Omega + \text{j}5\,\Omega) \cdot 50\,\text{mS} + 2\,(10\,\Omega + \text{j}5\,\Omega) \cdot \text{j}10\,\text{mS} \\ &\quad + 2\,(10\,\Omega + \text{j}5\,\Omega)^2 \cdot 50\,\text{mS} \cdot \text{j}10\,\text{mS} \\ &= 1 + 0{,}5 + \text{j}0{,}25 + \text{j}0{,}2 - 0{,}1 + \text{j}0{,}075 - 0{,}01 = \underline{\underline{1{,}39 + \text{j}0{,}525}} , \end{aligned} \tag{7.5.2.7}$$

$$\underline{A}_{12} = 2\underline{Z}_1 + \underline{Z}_1^2 \cdot G_2$$
$$= 2\,(10\,\Omega + \mathrm{j}5\,\Omega) + (10\,\Omega + \mathrm{j}5\,\Omega)^2 \cdot 50\,\mathrm{mS}$$
$$= 20\,\Omega + \mathrm{j}10\,\Omega + 3{,}75\,\Omega + \mathrm{j}5\,\Omega = \underline{\underline{23{,}75\,\Omega + \mathrm{j}15\,\Omega}}\,, \tag{7.5.2.8}$$

$$\underline{A}_{21} = G_2 + \underline{Z}_1 \cdot G_2 \cdot \underline{Y}_4 + \underline{Y}_4$$
$$= 50\,\mathrm{mS} + (10\,\Omega + \mathrm{j}5\,\Omega) \cdot 50\,\mathrm{mS} \cdot \mathrm{j}10\,\mathrm{mS} + \mathrm{j}10\,\mathrm{mS}$$
$$= 50\,\mathrm{mS} + \mathrm{j}5\,\mathrm{mS} - 2{,}5\,\mathrm{mS} + \mathrm{j}10\,\mathrm{mS} = \underline{\underline{47{,}5\,\mathrm{mS} + \mathrm{j}15\,\mathrm{mS}}}\,, \tag{7.5.2.9}$$

$$\underline{A}_{22} = \underline{Z}_1 \cdot G_2 + 1$$
$$= (10\,\Omega + \mathrm{j}5\,\Omega) \cdot 50\,\mathrm{mS} + 1 = \underline{\underline{1{,}5 + \mathrm{j}0{,}25}}\,. \tag{7.5.2.10}$$

Mit $\underline{I}_2 = \underline{U}_2 \cdot G_3$ kann das Gleichungssystem einfach gelöst werden:

$$\begin{pmatrix} \underline{U}_1 \\ \underline{I}_1 \end{pmatrix} = \begin{pmatrix} \underline{A}_{11} & \underline{A}_{12} \\ \underline{A}_{21} & \underline{A}_{22} \end{pmatrix} \cdot \begin{pmatrix} \underline{U}_2 \\ -\underline{U}_2 \cdot G_3 \end{pmatrix} \tag{7.5.2.11}$$

$$\underline{U}_1 = \underline{A}_{11} \cdot \underline{U}_2 - \underline{A}_{12} \cdot \underline{U}_2 \cdot G_3$$
$$\Rightarrow \underline{U}_2 = \frac{\underline{U}_1}{\underline{A}_{11} - \underline{A}_{12} \cdot G_3} = \frac{\underline{U}_1}{1{,}39 + \mathrm{j}0{,}525 - 1{,}1875 + \mathrm{j}0{,}75}$$
$$= \frac{\underline{U}_1}{0{,}2025 + \mathrm{j}1{,}275} \approx \frac{5\,\mathrm{V}}{1{,}291\,\mathrm{e}^{\mathrm{j}1{,}413}} \approx \underline{\underline{3{,}873\,\mathrm{V}\,\mathrm{e}^{-\mathrm{j}1{,}413}}}$$

$$\underline{I}_2 = \underline{U}_2 \cdot G_3 \approx \underline{\underline{0{,}194\,\mathrm{A}\,\mathrm{e}^{-\mathrm{j}1{,}413}}}\,.$$

8 Mehrphasensysteme

8.1 Das Drehstromsystem bei symmetrischer Last

Definition und Rechenregeln für den Drehfaktor $\underline{a}$, die in diesem Kapitel verwendet werden:

$$\boxed{\underline{a} = -\frac{1}{2} + \mathrm{j}\frac{\sqrt{3}}{2} = \mathrm{e}^{\mathrm{j}2/3\pi}\,, \quad \underline{a}^2 = \underline{a}^* = -\frac{1}{2} - \mathrm{j}\frac{\sqrt{3}}{2} = \mathrm{e}^{-\mathrm{j}2/3\pi}\,, \quad \underline{a}^3 = \underline{a}^0 = 1}\,.$$

Aufgabe 8.1.1

8.1.1.1

Gesucht: Spannungen an der Last $\underline{U}_{R1}$, $\underline{U}_{R2}$, $\underline{U}_{R3}$ und Zeichnung der zugehörigen Spannungszeiger.

Gegeben: (a) Last in Sternschaltung, (b) Last in Dreieckschaltung.

Ansatz: Aufgrund des Dreileiternetzes ergeben sich die Drehstrombedingungen:

$$\underline{U}_{01} + \underline{U}_{02} + \underline{U}_{03} = 0\,, \tag{8.1.1.1}$$

$$\underline{I}_1 + \underline{I}_2 + \underline{I}_3 = 0 \tag{8.1.1.2}$$

sowie zusätzlich für symmetrische Lasten

$$\underline{U}_{R1} + \underline{U}_{R2} + \underline{U}_{R3} = 0\,. \tag{8.1.1.3}$$

Aufstellen der Umlaufgleichungen für die beiden Schaltungen in Abbildung 8.1 auf Seite 15.

(a) Last in Sternschaltung

$$-\underline{U}_{01} + \underline{U}_{R1} - \underline{U}_{R2} + \underline{U}_{02} = 0\,, \tag{8.1.1.4}$$

$$-\underline{U}_{02} + \underline{U}_{R2} - \underline{U}_{R3} + \underline{U}_{03} = 0\,. \tag{8.1.1.5}$$

Einsetzen von $\underline{U}_{03} = -\underline{U}_{01} - \underline{U}_{02}$ und $\underline{U}_{R3} = -\underline{U}_{R1} - \underline{U}_{R2}$ in Gleichung (8.1.1.5) ergibt

$$-\underline{U}_{02} + \underline{U}_{R2} + \underline{U}_{R1} + \underline{U}_{R2} - \underline{U}_{01} - \underline{U}_{02} = 0\,.$$

Folgendes Gleichungssystem ist daher zu lösen:

$$\underline{U}_{R1} - \underline{U}_{R2} = \underline{U}_{01} - \underline{U}_{02}\,, \tag{8.1.1.6}$$

$$\underline{U}_{R1} + 2\underline{U}_{R2} = \underline{U}_{01} + 2\underline{U}_{02}\,. \tag{8.1.1.7}$$

https://doi.org/10.1515/9783110672534-010

Gleichung (8.1.1.6) multipliziert mit (−1) und addiert zu Gl. (8.1.1.7) führt auf:

$$
\begin{aligned}
-\underline{U}_{R1} + \underline{U}_{R2} &= -\underline{U}_{01} + \underline{U}_{02} \\
\underline{U}_{R1} + 2\underline{U}_{R2} &= \underline{U}_{01} + 2\underline{U}_{02} \\
\hline
0 + 3\underline{U}_{R2} &= 0 + 3\underline{U}_{02} \quad \Rightarrow \quad \underline{U}_{R2} = \underline{\underline{\underline{U}_{02}}}\,.
\end{aligned}
$$

Einsetzen von $\underline{U}_{R2}$ in Gl. (8.1.1.6) ergibt

$$\underline{U}_{R1} - \underline{U}_{02} = \underline{U}_{01} - \underline{U}_{02} \quad \Rightarrow \quad \underline{U}_{R1} = \underline{\underline{\underline{U}_{01}}}$$

und die Drehstrombedingung liefert

$$\underline{U}_{R3} = -\underline{U}_{01} - \underline{U}_{02} \quad \Rightarrow \quad \underline{U}_{R3} = \underline{\underline{\underline{U}_{03}}}\,.$$

Mit den gegebenen Werten sind dann

$$\underline{U}_{R1} = 230\,\mathrm{V}\,\mathrm{e}^{\mathrm{j}0}\,, \quad \underline{U}_{R2} = 230\,\mathrm{V}\,\mathrm{e}^{\mathrm{j}2/3\pi}\,, \quad \underline{U}_{R3} = 230\,\mathrm{V}\,\mathrm{e}^{-\mathrm{j}2/3\pi}\,.$$

(b) Last in Dreieckschaltung

$$-\underline{U}_{01} + \underline{U}_{R1} + \underline{U}_{02} = 0 \quad \Rightarrow \quad \underline{U}_{R1} = \underline{\underline{\underline{U}_{01} - \underline{U}_{02}}}\,, \tag{8.1.1.8}$$

$$-\underline{U}_{02} + \underline{U}_{R2} + \underline{U}_{03} = 0 \quad \Rightarrow \quad \underline{U}_{R2} = \underline{\underline{\underline{U}_{02} - \underline{U}_{03}}}\,. \tag{8.1.1.9}$$

Die Drehstrombedingung liefert

$$
\begin{aligned}
\underline{U}_{R3} &= -\underline{U}_{R1} - \underline{U}_{R2} \\
&= -(\underline{U}_{01} - \underline{U}_{02}) - (\underline{U}_{02} - \underline{U}_{03}) \quad \Rightarrow \quad \underline{U}_{R3} = \underline{\underline{\underline{U}_{03} - \underline{U}_{01}}}\,.
\end{aligned} \tag{8.1.1.10}
$$

Mit den Drehfaktoren gilt dann

$$
\begin{aligned}
\underline{U}_{R1} &= 230\,\mathrm{V}\cdot(1-\underline{a}) = 230\,\mathrm{V}\cdot\left(1+\frac{1}{2}-\mathrm{j}\frac{\sqrt{3}}{2}\right) = 230\,\mathrm{V}\cdot\left(\frac{3}{2}-\mathrm{j}\frac{\sqrt{3}}{2}\right) \\
&= \underline{\underline{\sqrt{3}\cdot 230\,\mathrm{V}\cdot\left(\frac{\sqrt{3}}{2}-\mathrm{j}\frac{1}{2}\right)}} = \underline{\underline{\sqrt{3}\cdot 230\,\mathrm{V}\,\mathrm{e}^{-\mathrm{j}1/6\pi}}}\,;
\end{aligned}
$$

$$
\begin{aligned}
\underline{U}_{R2} &= 230\,\mathrm{V}\cdot(\underline{a}-\underline{a}^2) = 230\,\mathrm{V}\cdot\left(-\frac{1}{2}+\mathrm{j}\frac{\sqrt{3}}{2}+\frac{1}{2}+\mathrm{j}\frac{\sqrt{3}}{2}\right) \\
&= \underline{\underline{230\,\mathrm{V}\cdot(\mathrm{j}\sqrt{3})}} = \underline{\underline{\sqrt{3}\cdot 230\,\mathrm{V}\,\mathrm{e}^{\mathrm{j}1/2\pi}}}\,;
\end{aligned}
$$

$$
\begin{aligned}
\underline{U}_{R3} &= 230\,\mathrm{V}\cdot(\underline{a}^2-1) = 230\,\mathrm{V}\cdot\left(-\frac{1}{2}-\mathrm{j}\frac{\sqrt{3}}{2}-1\right) = 230\,\mathrm{V}\cdot\left(-\frac{3}{2}-\mathrm{j}\frac{\sqrt{3}}{2}\right) \\
&= \underline{\underline{\sqrt{3}\cdot 230\,\mathrm{V}\cdot\left(-\frac{\sqrt{3}}{2}-\mathrm{j}\frac{1}{2}\right)}} = \underline{\underline{\sqrt{3}\cdot 230\,\mathrm{V}\,\mathrm{e}^{-\mathrm{j}5/6\pi}}}\,.
\end{aligned}
$$

Die gesuchten Zeigerdiagramme sind in Abbildung 8.1 dargestellt.

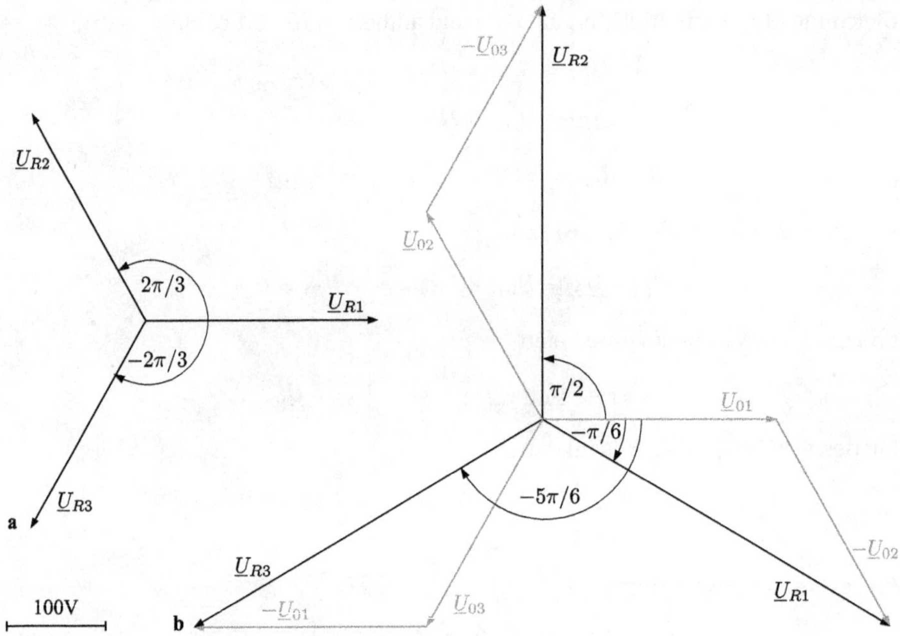

Abb. 8.1: Zeigerdiagramme der Lastspannungen für (a) Stern- und (b) Dreieckschaltung.

8.1.1.2

Gesucht: Lastströme $\underline{I}_{R1}, \underline{I}_{R2}, \underline{I}_{R3}$.

Gegeben: Lastspannungen $\underline{U}_{R1}, \underline{U}_{R2}, \underline{U}_{R3}$.
(a) Last in Sternschaltung, (b) Last in Dreieckschaltung.

Ansatz: Bestimmung der Ströme über das Ohm'sche Gesetz.

(a) Last in Sternschaltung

$$\underline{I}_{R1} = \underline{I}_1 = \frac{\underline{U}_{R1}}{R_1} = \frac{230\,\mathrm{V}\,\mathrm{e}^{\mathrm{j}0}}{5\,\Omega} = \underline{\underline{46\,\mathrm{A}}}\,, \tag{8.1.1.11}$$

$$\underline{I}_{R2} = \underline{I}_2 = \frac{\underline{U}_{R2}}{R_2} = \frac{230\,\mathrm{V}\,\mathrm{e}^{\mathrm{j}2/3\pi}}{5\,\Omega} = \underline{\underline{46\,\mathrm{A}\,\mathrm{e}^{\mathrm{j}2/3\pi}}}\,, \tag{8.1.1.12}$$

$$\underline{I}_{R3} = \underline{I}_3 = \frac{\underline{U}_{R3}}{R_3} = \frac{230\,\mathrm{V}\,\mathrm{e}^{-\mathrm{j}2/3\pi}}{5\,\Omega} = \underline{\underline{46\,\mathrm{A}\,\mathrm{e}^{-\mathrm{j}2/3\pi}}}\,. \tag{8.1.1.13}$$

(b) Last in Dreieckschaltung

$$\underline{I}_{R1} = \frac{\underline{U}_{R1}}{R_1} = \frac{\sqrt{3} \cdot 230\,\mathrm{V}\,\mathrm{e}^{-\mathrm{j}\frac{1}{6}\pi}}{5\,\Omega} = \underline{\underline{\sqrt{3} \cdot 46\,\mathrm{A}\,\mathrm{e}^{-\mathrm{j}\frac{1}{6}\pi}}}\,, \tag{8.1.1.14}$$

$$\underline{I}_{R2} = \frac{\underline{U}_{R2}}{R_2} = \frac{\sqrt{3} \cdot 230\,\mathrm{V}\,\mathrm{e}^{\mathrm{j}\frac{1}{2}\pi}}{5\,\Omega} = \underline{\underline{\sqrt{3} \cdot 46\,\mathrm{A}\,\mathrm{e}^{\mathrm{j}\frac{1}{2}\pi}}}\,, \tag{8.1.1.15}$$

$$\underline{I}_{R3} = \frac{\underline{U}_{R3}}{R_3} = \frac{\sqrt{3} \cdot 230\,\mathrm{V}\,\mathrm{e}^{-\mathrm{j}\frac{5}{6}\pi}}{5\,\Omega} = \underline{\underline{\sqrt{3} \cdot 46\,\mathrm{A}\,\mathrm{e}^{-\mathrm{j}\frac{5}{6}\pi}}}\,. \tag{8.1.1.16}$$

8.1.1.3

Gesucht: Leistungen für (a) Stern- und (b) Dreieckschaltung.

Ansatz: Allgemein gilt für die Drehstromleistung

$$\boxed{\underline{S}_{\mathrm{ges}} = \underline{U}_1\,\underline{I}_1^* + \underline{U}_2\,\underline{I}_2^* + \underline{U}_3\,\underline{I}_3^*}\,. \tag{8.1.1.17}$$

und damit für die Gesamtleistung der Lasten

$$\underline{S}_{\mathrm{ges}} = \underline{U}_{R1}\,\underline{I}_{R1}^* + \underline{U}_{R2}\,\underline{I}_{R2}^* + \underline{U}_{R3}\,\underline{I}_{R3}^*\,. \tag{8.1.1.18}$$

(a) Last in Sternschaltung

$$\begin{aligned}\underline{S}_{\mathrm{ges}} &= 230\,\mathrm{V} \cdot 46\,\mathrm{A} + 230\,\mathrm{V}\,\mathrm{e}^{\mathrm{j}\frac{2}{3}\pi} \cdot 46\,\mathrm{A}\,\mathrm{e}^{-\mathrm{j}\frac{2}{3}\pi} + 230\,\mathrm{V}\,\mathrm{e}^{-\mathrm{j}\frac{2}{3}\pi} \cdot 46\,\mathrm{A}\,\mathrm{e}^{\mathrm{j}\frac{2}{3}\pi}\\ &= 230\,\mathrm{V} \cdot 46\,\mathrm{A} \cdot (1+1+1) = P_{\mathrm{ges}} = \underline{\underline{31{,}74\,\mathrm{kW}}}\,, \quad Q_{\mathrm{ges}} = 0\,.\end{aligned}$$

Andere Möglichkeit der Wirkleistungsberechnung:

$$P_{\mathrm{ges}} = \frac{U_{R1}^2}{R_1} + \frac{U_{R2}^2}{R_2} + \frac{U_{R3}^2}{R_3}\,, \quad U_R^2 = \underline{U}_R\,\underline{U}_R^* \tag{8.1.1.19}$$

$$P_{\mathrm{ges}} = 3\,\frac{U_R^2}{R} = 3\,\frac{(230\,\mathrm{V})^2}{5\,\Omega} = \underline{\underline{31{,}74\,\mathrm{kW}}}\,.$$

(b) Last in Dreieckschaltung

$$\begin{aligned}\underline{S}_{\mathrm{ges}} &= \sqrt{3} \cdot 230\,\mathrm{V}\,\mathrm{e}^{-\mathrm{j}\frac{1}{6}\pi} \cdot \sqrt{3} \cdot 46\,\mathrm{A}\,\mathrm{e}^{\mathrm{j}\frac{1}{6}\pi}\\ &+ \sqrt{3} \cdot 230\,\mathrm{V}\,\mathrm{e}^{\mathrm{j}\frac{1}{2}\pi} \cdot \sqrt{3} \cdot 46\,\mathrm{A}\,\mathrm{e}^{-\mathrm{j}\frac{1}{2}\pi}\\ &+ \sqrt{3} \cdot 230\,\mathrm{V}\,\mathrm{e}^{-\mathrm{j}\frac{5}{6}\pi} \cdot \sqrt{3} \cdot 46\,\mathrm{A}\,\mathrm{e}^{\mathrm{j}\frac{5}{6}\pi}\end{aligned}$$

$$\underline{S}_{\mathrm{ges}} = 3 \cdot 230\,\mathrm{V} \cdot 46\,\mathrm{A} \cdot (1+1+1) = P_{\mathrm{ges}} = \underline{\underline{95{,}22\,\mathrm{kW}}}\,, \quad Q_{\mathrm{ges}} = 0\,.$$

Fazit: $\frac{P_\triangle}{P_\curlywedge} = 3\,,$

d. h. die Leistung in der △-Schaltung ist um den Faktor 3 größer als in der ⅄-Schaltung!

Aufgabe 8.1.2

8.1.2.1

Gesucht: Spannungen an der Last $\underline{U}_{R1}$, $\underline{U}_{R2}$, $\underline{U}_{R3}$ und Zeichnung der zugehörigen Spannungszeiger.

Gegeben: (a) Last in Sternschaltung, (b) Last in Dreieckschaltung.

Ansatz: Aufgrund des Dreileiternetzes ergeben sich wie bei Aufgabe 8.1.1 die Drehstrombedingungen:

$$\underline{U}_{01} + \underline{U}_{02} + \underline{U}_{03} = 0\,, \tag{8.1.2.1}$$

$$\underline{I}_1 + \underline{I}_2 + \underline{I}_3 = 0 \tag{8.1.2.2}$$

sowie zusätzlich für symmetrische Lasten

$$\underline{U}_{R1} + \underline{U}_{R2} + \underline{U}_{R3} = 0\,. \tag{8.1.2.3}$$

Lösung der Aufgabe durch Aufstellen der Maschengleichungen für die beiden Schaltungen in Abbildung 8.2 auf Seite 16.

(a) Last in Sternschaltung

$$-\underline{U}_{01} + \underline{U}_{R1} - \underline{U}_{R2} = 0\,, \tag{8.1.2.4}$$

$$-\underline{U}_{02} + \underline{U}_{R2} - \underline{U}_{R3} = 0\,. \tag{8.1.2.5}$$

Einsetzen von $\underline{U}_{R3} = -\underline{U}_{R1} - \underline{U}_{R2}$ in Gleichung (8.1.2.5) ergibt

$$-\underline{U}_{02} + \underline{U}_{R2} + \underline{U}_{R1} + \underline{U}_{R2} = 0\,.$$

Folgendes Gleichungssystem ist daher zu lösen:

$$\underline{U}_{R1} - \underline{U}_{R2} = \underline{U}_{01}\,, \tag{8.1.2.6}$$

$$\underline{U}_{R1} + 2\underline{U}_{R2} = \underline{U}_{02}\,. \tag{8.1.2.7}$$

Gleichung (8.1.2.6) multipliziert mit (−1) und addiert zu Gl. (8.1.2.7) führt auf:

$$\begin{array}{rcl} -\underline{U}_{R1} + \underline{U}_{R2} &=& -\underline{U}_{01} \\ \underline{U}_{R1} + 2\underline{U}_{R2} &=& \underline{U}_{02} \\ \hline 0 + 3\underline{U}_{R2} &=& -\underline{U}_{01} + \underline{U}_{02} \end{array} \quad \Rightarrow \quad \underline{U}_{R2} = \underline{\underline{\frac{-\underline{U}_{01} + \underline{U}_{02}}{3}}}\,.$$

Einsetzen von $\underline{U}_{R2}$ in Gl. (8.1.2.4) ergibt

$$\underline{U}_{R1} = \underline{U}_{01} + \underline{U}_{R2} = \underline{U}_{01} + \frac{-\underline{U}_{01} + \underline{U}_{02}}{3} \quad \Rightarrow \quad \underline{U}_{R1} = \underline{\underline{\frac{2\underline{U}_{01} + \underline{U}_{02}}{3}}}$$

und die Drehstrombedingung liefert

$$\underline{U}_{R3} = -\frac{2\underline{U}_{01} + \underline{U}_{02}}{3} - \frac{-\underline{U}_{01} + \underline{U}_{02}}{3} \quad \Rightarrow \quad \underline{U}_{R3} = \underline{\underline{\frac{-\underline{U}_{01} - 2\underline{U}_{02}}{3}}} \,.$$

Mit den gegebenen Werten sind dann

$$\underline{U}_{R1} = \frac{400\,\mathrm{V}}{3}\cdot(2+\underline{a}) = \frac{400\,\mathrm{V}}{3}\cdot\left(2-\frac{1}{2}+\mathrm{j}\frac{\sqrt{3}}{2}\right) = \frac{400\,\mathrm{V}}{3}\cdot\left(\frac{3}{2}+\mathrm{j}\frac{\sqrt{3}}{2}\right)$$
$$= \underline{\underline{\frac{400\,\mathrm{V}}{\sqrt{3}}\cdot\left(\frac{\sqrt{3}}{2}+\mathrm{j}\frac{1}{2}\right)}} = \underline{\underline{\frac{400\,\mathrm{V}}{\sqrt{3}}\,\mathrm{e}^{\mathrm{j}\,1/6\,\pi}}}\,;$$

$$\underline{U}_{R2} = \frac{400\,\mathrm{V}}{3}\cdot(-1+\underline{a}) = \frac{400\,\mathrm{V}}{3}\cdot\left(-1-\frac{1}{2}+\mathrm{j}\frac{\sqrt{3}}{2}\right) = \frac{400\,\mathrm{V}}{3}\cdot\left(-\frac{3}{2}+\mathrm{j}\frac{\sqrt{3}}{2}\right)$$
$$= \underline{\underline{\frac{400\,\mathrm{V}}{\sqrt{3}}\cdot\left(-\frac{\sqrt{3}}{2}+\mathrm{j}\frac{1}{2}\right)}} = \underline{\underline{\frac{400\,\mathrm{V}}{\sqrt{3}}\,\mathrm{e}^{\mathrm{j}\,5/6\,\pi}}}\,;$$

$$\underline{U}_{R3} = \frac{400\,\mathrm{V}}{3}\cdot(-1-2\underline{a}) = \frac{400\,\mathrm{V}}{3}\cdot\left(-1-2\left(-\frac{1}{2}+\mathrm{j}\frac{\sqrt{3}}{2}\right)\right) = \frac{400\,\mathrm{V}}{3}\cdot(-\mathrm{j}\sqrt{3})$$
$$= \underline{\underline{\frac{400\,\mathrm{V}}{\sqrt{3}}\cdot(-\mathrm{j})}} = \underline{\underline{\frac{400\,\mathrm{V}}{\sqrt{3}}\,\mathrm{e}^{-\mathrm{j}\,1/2\,\pi}}}\,.$$

(b) Last in Dreieckschaltung

$$\underline{U}_{R1} = \underline{U}_{01} = \underline{\underline{400\,\mathrm{V}\,\mathrm{e}^{\mathrm{j}0}}}\,,$$
$$\underline{U}_{R2} = \underline{U}_{02} = \underline{\underline{400\,\mathrm{V}\,\mathrm{e}^{\mathrm{j}\,2/3\,\pi}}}\,,$$
$$\underline{U}_{R3} = \underline{U}_{03} = \underline{\underline{400\,\mathrm{V}\,\mathrm{e}^{-\mathrm{j}\,2/3\,\pi}}}\,.$$

Die gesuchten Zeigerdiagramme sind in Abbildung 8.2 dargestellt.

8.1.2.2

Gesucht: Lastströme $\underline{I}_{R1}$, $\underline{I}_{R2}$, $\underline{I}_{R3}$.

Gegeben: Lastspannungen $\underline{U}_{R1}$, $\underline{U}_{R2}$, $\underline{U}_{R3}$.
(a) Last in Sternschaltung, (b) Last in Dreieckschaltung.

Ansatz: Bestimmung der Ströme über das Ohm'sche Gesetz.

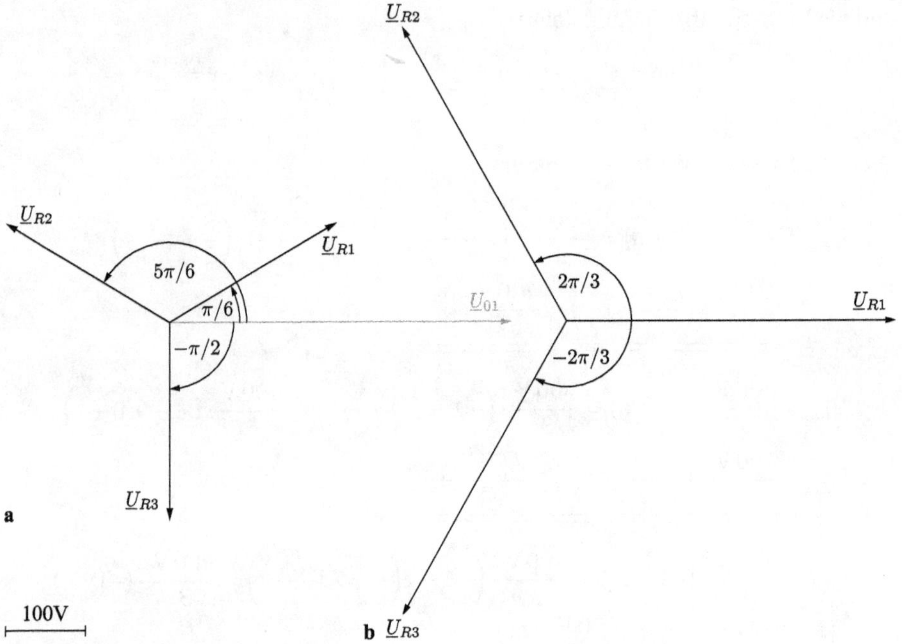

Abb. 8.2: Zeigerdiagramme der Lastspannungen für (a) Stern- und (b) Dreieckschaltung.

(a) Last in Sternschaltung

$$\underline{I}_{R1} = \underline{I}_1 = \frac{\underline{U}_{R1}}{R_1} = \frac{400\,\mathrm{V}\,\mathrm{e}^{\mathrm{j}1/6\pi}}{\sqrt{3}\cdot 5\,\Omega} = \underline{\underline{\frac{80\,\mathrm{A}}{\sqrt{3}}\,\mathrm{e}^{\mathrm{j}1/6\pi}}}\,,$$

$$\underline{I}_{R2} = \underline{I}_2 = \frac{\underline{U}_{R2}}{R_2} = \frac{400\,\mathrm{V}\,\mathrm{e}^{\mathrm{j}5/6\pi}}{\sqrt{3}\cdot 5\,\Omega} = \underline{\underline{\frac{80\,\mathrm{A}}{\sqrt{3}}\,\mathrm{e}^{\mathrm{j}5/6\pi}}}\,,$$

$$\underline{I}_{R3} = \underline{I}_3 = \frac{\underline{U}_{R3}}{R_3} = \frac{400\,\mathrm{V}\,\mathrm{e}^{-\mathrm{j}1/2\pi}}{\sqrt{3}\cdot 5\,\Omega} = \underline{\underline{\frac{80\,\mathrm{A}}{\sqrt{3}}\,\mathrm{e}^{-\mathrm{j}1/2\pi}}}\,.$$

(b) Last in Dreieckschaltung

$$\underline{I}_{R1} = \frac{\underline{U}_{R1}}{R_1} = \frac{400\,\mathrm{V}\,\mathrm{e}^{\mathrm{j}0}}{5\,\Omega} = \underline{\underline{80\,\mathrm{A}}}\,,$$

$$\underline{I}_{R2} = \frac{\underline{U}_{R2}}{R_2} = \frac{400\,\mathrm{V}\,\mathrm{e}^{\mathrm{j}2/3\pi}}{5\,\Omega} = \underline{\underline{80\,\mathrm{A}\,\mathrm{e}^{\mathrm{j}2/3\pi}}}\,,$$

$$\underline{I}_{R3} = \frac{\underline{U}_{R3}}{R_3} = \frac{400\,\mathrm{V}\,\mathrm{e}^{-\mathrm{j}2/3\pi}}{5\,\Omega} = \underline{\underline{80\,\mathrm{A}\,\mathrm{e}^{-\mathrm{j}2/3\pi}}}\,.$$

8.1.2.3

Gesucht: Leistungen für (a) Stern- und (b) Dreieckschaltung.

Ansatz: Allgemein gilt für die Drehstromleistung

$$\boxed{\underline{S}_{\text{ges}} = \underline{U}_1 \underline{I}_1^* + \underline{U}_2 \underline{I}_2^* + \underline{U}_3 \underline{I}_3^*}\ .$$

und damit für die Gesamtleistung der Lasten

$$\underline{S}_{\text{ges}} = \underline{U}_{R1} \underline{I}_{R1}^* + \underline{U}_{R2} \underline{I}_{R2}^* + \underline{U}_{R3} \underline{I}_{R3}^* \,. \tag{8.1.2.8}$$

(a) Last in Sternschaltung

$$\underline{S}_{\text{ges}} = \frac{400\,\text{V}}{\sqrt{3}} \mathrm{e}^{\mathrm{j}^1\!/\!_6\pi} \cdot \frac{80\,\text{A}}{\sqrt{3}} \mathrm{e}^{-\mathrm{j}^1\!/\!_6\pi} + \frac{400\,\text{V}}{\sqrt{3}} \mathrm{e}^{\mathrm{j}^5\!/\!_6\pi} \cdot \frac{80\,\text{A}}{\sqrt{3}} \mathrm{e}^{-\mathrm{j}^5\!/\!_6\pi}$$
$$+ \frac{400\,\text{V}}{\sqrt{3}} \mathrm{e}^{-\mathrm{j}^1\!/\!_2\pi} \cdot \frac{80\,\text{A}}{\sqrt{3}} \mathrm{e}^{\mathrm{j}^1\!/\!_2\pi}$$
$$\underline{S}_{\text{ges}} = \frac{400\,\text{V} \cdot 80\,\text{A}}{3} \cdot (1 + 1 + 1) = P_{\text{ges}} = \underline{\underline{32\,\text{kW}}}\,, \quad Q_{\text{ges}} = 0\,.$$

(b) Last in Dreieckschaltung

$$\underline{S}_{\text{ges}} = 400\,\text{V} \cdot 80\,\text{A} + 400\,\text{V}\,\mathrm{e}^{\mathrm{j}^2\!/\!_3\pi} \cdot 80\,\text{A}\,\mathrm{e}^{-\mathrm{j}^2\!/\!_3\pi} + 400\,\text{V}\,\mathrm{e}^{-\mathrm{j}^2\!/\!_3\pi} \cdot 80\,\text{A}\,\mathrm{e}^{\mathrm{j}^2\!/\!_3\pi}$$
$$= 400\,\text{V} \cdot 80\,\text{A} \cdot (1 + 1 + 1) = P_{\text{ges}} = \underline{\underline{96\,\text{kW}}}\,, \quad Q_{\text{ges}} = 0\,.$$

Wie zuvor ist auch hier $\frac{P_\triangle}{P_\curlywedge} = 3$.

Aufgabe 8.1.3

8.1.3.1

Gegeben: Symmetrisches Drehstromsystem mit

$$\underline{U}_{01} = \underline{U}_0, \quad \underline{U}_{02} = \underline{\mathrm{a}}\,\underline{U}_0, \quad \underline{U}_{03} = \underline{\mathrm{a}}^2 \underline{U}_0\,,$$

allgemeine Werte der Impedanzen $\underline{Z}_1$, $\underline{Z}_2$ und $\underline{Z}_3$. Die Schaltungen a und b in Abbildung 8.3 auf Seite 16.

Gesucht: Die komplexen Werte der Ströme $\underline{I}_1$, $\underline{I}_2$ und $\underline{I}_3$ in allgemeiner Form für die Sternschaltung a der Lasten.

Ansatz a: Aufstellen der Kirchhoff'schen Gleichungen (siehe hierzu Abbildung 8.3)

$$\text{I} : 0 = \underline{I}_1\underline{Z}_1 - \underline{I}_2\underline{Z}_2 + \underline{U}_{02} - \underline{U}_{01}\,, \tag{8.1.3.1}$$

$$\text{II} : 0 = \underline{I}_2\underline{Z}_2 - \underline{I}_3\underline{Z}_3 + \underline{U}_{03} - \underline{U}_{02}\,, \tag{8.1.3.2}$$

$$\text{A} : 0 = \underline{I}_1 + \underline{I}_2 + \underline{I}_3\,. \tag{8.1.3.3}$$

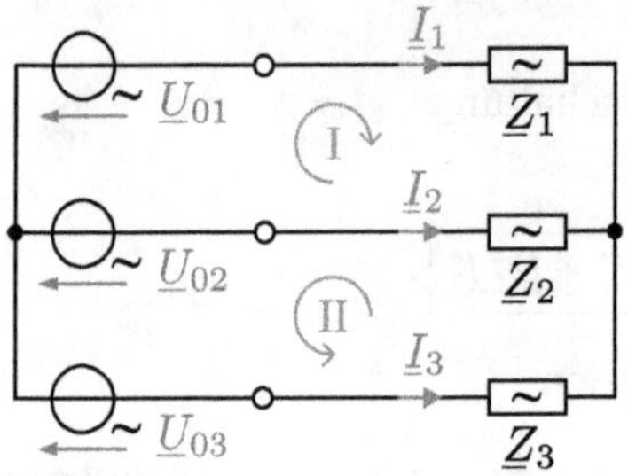

Abb. 8.3: Umläufe und Knoten zur Bestimmung der gesuchten Ströme $\underline{I}_1$, $\underline{I}_2$ und $\underline{I}_3$ von Schaltung a.

Ersetzen des Stroms $\underline{I}_2 = -\underline{I}_1 - \underline{I}_3$ in beiden Umlaufgleichungen führt auf das Gleichungssystem

$$\begin{pmatrix} \underline{Z}_1 + \underline{Z}_2 & \underline{Z}_2 \\ \underline{Z}_2 & \underline{Z}_2 + \underline{Z}_3 \end{pmatrix} \cdot \begin{pmatrix} \underline{I}_1 \\ \underline{I}_3 \end{pmatrix} = \begin{pmatrix} \underline{U}_{01} - \underline{U}_{02} \\ \underline{U}_{03} - \underline{U}_{02} \end{pmatrix} . \tag{8.1.3.4}$$

Lösung z. B. mit der Cramer'schen Regel

$$\underline{I}_1 = \frac{\begin{vmatrix} \underline{U}_{01} - \underline{U}_{02} & \underline{Z}_2 \\ \underline{U}_{03} - \underline{U}_{02} & \underline{Z}_2 + \underline{Z}_3 \end{vmatrix}}{\begin{vmatrix} \underline{Z}_1 + \underline{Z}_2 & \underline{Z}_2 \\ \underline{Z}_2 & \underline{Z}_2 + \underline{Z}_3 \end{vmatrix}} = \frac{(\underline{U}_{01} - \underline{U}_{02})(\underline{Z}_2 + \underline{Z}_3) - \underline{Z}_2(\underline{U}_{03} - \underline{U}_{02})}{(\underline{Z}_1 + \underline{Z}_2)(\underline{Z}_2 + \underline{Z}_3) - \underline{Z}_2^2}$$

$$\underline{I}_1 = \underline{\underline{\frac{(\underline{U}_{01} - \underline{U}_{03})\underline{Z}_2 + (\underline{U}_{01} - \underline{U}_{02})\underline{Z}_3}{\underline{Z}_1\underline{Z}_2 + \underline{Z}_1\underline{Z}_3 + \underline{Z}_2\underline{Z}_3}}} ,$$

$$\underline{I}_3 = \frac{\begin{vmatrix} \underline{Z}_1 + \underline{Z}_2 & \underline{U}_{01} - \underline{U}_{02} \\ \underline{Z}_2 & \underline{U}_{03} - \underline{U}_{02} \end{vmatrix}}{\begin{vmatrix} \underline{Z}_1 + \underline{Z}_2 & \underline{Z}_2 \\ \underline{Z}_2 & \underline{Z}_2 + \underline{Z}_3 \end{vmatrix}} = \frac{(\underline{Z}_1 + \underline{Z}_2)(\underline{U}_{03} - \underline{U}_{02}) - (\underline{U}_{01} - \underline{U}_{02})\underline{Z}_2}{(\underline{Z}_1 + \underline{Z}_2)(\underline{Z}_2 + \underline{Z}_3) - \underline{Z}_2^2}$$

$$\underline{I}_3 = \underline{\underline{\frac{(\underline{U}_{03} - \underline{U}_{02})\underline{Z}_1 + (\underline{U}_{03} - \underline{U}_{01})\underline{Z}_2}{\underline{Z}_1\underline{Z}_2 + \underline{Z}_1\underline{Z}_3 + \underline{Z}_2\underline{Z}_3}}} ,$$

$$\begin{aligned} \underline{I}_2 &= -\underline{I}_1 - \underline{I}_3 \\ &= -\frac{(\underline{U}_{01} - \underline{U}_{03})\underline{Z}_2 + (\underline{U}_{01} - \underline{U}_{02})\underline{Z}_3 + (\underline{U}_{03} - \underline{U}_{02})\underline{Z}_1 + (\underline{U}_{03} - \underline{U}_{01})\underline{Z}_2}{\underline{Z}_1\underline{Z}_2 + \underline{Z}_1\underline{Z}_3 + \underline{Z}_2\underline{Z}_3} \end{aligned}$$

$$\underline{I}_2 = \underline{\underline{\frac{(\underline{U}_{02} - \underline{U}_{03})\underline{Z}_1 + (\underline{U}_{02} - \underline{U}_{01})\underline{Z}_3}{\underline{Z}_1\underline{Z}_2 + \underline{Z}_1\underline{Z}_3 + \underline{Z}_2\underline{Z}_3}}} .$$

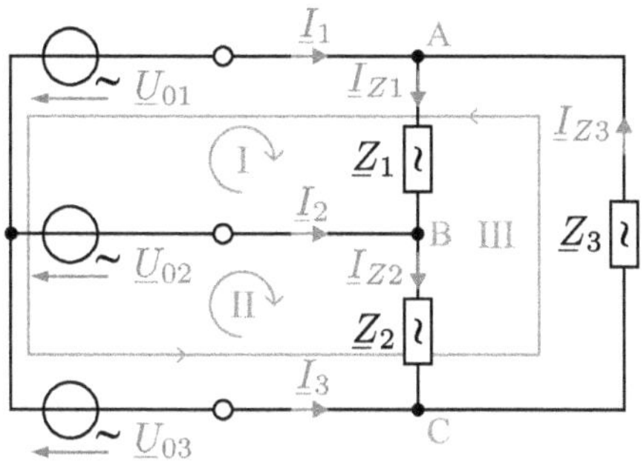

Abb. 8.4: Umläufe und Knoten zur Bestimmung der gesuchten Ströme $\underline{I}_1$, $\underline{I}_2$ und $\underline{I}_3$ von Schaltung b.

Gesucht: Die komplexen Werte der Ströme $\underline{I}_1$, $\underline{I}_2$ und $\underline{I}_3$ in allgemeiner Form für die Dreieckschaltung b der Lasten.

Ansatz b: Aufstellen der drei Umlaufgleichungen und der drei Knotengleichungen (siehe Abbildung 8.4)

$$\text{I} : 0 = \underline{I}_{Z1}\underline{Z}_1 - \underline{U}_{01} + \underline{U}_{02}\,, \qquad \text{A} : 0 = \underline{I}_1 - \underline{I}_{Z1} + \underline{I}_{Z3}\,, \qquad (8.1.3.5)$$

$$\text{II} : 0 = \underline{I}_{Z2}\underline{Z}_2 - \underline{U}_{02} + \underline{U}_{03}\,, \qquad \text{B} : 0 = \underline{I}_2 - \underline{I}_{Z2} + \underline{I}_{Z1}\,, \qquad (8.1.3.6)$$

$$\text{III} : 0 = \underline{I}_{Z3}\underline{Z}_3 - \underline{U}_{03} + \underline{U}_{01}\,, \qquad \text{C} : 0 = \underline{I}_3 - \underline{I}_{Z3} + \underline{I}_{Z2}\,. \qquad (8.1.3.7)$$

Dies führt auf die Gleichungen

$$\underline{I}_{Z1} = \frac{\underline{U}_{01} - \underline{U}_{02}}{\underline{Z}_1}\,, \qquad \underline{I}_1 = \underline{I}_{Z1} - \underline{I}_{Z3}\,, \qquad (8.1.3.8)$$

$$\underline{I}_{Z2} = \frac{\underline{U}_{02} - \underline{U}_{03}}{\underline{Z}_2}\,, \qquad \underline{I}_2 = \underline{I}_{Z2} - \underline{I}_{Z1}\,, \qquad (8.1.3.9)$$

$$\underline{I}_{Z3} = \frac{\underline{U}_{03} - \underline{U}_{01}}{\underline{Z}_3}\,, \qquad \underline{I}_3 = \underline{I}_{Z3} - \underline{I}_{Z2}\,. \qquad (8.1.3.10)$$

Die gesuchten Ströme ergeben sich damit zu

$$\underline{I}_1 = \frac{\underline{U}_{01} - \underline{U}_{02}}{\underline{Z}_1} - \frac{\underline{U}_{03} - \underline{U}_{01}}{\underline{Z}_3} = \underline{\underline{\frac{\underline{U}_0(1 - \underline{a})}{\underline{Z}_1} + \frac{\underline{U}_0(1 - \underline{a}^2)}{\underline{Z}_3}}}\,,$$

$$\underline{I}_2 = \frac{\underline{U}_{02} - \underline{U}_{03}}{\underline{Z}_2} - \frac{\underline{U}_{01} - \underline{U}_{02}}{\underline{Z}_1} = \underline{\underline{\frac{\underline{U}_0(\underline{a} - \underline{a}^2)}{\underline{Z}_2} + \frac{\underline{U}_0(\underline{a} - 1)}{\underline{Z}_1}}}\,,$$

$$\underline{I}_3 = \frac{\underline{U}_{03} - \underline{U}_{01}}{\underline{Z}_3} - \frac{\underline{U}_{02} - \underline{U}_{03}}{\underline{Z}_2} = \underline{\underline{\frac{\underline{U}_0(\underline{a}^2 - 1)}{\underline{Z}_3} + \frac{\underline{U}_0(\underline{a}^2 - \underline{a})}{\underline{Z}_2}}}\,.$$

8.1.3.2

Gesucht: Jeweils für Die Schaltungen a und b in Abbildung 8.3 auf Seite 16: die komplexe Scheinleistung $\underline{S}_{ges}$, die Wirkleistung P_{ges} und die Blindleistung Q_{ges}.

Gegeben: Allgemeine Gleichungen der Ströme sowie symmetrisches Drehstromsystem mit $\underline{U}_{01} = \underline{U}_0$, $\underline{U}_{02} = \underline{a}\,\underline{U}_0$, $\underline{U}_{03} = \underline{a}^2\underline{U}_0$, allgemeine Werte der Impedanzen $\underline{Z}_1 = \underline{Z}_2 = \underline{Z}_3 = R + jX$.
(a) Last in Sternschaltung, (b) Last in Dreieckschaltung.

Ansatz: Für die komplexe Scheinleistung im Drehstromsystem gilt allgemein bei Quellen in Sternschaltung

$$\boxed{\underline{S}_{ges} = \underline{U}_{01}\,\underline{I}_1^* + \underline{U}_{02}\,\underline{I}_2^* + \underline{U}_{03}\,\underline{I}_3^*}\,. \tag{8.1.3.11}$$

Das Einsetzen der gegebenen Impedanzen in die allgemeinen Gleichungen der Ströme vereinfacht diese deutlich.

(a) Last in Sternschaltung

$$\underline{I}_1 = \underline{U}_0\,\frac{(1-\underline{a}^2)+(1-\underline{a})}{3(R+jX)} = \underline{U}_0\,\frac{2+1-1-\underline{a}-\underline{a}^2}{3(R+jX)} = \frac{\underline{U}_0}{R+jX}\,,$$

$$\underline{I}_2 = \underline{U}_0\,\frac{(\underline{a}-\underline{a}^2)+(\underline{a}-1)}{3(R+jX)} = \underline{U}_0\,\frac{2\underline{a}+\underline{a}-1-\underline{a}-\underline{a}^2}{3(R+jX)} = \frac{\underline{a}\,\underline{U}_0}{R+jX}\,,$$

$$\underline{I}_3 = \underline{U}_0\,\frac{(\underline{a}^2-\underline{a})+(\underline{a}^2-1)}{3(R+jX)} = \underline{U}_0\,\frac{2\underline{a}^2+\underline{a}^2-1-\underline{a}-\underline{a}^2}{3(R+jX)} = \frac{\underline{a}^2\underline{U}_0}{R+jX}\,.$$

$$\underline{S}_{ges} = \underline{U}_0\left(\frac{\underline{U}_0}{R+jX}\right)^* + \underline{a}\underline{U}_0\left(\frac{\underline{a}\,\underline{U}_0}{R+jX}\right)^* + \underline{a}^2\underline{U}_0\left(\frac{\underline{a}^2\underline{U}_0}{R+jX}\right)^*$$

$$= \underline{U}_0\,\frac{\underline{U}_0^*}{R-jX} + \underline{a}\underline{U}_0\,\frac{\underline{a}^2\underline{U}_0^*}{R-jX} + \underline{a}^2\underline{U}_0\,\frac{\underline{a}\underline{U}_0^*}{R-jX} = \frac{3U_0^2}{R-jX}$$

$$\underline{S}_{ges} = \frac{3U_0^2(R+jX)}{R^2+X^2} = \underline{\underline{\frac{3U_0^2R}{R^2+X^2} + j\,\frac{3U_0^2X}{R^2+X^2}}}\,,$$

$$P_{ges} = \Re\{\underline{S}_{ges}\} = \underline{\underline{\frac{3U_0^2R}{R^2+X^2}}}\,,$$

$$Q_{ges} = \Im\{\underline{S}_{ges}\} = \underline{\underline{\frac{3U_0^2X}{R^2+X^2}}}\,.$$

(b) Last in Dreieckschaltung

$$\underline{I}_1 = \frac{\underline{U}_0(1-\underline{a}+1-\underline{a}^2)}{\underline{Z}} = \frac{3\underline{U}_0}{R+\mathrm{j}X},$$

$$\underline{I}_2 = \frac{\underline{U}_0(\underline{a}-\underline{a}^2+\underline{a}-1)}{\underline{Z}} = \frac{3\underline{a}\underline{U}_0}{R+\mathrm{j}X},$$

$$\underline{I}_3 = \frac{\underline{U}_0(\underline{a}^2-1+\underline{a}^2-\underline{a})}{\underline{Z}} = \frac{3\underline{a}^2\underline{U}_0}{R+\mathrm{j}X}.$$

$$\begin{aligned}\underline{S}_{\mathrm{ges}} &= \underline{U}_0\left(\frac{3\underline{U}_0}{R+\mathrm{j}X}\right)^* + \underline{a}\underline{U}_0\left(\frac{3\underline{a}\underline{U}_0}{R+\mathrm{j}X}\right)^* + \underline{a}^2\underline{U}_0\left(\frac{3\underline{a}^2\underline{U}_0}{R+\mathrm{j}X}\right)^* \\ &= \underline{U}_0\frac{3\underline{U}_0^*}{R-\mathrm{j}X} + \underline{a}\underline{U}_0\frac{3\underline{a}^2\underline{U}_0^*}{R-\mathrm{j}X} + \underline{a}^2\underline{U}_0\frac{3\underline{a}\underline{U}_0^*}{R-\mathrm{j}X} = \frac{9U_0^2}{R-\mathrm{j}X}\end{aligned}$$

$$\underline{S}_{\mathrm{ges}} = \frac{9U_0^2(R+\mathrm{j}X)}{R^2+X^2} = \underline{\underline{\frac{9U_0^2R}{R^2+X^2} + \mathrm{j}\frac{9U_0^2X}{R^2+X^2}}},$$

$$P_{\mathrm{ges}} = \Re\{\underline{S}_{\mathrm{ges}}\} = \underline{\underline{\frac{9U_0^2R}{R^2+X^2}}},$$

$$Q_{\mathrm{ges}} = \Im\{\underline{S}_{\mathrm{ges}}\} = \underline{\underline{\frac{9U_0^2X}{R^2+X^2}}}.$$

8.2 Das Drehstromsystem bei asymmetrischer Last

Aufgabe 8.2.1

8.2.1.1

Gesucht: Die komplexen Ströme $\underline{I}_1, \underline{I}_2, \underline{I}_3$ für allgemeine Werte der Impedanzen $\underline{Z}_1$, $\underline{Z}_2$ und $\underline{Z}_3$.

Gegeben: (a) Last in Sternschaltung, (b) Last in Dreieckschaltung.

Ansatz a: Aufstellen der Umlaufgleichungen und der Knotengleichung der Lastströme anhand Abbildung 8.5 (Umlauf III ist unabhängig von $\underline{I}_1, \underline{I}_2, \underline{I}_3$ und liefert keine Gleichung). Hieraus kann folgendes Gleichungssystem aufgestellt werden:

$$\mathrm{I}\ :\ 0 = \underline{I}_1(\underline{Z}_1+\underline{Z}_2) + \underline{I}_3\underline{Z}_2 - \underline{U}_{01}, \tag{8.2.1.1}$$

$$\mathrm{II}\ :\ 0 = \underline{I}_2\underline{Z}_2 - \underline{I}_3\underline{Z}_3 - \underline{U}_{02}, \tag{8.2.1.2}$$

$$\mathrm{A}\ :\ 0 = \underline{I}_1 + \underline{I}_2 + \underline{I}_3. \tag{8.2.1.3}$$

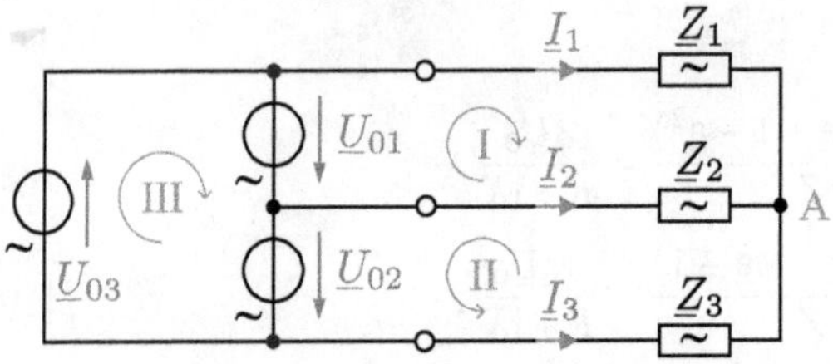

Abb. 8.5: Schaltung mit eingetragenen Lastströmen und zugehörigen Umläufen.

Ersetzen des Stroms $\underline{I}_2 = -\underline{I}_1 - \underline{I}_3$ in beiden Umlaufgleichungen führt auf das Gleichungssystem

$$\begin{pmatrix} \underline{Z}_1 + \underline{Z}_2 & \underline{Z}_2 \\ \underline{Z}_2 & \underline{Z}_2 + \underline{Z}_3 \end{pmatrix} \cdot \begin{pmatrix} \underline{I}_1 \\ \underline{I}_3 \end{pmatrix} = \begin{pmatrix} \underline{U}_{01} \\ -\underline{U}_{02} \end{pmatrix} . \tag{8.2.1.4}$$

Der Strom $\underline{I}_2$ kann dann in einfacher Weise über die Knotengleichung (8.2.1.3) berechnet werden. Mit Hilfe der Cramer'schen Regel ist das Gleichungssystem eindeutig zu lösen:

$$\underline{I}_1 = \frac{\det \boldsymbol{Z}_1}{\det \boldsymbol{Z}} = \frac{\underline{U}_{01}(\underline{Z}_2 + \underline{Z}_3) + \underline{U}_{02}\underline{Z}_2}{(\underline{Z}_1 + \underline{Z}_2)(\underline{Z}_2 + \underline{Z}_3) - \underline{Z}_2^2} = \frac{\underline{U}_{01}\underline{Z}_2 + \underline{U}_{02}\underline{Z}_2 + \underline{U}_{01}\underline{Z}_3}{\underline{Z}_1\underline{Z}_2 + \underline{Z}_2\underline{Z}_3 + \underline{Z}_1\underline{Z}_3} . \tag{8.2.1.5}$$

Trick: wegen $\underline{U}_{01} + \underline{U}_{02} + \underline{U}_{03} = 0$ lässt sich die Gleichung durch Addition des Ausdrucks $\underline{U}_{03}\underline{Z}_2 - \underline{U}_{03}\underline{Z}_2$ vereinfachen

$$\underline{I}_1 = \underline{\underline{\frac{\underline{U}_{01}\underline{Z}_3 - \underline{U}_{03}\underline{Z}_2}{\underline{Z}_1\underline{Z}_2 + \underline{Z}_2\underline{Z}_3 + \underline{Z}_1\underline{Z}_3}}} . \tag{8.2.1.6}$$

Analog ergibt sich

$$\underline{I}_3 = \frac{\det \boldsymbol{Z}_2}{\det \boldsymbol{Z}} = \frac{(\underline{Z}_1 + \underline{Z}_2)(-\underline{U}_{02}) - \underline{Z}_2\underline{U}_{01}}{(\underline{Z}_1 + \underline{Z}_2)(\underline{Z}_2 + \underline{Z}_3) - \underline{Z}_2^2} = \frac{-\underline{Z}_1\underline{U}_{02} - \underline{Z}_2\underline{U}_{02} - \underline{Z}_2\underline{U}_{01}}{\underline{Z}_1\underline{Z}_2 + \underline{Z}_2\underline{Z}_3 + \underline{Z}_1\underline{Z}_3}$$

$$\underline{I}_3 = \underline{\underline{\frac{\underline{U}_{03}\underline{Z}_2 - \underline{U}_{02}\underline{Z}_1}{\underline{Z}_1\underline{Z}_2 + \underline{Z}_2\underline{Z}_3 + \underline{Z}_1\underline{Z}_3}}} . \tag{8.2.1.7}$$

Aus der Knotengleichung wird dann

$$\underline{I}_2 = -(\underline{I}_1 + \underline{I}_3) = -\frac{\underline{U}_{01}\underline{Z}_3 - \underline{U}_{03}\underline{Z}_2 + \underline{U}_{03}\underline{Z}_2 - \underline{U}_{02}\underline{Z}_1}{\underline{Z}_1\underline{Z}_2 + \underline{Z}_2\underline{Z}_3 + \underline{Z}_1\underline{Z}_3}$$

$$= -\frac{\underline{U}_{01}\underline{Z}_3 - \underline{U}_{02}\underline{Z}_1}{\underline{Z}_1\underline{Z}_2 + \underline{Z}_2\underline{Z}_3 + \underline{Z}_1\underline{Z}_3} = \underline{\underline{\frac{\underline{U}_{02}\underline{Z}_1 - \underline{U}_{01}\underline{Z}_3}{\underline{Z}_1\underline{Z}_2 + \underline{Z}_2\underline{Z}_3 + \underline{Z}_1\underline{Z}_3}}} . \tag{8.2.1.8}$$

Ansatz b: Aufstellen der Umlaufgleichungen und der Knotengleichungen der Lastströme anhand Abbildung 8.6. Es ist leicht zu erkennen, dass alle Lastimpedanzen zu den Spannungsquellen direkt parallel geschaltet sind. Die gesuchten Ströme werden dann über die Knotengleichungen berechnet:

$$\text{I} \;:\; 0 = \underline{I}_{Z1}\,\underline{Z}_1 - \underline{U}_{01} \qquad \text{A} \;:\; 0 = \underline{I}_1 - \underline{I}_{Z1} + \underline{I}_{Z3} \tag{8.2.1.9}$$

$$\text{II} \;:\; 0 = \underline{I}_{Z2}\,\underline{Z}_2 - \underline{U}_{02} \qquad \text{B} \;:\; 0 = \underline{I}_2 - \underline{I}_{Z2} + \underline{I}_{Z1} \tag{8.2.1.10}$$

$$\text{III} \;:\; 0 = \underline{I}_{Z3}\,\underline{Z}_3 - \underline{U}_{03} \qquad \text{C} \;:\; 0 = \underline{I}_3 - \underline{I}_{Z3} + \underline{I}_{Z2} \tag{8.2.1.11}$$

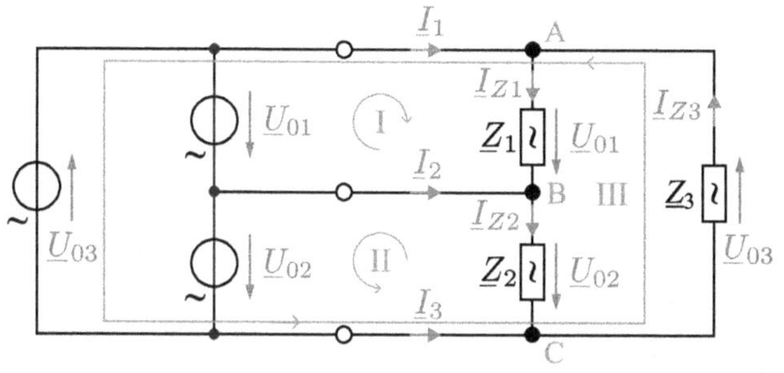

Abb. 8.6: Schaltung mit eingetragenen Lastströmen und zugehörigen Umläufen.

Somit gilt für die Strangströme und für die Leiterströme

$$\underline{I}_{Z1} = \frac{\underline{U}_{01}}{\underline{Z}_1} \qquad \underline{I}_1 = \underline{I}_{Z1} - \underline{I}_{Z3} \qquad \underline{I}_1 = \underline{\underline{\frac{\underline{U}_{01}}{\underline{Z}_1} - \frac{\underline{U}_{03}}{\underline{Z}_3}}}\,, \tag{8.2.1.12}$$

$$\underline{I}_{Z2} = \frac{\underline{U}_{02}}{\underline{Z}_2} \qquad \underline{I}_2 = \underline{I}_{Z2} - \underline{I}_{Z1} \qquad \underline{I}_2 = \underline{\underline{\frac{\underline{U}_{02}}{\underline{Z}_2} - \frac{\underline{U}_{01}}{\underline{Z}_1}}}\,, \tag{8.2.1.13}$$

$$\underline{I}_{Z3} = \frac{\underline{U}_{03}}{\underline{Z}_3} \qquad \underline{I}_3 = \underline{I}_{Z3} - \underline{I}_{Z2} \qquad \underline{I}_3 = \underline{\underline{\frac{\underline{U}_{03}}{\underline{Z}_3} - \frac{\underline{U}_{02}}{\underline{Z}_2}}}\,. \tag{8.2.1.14}$$

8.2.1.2

Gesucht: Die komplexe Scheinleistung $\underline{S}_{\text{ges}}$, die Wirkleistung P_{ges} und die Blindleistung Q_{ges} für $\underline{Z}_1 = R$, $\underline{Z}_2 = \mathrm{j}R$, $\underline{Z}_3 = -\mathrm{j}R$.

Gegeben: (a) Last in Sternschaltung, (b) Last in Dreieckschaltung.

Ansatz a: Einsetzen der Impedanzen in die zuvor berechneten Gleichungen der Lastströme.

$$\underline{I}_1 = \frac{\underline{U}_{01}(-\mathrm{j}R) - \underline{U}_{03}(\mathrm{j}R)}{R(\mathrm{j}R) + (\mathrm{j}R)(-\mathrm{j}R) + R(-\mathrm{j}R)} = \frac{-\mathrm{j}\underline{U}_{01} - \mathrm{j}\underline{U}_{03}}{\mathrm{j}R + R - \mathrm{j}R}$$

$$= \frac{-\mathrm{j}\underline{U}_0 - \mathrm{j}\underline{a}^2\underline{U}_0}{R} = -\frac{\mathrm{j}\underline{U}_0}{R}\left(1 - \frac{1}{2} - \mathrm{j}\frac{\sqrt{3}}{2}\right) = \frac{\underline{U}_0}{R}\left(-\frac{\sqrt{3}}{2} - \mathrm{j}\frac{1}{2}\right), \tag{8.2.1.15}$$

$$\underline{I}_2 = \frac{\underline{U}_{02}(R) - \underline{U}_{01}(-\mathrm{j}R)}{R^2} = \frac{\underline{U}_{02} + \mathrm{j}\underline{U}_{01}}{R} = \frac{\underline{U}_0}{R}(\underline{\mathrm{a}} + \mathrm{j}1)$$

$$= \frac{\underline{U}_0}{R}\left(-\frac{1}{2} + \mathrm{j}\frac{\sqrt{3}}{2} + \mathrm{j}1\right) = \frac{\underline{U}_0}{R}\left(-\frac{1}{2} + \mathrm{j}\frac{2+\sqrt{3}}{2}\right), \tag{8.2.1.16}$$

$$\underline{I}_3 = \frac{\underline{U}_{03}(\mathrm{j}R) - \underline{U}_{02}R}{R^2} = \frac{-\underline{U}_{02} + \mathrm{j}\underline{U}_{03}}{R} = \frac{\underline{U}_0}{R}(-\underline{\mathrm{a}} + \mathrm{j}\underline{\mathrm{a}}^2)$$

$$= \frac{\underline{U}_0}{R}\left(\frac{1}{2} - \mathrm{j}\frac{\sqrt{3}}{2} - \mathrm{j}\frac{1}{2} + \frac{\sqrt{3}}{2}\right) = \frac{\underline{U}_0}{R}\left(\frac{1+\sqrt{3}}{2} - \mathrm{j}\frac{1+\sqrt{3}}{2}\right). \tag{8.2.1.17}$$

Berechnung der komplexen Scheinleistung pro Strang:

$$\underline{S}_1 = \underline{U}_1\underline{I}_1^* = \underline{I}_1\underline{Z}_1\underline{I}_1^* = I_1^2\underline{Z}_1$$

$$= \frac{U_0^2}{R^2}\left(\frac{3}{4} + \frac{1}{4}\right)R = \frac{U_0^2}{R}, \tag{8.2.1.18}$$

$$\underline{S}_2 = \frac{U_0^2}{R^2}\left(\frac{1}{4} + \frac{(2+\sqrt{3})^2}{4}\right)(\mathrm{j}R) = \mathrm{j}\frac{U_0^2}{R}\left(\frac{1}{4} + \frac{7+4\sqrt{3}}{4}\right)$$

$$= \mathrm{j}\frac{U_0^2}{R}(2+\sqrt{3}), \tag{8.2.1.19}$$

$$\underline{S}_3 = \frac{U_0^2}{R^2}\left(\frac{(1+\sqrt{3})^2}{4} + \frac{(1+\sqrt{3})^2}{4}\right)(-\mathrm{j}R) = -\mathrm{j}\frac{U_0^2}{2R}(4+2\sqrt{3})$$

$$= -\mathrm{j}\frac{U_0^2}{R}(2+\sqrt{3}). \tag{8.2.1.20}$$

Berechnung der gesamten komplexen Scheinleistung

$$\underline{S}_{\text{ges}} = \underline{S}_1 + \underline{S}_2 + \underline{S}_3 = \frac{U_0^2}{R} + \mathrm{j}\frac{U_0^2}{R}(2+\sqrt{3}) - \mathrm{j}\frac{U_0^2}{R}(2+\sqrt{3}) = \underline{\underline{\frac{U_0^2}{R}}} \tag{8.2.1.21}$$

$$\Rightarrow P_{\text{ges}} = \underline{\underline{\frac{U_0^2}{R}}}, \quad Q_{\text{ges}} = \underline{\underline{0}}. \tag{8.2.1.22}$$

Ansatz b: Einsetzen der Impedanzen in die zuvor berechneten Gleichungen der Lastströme.

$$\underline{I}_{Z1} = \frac{\underline{U}_0}{R}, \tag{8.2.1.23}$$

$$\underline{I}_{Z2} = \frac{\underline{\mathrm{a}}\underline{U}_0}{\mathrm{j}R} = \frac{\underline{U}_0}{R}(-\mathrm{j}\underline{\mathrm{a}}) = -\mathrm{j}\frac{\underline{U}_0}{R}\left(-\frac{1}{2} + \mathrm{j}\frac{\sqrt{3}}{2}\right) = \frac{\underline{U}_0}{R}\left(\frac{\sqrt{3}}{2} + \mathrm{j}\frac{1}{2}\right), \tag{8.2.1.24}$$

$$\underline{I}_{Z3} = \frac{\underline{\mathrm{a}}^2\underline{U}_0}{-\mathrm{j}R} = \frac{\underline{U}_0}{R}(\mathrm{j}\underline{\mathrm{a}}^2) = \mathrm{j}\frac{\underline{U}_0}{R}\left(-\frac{1}{2} - \mathrm{j}\frac{\sqrt{3}}{2}\right) = \frac{\underline{U}_0}{R}\left(\frac{\sqrt{3}}{2} - \mathrm{j}\frac{1}{2}\right). \tag{8.2.1.25}$$

Berechnung der komplexen Scheinleistung pro Strang ($\underline{a}^* = \underline{a}^2$):

$$\underline{S}_1 = \underline{U}_1 \underline{I}^*_{Z1} = \underline{U}_0 \frac{\underline{U}^*_0}{R} = \frac{U_0^2}{R}, \tag{8.2.1.26}$$

$$\underline{S}_2 = \underline{U}_2 \underline{I}^*_{Z2} = \underline{a}\underline{U}_0 \frac{\underline{U}^*_0}{R} (\mathrm{j}\underline{a}^2) = \mathrm{j}\frac{U_0^2}{R}, \tag{8.2.1.27}$$

$$\underline{S}_3 = \underline{U}_3 \underline{I}^*_{Z3} = \frac{\underline{a}^2 U_0^2}{R} (-\mathrm{j}\underline{a}) = -\mathrm{j}\frac{U_0^2}{R}. \tag{8.2.1.28}$$

Berechnung von der gesamten komplexen Scheinleistung

$$\underline{S}_{\text{ges}} = \underline{S}_1 + \underline{S}_2 + \underline{S}_3 = \frac{U_0^2}{R} + \mathrm{j}\frac{U_0^2}{R} - \mathrm{j}\frac{U_0^2}{R} = \underline{\underline{\frac{U_0^2}{R}}} \tag{8.2.1.29}$$

$$\Rightarrow P_{\text{ges}} = \underline{\underline{\frac{U_0^2}{R}}}, \quad Q_{\text{ges}} = \underline{\underline{0}}. \tag{8.2.1.30}$$

Aufgabe 8.2.2

8.2.2.1

Gesucht: Die komplexen Lastströme $\underline{I}_{Z_1}$, $\underline{I}_{Z_2}$ und $\underline{I}_{Z_3}$ allgemein und mit den in Abbildung 8.5 auf Seite 18 gegebenen Impedanzen.

Ansatz: Alle Ströme können direkt über das Ohm'sche Gesetz berechnet werden:

$$\underline{I}_{Z1} = \frac{\underline{U}_{01}}{\underline{Z}_1} = \underline{\underline{\frac{\underline{U}_0}{\mathrm{j}\omega L}}}, \tag{8.2.2.1}$$

$$\underline{I}_{Z2} = \frac{\underline{U}_{02}}{\underline{Z}_2} = \underline{\underline{\underline{a}\underline{U}_0\,\mathrm{j}\omega C}}, \tag{8.2.2.2}$$

$$\underline{I}_{Z3} = \frac{\underline{U}_{03}}{\underline{Z}_3} = \underline{\underline{\frac{\underline{a}^2 \underline{U}_0}{R}}}. \tag{8.2.2.3}$$

8.2.2.2

Gesucht: Die Gleichungen zur Berechnung der komplexen Leiterströme $\underline{I}_1$, $\underline{I}_2$ und $\underline{I}_3$ in Abhängigkeit von den Lastströmen in allgemeiner Form.

Ansatz: Aus den Knotengleichungen ergeben sich

$$\underline{I}_1 + \underline{I}_{Z3} - \underline{I}_{Z1} = 0 \quad \Rightarrow \quad \underline{I}_1 = \underline{\underline{\underline{I}_{Z1} - \underline{I}_{Z3}}}, \tag{8.2.2.4}$$

$$\underline{I}_2 + \underline{I}_{Z1} - \underline{I}_{Z2} = 0 \quad \Rightarrow \quad \underline{I}_2 = \underline{\underline{\underline{I}_{Z2} - \underline{I}_{Z1}}}, \tag{8.2.2.5}$$

$$\underline{I}_3 + \underline{I}_{Z2} - \underline{I}_{Z3} = 0 \quad \Rightarrow \quad \underline{I}_3 = \underline{\underline{\underline{I}_{Z3} - \underline{I}_{Z2}}}. \tag{8.2.2.6}$$

8.2.2.3

Gesucht: Die Ströme $\underline{I}_1, \underline{I}_2$ und $\underline{I}_3$ für $|\underline{Z}_2| = 2|\underline{Z}_1|$ und $|\underline{Z}_3| = 3|\underline{Z}_1|$.

Ansatz: Aus den gegebenen Beträgen der Impedanzen ergibt sich

$$\frac{1}{\omega C} = 2\omega L\,, \quad R = 3\omega L\,. \tag{8.2.2.7}$$

Damit werden die Strangströme

$$\underline{I}_{Z1} = \frac{\underline{U}_0}{\mathrm{j}\omega L}\,, \quad \underline{I}_{Z2} = \frac{\mathrm{j}\underline{a}\underline{U}_0}{2\omega L}\,, \quad \underline{I}_{Z3} = \frac{\underline{a}^2\underline{U}_0}{3\omega L}\,. \tag{8.2.2.8}$$

Mit diesen Werten ergeben sich die Leiterströme

$$\begin{aligned}\underline{I}_1 &= \frac{\underline{U}_0}{\mathrm{j}\omega L} - \frac{\underline{a}^2\underline{U}_0}{3\omega L} = \frac{\underline{U}_0}{3\omega L}\left[-\mathrm{j}3 - \underline{a}^2\right] = \frac{\underline{U}_0}{3\omega L}\left[-\mathrm{j}3 - \left(-\frac{1}{2} - \mathrm{j}\frac{\sqrt{3}}{2}\right)\right]\\ &= \underline{\underline{\frac{\underline{U}_0(1 + \mathrm{j}(\sqrt{3} - 6))}{6\omega L}}}\,,\end{aligned} \tag{8.2.2.9}$$

$$\begin{aligned}\underline{I}_2 &= \frac{\mathrm{j}\underline{a}\underline{U}_0}{2\omega L} - \frac{\underline{U}_0}{\mathrm{j}\omega L} = \mathrm{j}\frac{\underline{U}_0}{2\omega L}\left[\underline{a} + 2\right] = \mathrm{j}\frac{\underline{U}_0}{2\omega L}\left[2 - \frac{1}{2} + \mathrm{j}\frac{\sqrt{3}}{2}\right]\\ &= \underline{\underline{\frac{\underline{U}_0(-\sqrt{3} + \mathrm{j}3)}{4\omega L}}}\,,\end{aligned} \tag{8.2.2.10}$$

$$\begin{aligned}\underline{I}_3 &= \frac{\underline{a}^2\underline{U}_0}{3\omega L} - \frac{\mathrm{j}\underline{a}\underline{U}_0}{2\omega L} = \frac{\underline{U}_0}{6\omega L}\left[2\underline{a}^2 - \mathrm{j}3\underline{a}\right] = \frac{\underline{U}_0}{6\omega L}\left[-\frac{1}{2} - \mathrm{j}\frac{\sqrt{3}}{2} - \frac{1}{2} + \mathrm{j}\frac{\sqrt{3}}{2}\right]\\ &= \underline{\underline{\frac{\underline{U}_0}{12\omega L}(3\sqrt{3} - 2 + \mathrm{j}(3 - 2\sqrt{3}))}}\,.\end{aligned} \tag{8.2.2.11}$$

8.2.2.4

Gesucht: Die abgegebene Wirkleistung P_{ges}.

Ansatz: Es gibt nur einen Wirkwiderstand $\underline{Z}_3 = R$ in der Schaltung, daher gilt

$$P_{\mathrm{ges}} = \underline{S}_3\,. \tag{8.2.2.12}$$

Mit gegebenen Werten ($R = 3\omega L$) wird

$$P_{\mathrm{ges}} = \underline{U}_{03}\underline{I}^*_{Z3} = I^2_{Z3}R = \frac{U_0^2}{R^2}R = \underline{\underline{\frac{U_0^2}{3\omega L}}}\,. \tag{8.2.2.13}$$

Aufgabe 8.2.3

8.2.3.1

Gesucht: Die Gleichungen zur Berechnung der komplexen Lastströme $\underline{I}_{Z1}$, $\underline{I}_{Z2}$ und $\underline{I}_{Z3}$ in allgemeiner Form.

Ansatz: Aufstellen der Umlaufgleichungen mit den Lastströmen $\underline{I}_{Z,k}$, $(k = 1, 2, 3)$ nach Abbildung 8.7

$$\text{I} \;:\; \underline{U}_{02} - \underline{U}_{01} + \underline{I}_{Z1}\,\underline{Z}_1 = 0\,, \tag{8.2.3.1}$$

$$\text{II} \;:\; \underline{U}_{03} - \underline{U}_{02} + \underline{I}_{Z2}\,\underline{Z}_2 = 0\,, \tag{8.2.3.2}$$

$$\text{III} \;:\; \underline{U}_{01} - \underline{U}_{03} + \underline{I}_{Z3}\,\underline{Z}_3 = 0\,. \tag{8.2.3.3}$$

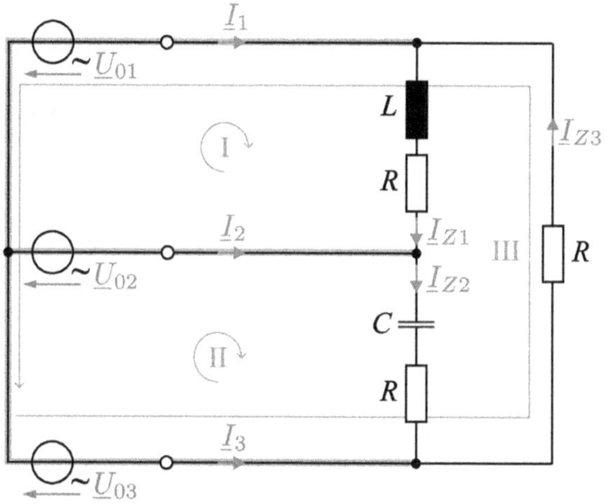

Abb. 8.7: Umläufe zur Bestimmung der Ströme $\underline{I}_{Z1}$, $\underline{I}_{Z2}$ und $\underline{I}_{Z3}$.

Aus den Umlaufgleichungen ergeben sich direkt:

$$\underline{I}_{Z1} = \underline{\underline{\frac{\underline{U}_{01} - \underline{U}_{02}}{\underline{Z}_1}}}\,, \qquad \underline{I}_{Z2} = \underline{\underline{\frac{\underline{U}_{02} - \underline{U}_{03}}{\underline{Z}_2}}}\,, \qquad \underline{I}_{Z3} = \underline{\underline{\frac{\underline{U}_{03} - \underline{U}_{01}}{\underline{Z}_3}}}\,. \tag{8.2.3.4}$$

8.2.3.2

Gesucht: Die Lastströme für die gegebenen Werte, in Polar-Koordinaten.

Gegeben: Symmetrisches Drehstromsystem mit

$$\underline{U}_{01} = \underline{U}_0, \quad \underline{U}_{02} = \underline{a}^2\,\underline{U}_0, \quad \underline{U}_{03} = \underline{a}\underline{U}_0\,,$$

Werte der Impedanzen $\underline{Z}_1 = R + \mathrm{j}R$, $\underline{Z}_2 = R - \mathrm{j}R$ und $\underline{Z}_3 = R$.

Ansatz: Einsetzen der gegebenen Spannungen und Impedanzen in die Gleichungen von (8.2.3.4).

$$\underline{I}_{Z1} = \frac{\underline{U}_0(1-\underline{a}^2)}{R(1+j)} = \frac{\underline{U}_0}{R}\,\frac{1-\left(-1/2-j\sqrt{3}/2\right)}{(1+j)} = \frac{\underline{U}_0}{R}\,\frac{3/2+j\sqrt{3}/2}{(1+j)}$$

$$= \frac{\sqrt{3}\,\underline{U}_0}{R}\,\frac{\sqrt{3}/2+j1/2}{(1+j)} = \frac{\sqrt{3}\,\underline{U}_0}{\sqrt{2}\,R}\,\frac{e^{j1/6\pi}}{e^{j1/4\pi}} = \underline{\underline{\sqrt{\frac{3}{2}}\,\frac{\underline{U}_0}{R}\,e^{-j1/12\pi}}}\,, \tag{8.2.3.5}$$

$$\underline{I}_{Z2} = \frac{\underline{U}_0(\underline{a}^2-\underline{a})}{R(1-j)} = \frac{\underline{U}_0}{R}\,\frac{-1/2-j\sqrt{3}/2-\left(-1/2+j\sqrt{3}/2\right)}{1-j} = \frac{\underline{U}_0}{R}\,\frac{-j\sqrt{3}}{1-j}$$

$$= \frac{\sqrt{3}\,\underline{U}_0}{\sqrt{2}\,R}\,\frac{e^{-j1/2\pi}}{e^{-j1/4\pi}} = \underline{\underline{\sqrt{\frac{3}{2}}\,\frac{\underline{U}_0}{R}\,e^{-j1/4\pi}}}\,, \tag{8.2.3.6}$$

$$\underline{I}_{Z3} = \frac{\underline{U}_0(\underline{a}-1)}{R}$$

$$= \frac{\underline{U}_0}{R}\,\frac{-1/2+j\sqrt{3}/2-1}{1} = \frac{\underline{U}_0}{R}\,\frac{-3/2+j\sqrt{3}/2}{1} = \underline{\underline{\frac{\sqrt{3}\,\underline{U}_0}{R}\,e^{j5/6\pi}}}\,. \tag{8.2.3.7}$$

8.2.3.3

Gesucht: Die Gleichungen zur Berechnung der Leiterströme $\underline{I}_1$, $\underline{I}_2$ und $\underline{I}_3$.

Ansatz: Knotengleichungen zur Berechnung der Leiterströme:

$$A:\ \underline{I}_1+\underline{I}_{Z3}-\underline{I}_{Z1}=0 \quad\Rightarrow\quad \underline{I}_1=\underline{\underline{\underline{I}_{Z1}-\underline{I}_{Z3}}}\,, \tag{8.2.3.8}$$

$$B:\ \underline{I}_2+\underline{I}_{Z1}-\underline{I}_{Z2}=0 \quad\Rightarrow\quad \underline{I}_2=\underline{\underline{\underline{I}_{Z2}-\underline{I}_{Z1}}}\,, \tag{8.2.3.9}$$

$$C:\ \underline{I}_3+\underline{I}_{Z2}-\underline{I}_{Z3}=0 \quad\Rightarrow\quad \underline{I}_3=\underline{\underline{\underline{I}_{Z3}-\underline{I}_{Z2}}}\,. \tag{8.2.3.10}$$

8.2.3.4

Gesucht: Die Leiterströme mit den gleichen Werten wie in Aufgabenteil 2, diesmal in Rechteck-Koordinaten.

Ansatz: Einsetzen der Gleichungen (8.2.3.4) in die Gleichungen (8.2.3.8) bis (8.2.3.10)

$$\underline{I}_1 = \frac{\underline{U}_0}{R}\left(\frac{1-\underline{a}^2}{1+j}-\frac{\underline{a}-1}{1}\right), \tag{8.2.3.11}$$

$$\underline{I}_2 = \frac{\underline{U}_0}{R}\left(\frac{\underline{a}^2-\underline{a}}{1-j}-\frac{1-\underline{a}^2}{1+j}\right), \tag{8.2.3.12}$$

$$\underline{I}_3 = \frac{\underline{U}_0}{R}\left(\frac{\underline{a}-1}{1}-\frac{\underline{a}^2-\underline{a}}{1-j}\right). \tag{8.2.3.13}$$

$$\underline{I}_1 = \frac{\underline{U}_0}{R}\,\frac{1-\underline{a}^2-(\underline{a}-1)(1+\mathrm{j})}{1+\mathrm{j}} = \frac{\underline{U}_0}{R}\,\frac{1-\underline{a}^2-\underline{a}+1+\mathrm{j}(1-\underline{a})}{1+\mathrm{j}} \tag{8.2.3.14}$$

$$= \frac{\underline{U}_0}{R}\,\frac{3+\mathrm{j}(1-\underline{a})}{1+\mathrm{j}} = \frac{\underline{U}_0}{R}\,\frac{[3+\mathrm{j}(1-\underline{a})](1-\mathrm{j})}{1+1}$$

$$= \frac{\underline{U}_0}{2R}((3+\mathrm{j}-\mathrm{j}\underline{a})(1-\mathrm{j})) = \frac{\underline{U}_0}{2R}(3+\mathrm{j}-\mathrm{j}\underline{a}-\mathrm{j}3+1-\underline{a})$$

$$= \frac{\underline{U}_0}{2R}(4-\underline{a}-\mathrm{j}2-\mathrm{j}\underline{a}) = \frac{\underline{U}_0}{2R}\left(4+\frac{1}{2}-\mathrm{j}\frac{\sqrt{3}}{2}-\mathrm{j}2+\mathrm{j}\frac{1}{2}+\frac{\sqrt{3}}{2}\right)$$

$$= \frac{\underline{U}_0}{4R}\left(8+1-\mathrm{j}\sqrt{3}-4\mathrm{j}+\mathrm{j}+\sqrt{3}\right) = \underline{\underline{\frac{\underline{U}_0}{4R}(9+\sqrt{3}-\mathrm{j}(3+\sqrt{3}))}}, \tag{8.2.3.15}$$

$$\underline{I}_2 = \frac{\underline{U}_0}{R}\left(\frac{\underline{a}^2-\underline{a}}{1-\mathrm{j}}-\frac{1-\underline{a}^2}{1+\mathrm{j}}\right) = \frac{\underline{U}_0}{R}\,\frac{(\underline{a}^2-\underline{a})(1+\mathrm{j})+(\underline{a}^2-1)(1-\mathrm{j})}{2} \tag{8.2.3.16}$$

$$= \frac{\underline{U}_0}{R}\,\frac{\underline{a}^2-\underline{a}+\mathrm{j}\underline{a}^2-\mathrm{j}\underline{a}+\underline{a}^2-1-\mathrm{j}\underline{a}^2+\mathrm{j}}{2} = \frac{\underline{U}_0}{2R}(3\underline{a}^2-\mathrm{j}\underline{a}+\mathrm{j})$$

$$= \frac{\underline{U}_0}{2R}\left(3\left(-\frac{1}{2}-\mathrm{j}\frac{\sqrt{3}}{2}\right)\mathrm{j}\frac{1}{2}+\frac{\sqrt{3}}{2}+\mathrm{j}\right) = \underline{\underline{\frac{\underline{U}_0}{4R}(\sqrt{3}-3+\mathrm{j}(3-3\sqrt{3}))}}, \tag{8.2.3.17}$$

$$\underline{I}_3 = \frac{\underline{U}_0}{R}\left(\frac{\underline{a}-1}{1}-\frac{\underline{a}^2-\underline{a}}{1-\mathrm{j}}\right) = \frac{\underline{U}_0}{R}\left(\frac{2\underline{a}-2}{2}+\frac{(\underline{a}-\underline{a}^2)(1+\mathrm{j})}{2}\right) \tag{8.2.3.18}$$

$$= \frac{\underline{U}_0}{2R}(2\underline{a}-2+\underline{a}-\underline{a}^2+\mathrm{j}(\underline{a}-\underline{a}^2)) = \frac{\underline{U}_0}{2R}(4\underline{a}-1+\mathrm{j}(\underline{a}-\underline{a}^2))$$

$$= \frac{\underline{U}_0}{2R}\left(4\left(-\frac{1}{2}+\mathrm{j}\frac{\sqrt{3}}{2}\right)-1+\mathrm{j}\left(-\frac{1}{2}+\mathrm{j}\frac{\sqrt{3}}{2}+\frac{1}{2}+\mathrm{j}\frac{\sqrt{3}}{2}\right)\right)$$

$$= \frac{\underline{U}_0}{2R}(-2+\mathrm{j}2\sqrt{3}-1-\sqrt{3}) = \underline{\underline{\frac{\underline{U}_0}{2R}(-3-\sqrt{3}+\mathrm{j}2\sqrt{3})}}. \tag{8.2.3.19}$$

Nach dieser aufwendigen Rechnung hier eine kurze Ergebniskontrolle. Es muss gelten $\underline{I}_1+\underline{I}_2+\underline{I}_3 = 0$. Probe:

$$\frac{\underline{U}_0}{4R}\left(9+\sqrt{3}-\mathrm{j}(3+\sqrt{3})+\sqrt{3}-3+\mathrm{j}(3-3\sqrt{3})+2(-3-\sqrt{3}+\mathrm{j}2\sqrt{3})\right) \overset{!}{=} 0$$

$$9+\sqrt{3}-\mathrm{j}(3+\sqrt{3})+\sqrt{3}-3+\mathrm{j}(3-3\sqrt{3})-6-2\sqrt{3}+\mathrm{j}4\sqrt{3} \overset{!}{=} 0$$

$$9-9+2\sqrt{3}-2\sqrt{3}-\mathrm{j}3+\mathrm{j}3-\mathrm{j}4\sqrt{3}+\mathrm{j}4\sqrt{3} = 0 \quad q.e.d.$$

9 Leitungen

9.1 Allgemeine Zusammenhänge

Aufgabe 9.1.1

Gesucht: Die Leitungsgleichungen für U_2 und I_2.
Gegeben: U_1 und I_1.
Ansatz 1: Ausführliche Herleitung

$$U(0) \equiv U_1 = U_r + U_h\,, \tag{9.1.1.1}$$

$$I(0) \equiv I_1 = -\frac{U_r}{Z_w} + \frac{U_h}{Z_w}\,. \tag{9.1.1.2}$$

(9.1.1.1) + $Z_w \cdot$ (9.1.1.2):

$$U_1 + Z_w I_1 = U_r + U_h - U_r + U_h = 2U_h \quad \Rightarrow \quad U_h = \frac{1}{2} \cdot (U_1 + Z_w I_1) \tag{9.1.1.3}$$

(9.1.1.1) − $Z_w \cdot$ (9.1.1.2):

$$U_1 - Z_w I_1 = U_r + U_h + U_r - U_h = 2U_r \quad \Rightarrow \quad U_r = \frac{1}{2} \cdot (U_1 - Z_w I_1) \tag{9.1.1.4}$$

Hieraus folgt durch Einsetzen in die Gleichungen (9.17) und (9.18) im Lehrbuch für $z = l$:

$$\begin{aligned} U_2 = U_r\,e^{\gamma l} + U_h\,e^{-\gamma l} &= \frac{1}{2}\,e^{\gamma l}(U_1 - Z_w I_1) + \frac{1}{2}\,e^{-\gamma l}(U_1 + Z_w I_1) \\ &= U_1\left(\frac{1}{2}\,e^{\gamma l} + \frac{1}{2}\,e^{-\gamma l}\right) - I_1 Z_w\left(\frac{1}{2}\,e^{\gamma l} - \frac{1}{2}\,e^{-\gamma l}\right) \end{aligned}$$

$$\Rightarrow \boxed{U_2 = U_1 \cosh(\gamma l) - I_1 Z_w \sinh(\gamma l)}\,. \tag{9.1.1.5}$$

$$\begin{aligned} I_2 Z_w = -U_r\,e^{\gamma l} + U_h\,e^{-\gamma l} &= -\frac{1}{2}\,e^{\gamma l}(U_1 - Z_w I_1) + \frac{1}{2}\,e^{-\gamma l}(U_1 + Z_w I_1) \\ &= -U_1\left(\frac{1}{2}\,e^{\gamma l} - \frac{1}{2}\,e^{-\gamma l}\right) + I_1 Z_w\left(\frac{1}{2}\,e^{\gamma l} + \frac{1}{2}\,e^{-\gamma l}\right) \\ &= -U_1 \sinh(\gamma l) + I_1 Z_w \cosh(\gamma l) \end{aligned}$$

$$\Rightarrow \boxed{I_2 = -\frac{U_1}{Z_w} \sinh(\gamma l) + I_1 \cosh(\gamma l)}\,. \tag{9.1.1.6}$$

Ansatz 2: Lösung aus Leitungsgleichungen für U_1 und I_1 ((9.20) und (9.21) im Lehrbuch)

$$U_1 = U_2 \cosh(\gamma l) + I_2 Z_w \sinh(\gamma l)$$

$$\Rightarrow \quad U_2 = \frac{U_1 - I_2 Z_w \sinh(\gamma l)}{\cosh(\gamma l)}\,. \tag{9.1.1.7}$$

https://doi.org/10.1515/9783110672534-011

Einsetzen in I_1:

$$\begin{aligned}I_1 &= \frac{U_2}{Z_\mathrm{w}}\sinh(\gamma l) + I_2\cosh(\gamma l)\\ &= \frac{U_1 - I_2 Z_\mathrm{w}\sinh(\gamma l)}{Z_\mathrm{w}\cosh(\gamma l)}\sinh(\gamma l) + I_2\cosh(\gamma l)\\ &= \frac{U_1\sinh(\gamma l)}{Z_\mathrm{w}\cosh(\gamma l)} - \frac{I_2\sinh^2(\gamma l)}{\cosh(\gamma l)} + I_2\cosh(\gamma l)\\ &= \frac{U_1\sinh(\gamma l)}{Z_\mathrm{w}\cosh(\gamma l)} + I_2\frac{\cosh^2(\gamma l) - \sinh^2(\gamma l)}{\cosh(\gamma l)}\,.\end{aligned}$$

Mit $\cosh^2(\gamma l) - \sinh^2(\gamma l) = 1$ folgt

$$\boxed{I_2 = I_1\cosh(\gamma l) - \frac{U_1}{Z_\mathrm{w}}\sinh(\gamma l)}\,. \tag{9.1.1.8}$$

$$\begin{aligned}U_2 &= \frac{U_1 - (I_1\cosh(\gamma l) - {}^{U_1}\!/\!{}_{Z_\mathrm{w}}\sinh(\gamma l))Z_\mathrm{w}\sinh(\gamma l)}{\cosh(\gamma l)}\\ &= U_1\left(\frac{1}{\cosh(\gamma l)} + \frac{\sinh^2(\gamma l)}{\cosh(\gamma l)}\right) - I_1 Z_\mathrm{w}\sinh(\gamma l)\,.\end{aligned}$$

Mit $1 + \sinh^2(\gamma l) = \cosh^2(\gamma l)$ folgt

$$\boxed{U_2 = U_1\cosh(\gamma l) - I_1 Z_\mathrm{w}\sinh(\gamma l)}\,. \tag{9.1.1.9}$$

Aufgabe 9.1.2

9.1.2.1

Gesucht: Werte für den Abschlusswiderstand Z_2 für die beiden Fälle $Z_{e1} = 0$ (I) und $Z_{e1} = \infty$ (II).

Gegeben: Die Parameter der Leitung Z_w, γ und l.

Ansatz: Der Eingangswiderstand lässt sich allgemein über die folgende Gleichung bestimmen

$$Z_{e1} = Z_\mathrm{w}\frac{Z_2\cosh(\gamma l) + Z_\mathrm{w}\sinh(\gamma l)}{Z_2\sinh(\gamma l) + Z_\mathrm{w}\cosh(\gamma l)}\,. \tag{9.1.2.1}$$

Für den hier vorliegenden Fall der verlustfreien Leitung gilt $R' = G' = 0$ und damit

$$Z_\mathrm{w} = \sqrt{\frac{R' + \mathrm{j}\omega L'}{G' + \mathrm{j}\omega C'}} = \sqrt{\frac{L'}{C'}} \tag{9.1.2.2}$$

$$\gamma = \alpha + \mathrm{j}\beta = \mathrm{j}\beta = \mathrm{j}\omega\sqrt{L'C'}\,. \tag{9.1.2.3}$$

Hiermit ergibt sich für den Eingangswiderstand

$$Z_{e1} = Z_w \frac{Z_2 \cosh(j\beta l) + Z_w \sinh(j\beta l)}{Z_2 \sinh(j\beta l) + Z_w \cosh(j\beta l)} . \tag{9.1.2.4}$$

Mit $\cosh(j\beta l) = \cos(\beta l)$ und $\sinh(j\beta l) = j \sin(\beta l)$ folgt

$$Z_{e1} = Z_w \frac{Z_2 \cos(\beta l) + jZ_w \sin(\beta l)}{jZ_2 \sin(\beta l) + Z_w \cos(\beta l)} . \tag{9.1.2.5}$$

Fall I:

$$0 \stackrel{!}{=} Z_w \frac{Z_2 \cos(\beta l) + jZ_w \sin(\beta l)}{jZ_2 \sin(\beta l) + Z_w \cos(\beta l)}$$

$$\Rightarrow \quad Z_2 \cos(\beta l) = -jZ_w \sin(\beta l)$$

$$Z_2 = -jZ_w \frac{\sin(\beta l)}{\cos(\beta l)} = -jZ_w \tan(\beta l)$$

$$= -j\sqrt{\frac{L'}{C'}} \tan(\omega l \sqrt{L'C'}) .$$

Fall II:

$$\infty \stackrel{!}{=} Z_w \frac{Z_2 \cos(\beta l) + jZ_w \sin(\beta l)}{jZ_2 \sin(\beta l) + Z_w \cos(\beta l)}$$

$$\Rightarrow \quad 0 = jZ_2 \sin(\beta l) + Z_w \cos(\beta l)$$

$$\Rightarrow \quad Z_2 = j\frac{Z_w \cos(\beta l)}{\sin(\beta l)} = jZ_w \cot(\beta l)$$

$$= j\sqrt{\frac{L'}{C'}} \cot(\omega l \sqrt{L'C'}) .$$

9.1.2.2

Gesucht: Die Bauelemente, mit denen sich die Werte aus 9.1.2.1 realisieren lassen.

Gegeben: Z_2 aus 9.1.2.1.

Ansatz 1: Im Fall I ist

$$Z_2 = -\mathrm{j}\sqrt{\frac{L'}{C'}}\,\tan(\omega l\sqrt{L'C'})\,. \tag{9.1.2.6}$$

Der Abschlusswiderstand ist rein imaginär. Aus dem negativen Vorzeichen lässt sich ablesen, dass er durch einen Kondensator nachgebildet werden kann.

Allgemein gilt:

$$Z_C = -\mathrm{j}\frac{1}{\omega C} \quad \Rightarrow \quad \sqrt{\frac{L'}{C'}}\,\tan(\omega l\sqrt{L'C'}) \overset{!}{=} \frac{1}{\omega C}$$

$$\Rightarrow \quad C = \frac{1}{\omega\sqrt{L'/C'}\,\tan(\omega l\sqrt{L'C'})} = \underline{\underline{\frac{1}{\omega}\sqrt{\frac{C'}{L'}}\,\cot(\omega l\sqrt{L'C'})}}\,. \tag{9.1.2.7}$$

Ansatz 2: Im Fall II ist

$$Z_2 = \mathrm{j}\sqrt{\frac{L'}{C'}}\,\cot(\omega l\sqrt{L'C'})\,. \tag{9.1.2.8}$$

Auch hier gilt, dass der Abschlusswiderstand rein imaginär ist. Aufgrund des positiven Vorzeichens lässt er sich nun jedoch durch eine Spule nachbilden.

$$Z_L = \mathrm{j}\omega L \quad \Rightarrow \quad \sqrt{\frac{L'}{C'}}\,\cot(\omega l\sqrt{L'C'}) \overset{!}{=} \omega L$$

$$\Rightarrow \quad \underline{\underline{L = \frac{1}{\omega}\sqrt{\frac{L'}{C'}}\,\cot(\omega l\sqrt{L'C'})}}\,. \tag{9.1.2.9}$$

Aufgabe 9.1.3

9.1.3.1

Gesucht: Der Strom I_1 und die Spannung U_2.

Gegeben: Die Werte aller Bauteile:

$U_0 = 24\,\mathrm{V}, \quad R_0 = 23\,\Omega, \quad R_2 = 100\,\Omega, \quad Z_\mathrm{w} = 50\,\Omega, \quad l = 1/4\,\lambda\,.$

Ansatz: Zur Berechnung des Stroms betrachten wir uns zunächst das Ersatzschaltbild des Übertragungssystems in Abbildung 9.1. Hieraus lässt sich direkt

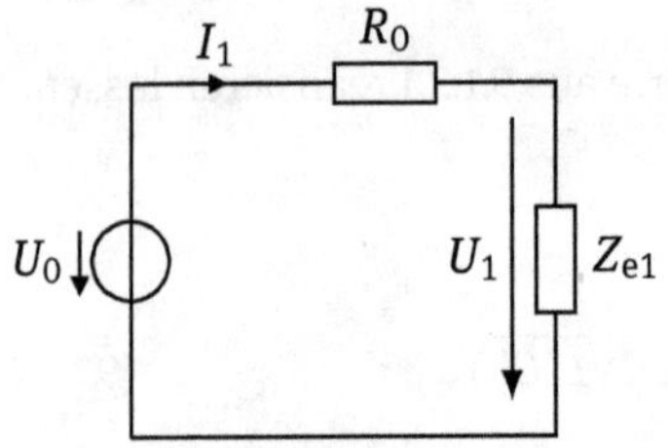

Abb. 9.1: Ersatzschaltbild des Übertragungssystems aus Aufgabe 9.1.3.

folgender Zusammenhang ableiten:

$$U_0 = I_1 \cdot R_0 + I_1 \cdot Z_{e1}$$

$$\Rightarrow I_1 = \frac{U_0}{R_0 + Z_{e1}} \,. \qquad (9.1.3.1)$$

Der Eingangswiderstand lässt sich aus der allgemeinen Form gemäß Gleichung (9.28) im Lehrbuch bestimmen:

$$Z_1 = Z_\mathrm{w} \frac{Z_2 \cosh(\gamma l) + Z_\mathrm{w} \sinh(\gamma l)}{Z_2 \sinh(\gamma l) + Z_\mathrm{w} \cosh(\gamma l)} \qquad (9.1.3.2)$$

$$\Rightarrow Z_{e1} = Z_\mathrm{w} \frac{R_2 \cosh(\gamma l) + Z_\mathrm{w} \sinh(\gamma l)}{R_2 \sinh(\gamma l) + Z_\mathrm{w} \cosh(\gamma l)} \,. \qquad (9.1.3.3)$$

Mit $\gamma = \alpha + \mathrm{j}\beta$ folgt

$$\gamma l = \alpha l + \mathrm{j}\beta l \,.$$

Bei der verlustfreien Leitung gilt für die Dämpfungskonstante $\alpha = 0$.

Nach Gleichung (9.15) im Lehrbuch ergibt sich für die Phasenkonstante β

$$\beta = \frac{2\pi}{\lambda}$$

$$\Rightarrow \beta l = \frac{2\pi l}{\lambda} = \frac{2\pi \cdot 1/4\lambda}{\lambda} = \frac{\pi}{2}$$

$$\Rightarrow \gamma l = \mathrm{j}\frac{\pi}{2} \,.$$

Damit vereinfachen sich die Hyperbelfunktionen wie folgt:

$$\sinh(\gamma l) = \sinh\left(\mathrm{j}\frac{\pi}{2}\right) = \mathrm{j}\sin\left(\frac{\pi}{2}\right) = \mathrm{j}$$

$$\cosh(\gamma l) = \cosh\left(\mathrm{j}\frac{\pi}{2}\right) = \cos\left(\frac{\pi}{2}\right) = 0 \,.$$

Für die Eingangsimpedanz folgt daraus

$$Z_{e1} = Z_\mathrm{w} \frac{R_2 \cosh(\gamma l) + Z_\mathrm{w} \sinh(\gamma l)}{R_2 \sinh(\gamma l) + Z_\mathrm{w} \cosh(\gamma l)}$$

$$= Z_\mathrm{w} \frac{\mathrm{j}Z_\mathrm{w}}{\mathrm{j}R_2} = \frac{Z_\mathrm{w}^2}{R_2} \,.$$

Einsetzen in Gleichung (9.1.3.1) liefert nun

$$I_1 = \frac{U_0}{R_0 + \frac{Z_w^2}{R_2}} = \frac{24\,\mathrm{V}}{23\,\Omega + \frac{(50\,\Omega)^2}{100\,\Omega}} = \frac{1}{2}\,\mathrm{A} = \underline{\underline{0{,}5\,\mathrm{A}}}\,.$$

Zur Bestimmung der Ausgangsspannung U_2 zieht man die Leitungsgleichung (9.20) im Lehrbuch heran:

$$U_1 = U_2 \cosh(\gamma l) + I_2 Z_w \sinh(\gamma l) \qquad (9.1.3.4)$$

$$\text{mit } I_2 = \frac{U_2}{R_2} \text{ folgt daraus:}$$

$$U_1 = U_2 \cosh(\gamma l) + \frac{U_2}{R_2} Z_w \sinh(\gamma l)$$

$$\Rightarrow U_2 = \frac{U_1}{\cosh(\gamma l) + Z_w/R_2 \sinh(\gamma l)}\,. \qquad (9.1.3.5)$$

Für U_1 folgt entsprechend des Ersatzschaltbildes

$$U_1 = I_1 Z_{e1} = I_1 \cdot \frac{Z_w^2}{R_2}\,.$$

Mit dem eben gefundenen Zusammenhang für I_1 ergibt sich

$$U_1 = \frac{U_0}{R_0 + Z_w^2/R_2} \cdot \frac{Z_w^2}{R_2} = \frac{1}{1 + R_0 R_2/Z_w^2} U_0\,.$$

Einsetzen in Gleichung (9.1.3.5) liefert

$$U_2 = \frac{1}{\cosh(\gamma l) + Z_w/R_2 \sinh(\gamma l)} \cdot \frac{1}{1 + R_0 R_2/Z_w^2} U_0\,. \qquad (9.1.3.6)$$

Mit der bereits bekannten Vereinfachung der Hyperbelfunktionen folgt:

$$\begin{aligned} U_2 &= \frac{1}{\mathrm{j} Z_w/R_2} \cdot \frac{1}{1 + \frac{R_0 R_2}{Z_w^2}} U_0 \\ &= -\mathrm{j} \frac{1}{Z_w/R_2 + R_0/Z_w} U_0 = -\mathrm{j} \frac{R_2 Z_w}{Z_w^2 + R_0 R_2} U_0 \qquad (9.1.3.7) \\ &= \underline{\underline{-\mathrm{j}25\,\mathrm{V}}}\,. \end{aligned}$$

9.1.3.2

Gesucht: Der Wert von Z_W, bei dem der Betrag der Funktion $U_2(Z_\mathrm{W})$ maximal wird.

Gegeben: $R_0 = 23\,\Omega$, $R_2 = 100\,\Omega$.

Ansatz: Um das Maximum des Betrages der Funktion $U_2(Z_\mathrm{W})$ zu finden, muss dessen Ableitung zu null gesetzt werden. Hierzu wird auf den Betrag der Gleichung (9.1.3.7) die Quotientenregel angewandt.

$$\frac{\mathrm{d}|U_2(Z_\mathrm{W})|}{\mathrm{d}Z_\mathrm{W}} = \frac{R_2\cdot(Z_\mathrm{W}^2+R_0R_2) - R_2Z_\mathrm{W}\cdot 2Z_\mathrm{W}}{(Z_\mathrm{W}^2+R_0R_2)^2}U_0 \overset{!}{=} 0$$

$$\Rightarrow R_2(Z_\mathrm{W}^2 + R_0R_2 - 2Z_\mathrm{W}^2) = 0$$

$$\Rightarrow Z_\mathrm{W} = \sqrt{R_0R_2} \approx \underline{\underline{47{,}96\,\Omega}}\,. \tag{9.1.3.8}$$

Ergänzung In diesem Fall ist der sogenannte Eingangsreflexionsfaktor r_e gleich null:

$$r_\mathrm{e} = \frac{Z_\mathrm{e}-Z_0}{Z_\mathrm{e}+Z_0} = \frac{Z_\mathrm{e1}-Z_0}{Z_\mathrm{e1}+Z_0} = \frac{Z_\mathrm{W}^2/R_2 - R_0}{Z_\mathrm{W}^2/R_2 + R_0}$$

$$= \frac{\frac{R_0R_2}{R_2} - R_0}{\frac{R_0R_2}{R_2} + R_0} = 0\,. \tag{9.1.3.9}$$

Dies hat zur Folge, dass Teile der Welle nicht bereits am Eingang der Leitung reflektiert werden. Man spricht von Wellenanpassung.

Aufgabe 9.1.4

9.1.4.1

Gesucht: Das passende Bauelement und dessen Größe.

Gegeben: $Z_1(\omega_0) = 0$, l, Z_W, $v = c_0$ und $\alpha = 0$ (verlustfrei).

Ansatz: Nach Gleichung (9.28) im Lehrbuch gilt für die Eingangsimpedanz

$$Z_1 = Z_\mathrm{W}\frac{Z_2\cosh(\gamma l) + Z_\mathrm{W}\sinh(\gamma l)}{Z_2\sinh(\gamma l) + Z_\mathrm{W}\cosh(\gamma l)}\,. \tag{9.1.4.1}$$

Die Abschlussimpedanz kann hier allgemein mit $Z_2 = \mathrm{j}X$ angesetzt werden. Da die Leitung verlustfrei ist ($\alpha = 0$), vereinfacht sich $\gamma = \alpha + \mathrm{j}\beta$ zu $\gamma = \mathrm{j}\beta$. Gleichung (9.1.4.1) vereinfacht sich damit zu

$$Z_1 = Z_\mathrm{W}\frac{\mathrm{j}X\cosh(\mathrm{j}\beta l) + Z_\mathrm{W}\sinh(\mathrm{j}\beta l)}{\mathrm{j}X\sinh(\mathrm{j}\beta l) + Z_\mathrm{W}\cosh(\mathrm{j}\beta l)}\,. \tag{9.1.4.2}$$

Unter Verwendung der bekannten Beziehungen $\sinh(\mathrm{j}x) = \mathrm{j}\sin(x)$ u. $\cosh(\mathrm{j}x) = \cos(x)$ ergibt sich

$$Z_1 = Z_\mathrm{W}\frac{\mathrm{j}X\cos(\beta l) + \mathrm{j}Z_\mathrm{W}\sin(\beta l)}{-X\sin(\beta l) + Z_\mathrm{W}\cos(\beta l)}\,. \tag{9.1.4.3}$$

Die Eingangsimpedanz Z_1 kann nur zu null werden, wenn der Zähler des Bruches zu null wird. $Z_\text{W} \neq 0$, da sonst $L' = 0$ oder $C' = \infty$ gelten müsste. Es muss also gelten:

$$X\cos(\beta l) + Z_\text{W}\sin(\beta l) = 0 \tag{9.1.4.4}$$

$$\Rightarrow X = -Z_\text{W}\tan(\beta l) = -Z_\text{W}\tan\left(\frac{\omega_0}{c_0}l\right) . \tag{9.1.4.5}$$

Entsprechend der Aufgabenstellung gilt

$$\frac{\omega_0}{c_0}l < \frac{\pi}{2} .$$

Für Argumente $< 1/2\pi$ liefert die Tangensfunktion positive Werte. Dies hat zur Folge, dass der gesamte Ausdruck für X negativ ist. Eine negative Reaktanz ergibt sich, wenn der Verbraucher eine Kapazität darstellt. Es gilt allgemein

$$X = X_\text{C} = -\frac{1}{\omega C} < 0 .$$

Mit Gleichung (9.1.4.5) folgt hieraus

$$X = -Z_\text{W}\tan\left(\frac{\omega_0}{c_0}l\right) = -\frac{1}{\omega_0 C}$$

$$\Rightarrow \underline{\underline{C = \frac{1}{\omega_0 Z_\text{W}}\cot\left(\frac{\omega_0}{c_0}l\right)}} .$$

9.1.4.2

Gesucht: Das passende Bauelement und dessen Größe.

Gegeben: $Z_1(\omega_0) = \infty$, l, Z_W, $v = c_0$ und $\alpha = 0$.

Ansatz: Der Ansatz ist identisch mit dem in 9.1.4.1. Damit die Eingangsimpedanz allerdings gegen unendlich geht, muss nun der Nenner des Bruches in Gleichung (9.1.4.3) zu null werden. Es gilt damit:

$$-X\sin(\beta l) + Z_\text{W}\cos(\beta l) = 0$$

$$\Rightarrow X = Z_\text{W}\cot(\beta l) = Z_\text{W}\cot\left(\frac{\omega_0}{c_0}l\right) . \tag{9.1.4.6}$$

Für Argumente $< 1/2\pi$ liefert die Kotangensfunktion ebenfalls positive Werte. Dies hat zur Folge, dass der gesamte Ausdruck für X positiv ist. Eine positive Reaktanz ergibt sich, wenn der Verbraucher eine Induktivität darstellt. Es gilt allgemein

$$X = X_\text{L} = \omega L > 0 . \tag{9.1.4.7}$$

Mit Gleichung (9.1.4.6) folgt hieraus

$$X = Z_\text{W}\cot\left(\frac{\omega_0}{c_0}l\right) = \omega_0 L$$

$$\Rightarrow \underline{\underline{L = \frac{Z_\text{W}}{\omega_0}\cot\left(\frac{\omega_0}{c_0}l\right)}} .$$

Aufgabe 9.1.5

9.1.5.1
Gesucht: Der Quotient U_0/U_2.
Gegeben: Die Parameter der Leitung Z_w, γ und l sowie die Impedanzen Z_1 und Z_2.
Ansatz: Die sogenannten Leitungsgleichungen lauten gemäß Gleichung (9.20) und Gleichung(9.21) im Lehrbuch:

$$U_1 = U_2 \cosh(\gamma l) + I_2 Z_\text{w} \sinh(\gamma l) \tag{9.1.5.1}$$

$$I_1 = \frac{U_2}{Z_\text{w}} \sinh(\gamma l) + I_2 \cosh(\gamma l) . \tag{9.1.5.2}$$

Die Bildung eines Maschenumlaufs auf der Eingangsseite der Leitung liefert

$$U_1 = U_0 - I_1 Z_1 . \tag{9.1.5.3}$$

Einsetzen von Gleichung (9.1.5.3) in Gleichung (9.1.5.1) ergibt

$$U_0 - I_1 Z_1 = U_2 \cosh(\gamma l) + I_2 Z_\text{w} \sinh(\gamma l)$$
$$\Rightarrow U_0 = U_2 \cosh(\gamma l) + I_2 Z_\text{w} \sinh(\gamma l) + I_1 Z_1 . \tag{9.1.5.4}$$

Die Ausgangsspannung entspricht dem Produkt aus Strom und Impedanz

$$U_2 = I_2 \cdot Z_2$$
$$I_2 = \frac{U_2}{Z_2} . \tag{9.1.5.5}$$

Setzt man die Gleichung (9.1.5.5) in die Gleichungen (9.1.5.2) und (9.1.5.4) ein, erhält man folgende Beziehungen:

$$I_1 = \frac{U_2}{Z_\text{w}} \sinh(\gamma l) + \frac{U_2}{Z_2} \cosh(\gamma l) \tag{9.1.5.6}$$

$$U_0 = U_2 \cosh(\gamma l) + \frac{U_2}{Z_2} Z_\text{w} \sinh(\gamma l) + I_1 Z_1 . \tag{9.1.5.7}$$

Durch weiteres Einsetzen der Gleichung (9.1.5.6) in die Gleichung (9.1.5.7) ergibt sich:

$$U_0 = U_2 \cosh(\gamma l) + \frac{U_2}{Z_2} Z_\text{w} \sinh(\gamma l) + \frac{U_2}{Z_\text{w}} Z_1 \sinh(\gamma l) + \frac{U_2}{Z_2} Z_1 \cosh(\gamma l) . \tag{9.1.5.8}$$

Und daraus dann die gesuchte Beziehung:

$$\frac{U_0}{U_2} = \cosh(\gamma l) + \frac{Z_\text{w}}{Z_2} \sinh(\gamma l) + \frac{Z_1}{Z_\text{w}} \sinh(\gamma l) + \frac{Z_1}{Z_2} \cosh(\gamma l)$$
$$= \left(\frac{Z_\text{w}}{Z_2} + \frac{Z_1}{Z_\text{w}} \right) \sinh(\gamma l) + \left(1 + \frac{Z_1}{Z_2} \right) \cosh(\gamma l) . \tag{9.1.5.9}$$

9.1.5.2

Gesucht: Die Eingangsimpedanz Z_{e1} für die Fälle

    I. $Z_2 = Z_w$,

    II. $Z_2 = 0$,

    III. $Z_2 = \infty$.

Gegeben: Die Parameter der Leitung Z_w, γ und l sowie die Abschlussimpedanz Z_2.

Ansatz: Eine Beziehung für die Eingangsimpedanz lässt sich aus den Leitungsgleichungen (9.20) und (9.21) aus dem Lehrbuch herleiten

$$Z_{e1} = \frac{U_1}{I_1} = \frac{U_2 \cosh(\gamma l) + I_2 Z_w \sinh(\gamma l)}{U_2/Z_w \sinh(\gamma l) + I_2 \cosh(\gamma l)} \ . \tag{9.1.5.10}$$

Mit $U_2 = I_2 \cdot Z_2$ ergibt sich hieraus

$$\begin{aligned}
Z_{e1} &= \frac{I_2 Z_2 \cosh(\gamma l) + I_2 Z_w \sinh(\gamma l)}{I_2 Z_2/Z_w \sinh(\gamma l) + I_2 \cosh(\gamma l)} \\
&= Z_w \frac{Z_2 \cosh(\gamma l) + Z_w \sinh(\gamma l)}{Z_2 \sinh(\gamma l) + Z_w \cosh(\gamma l)} \ .
\end{aligned} \tag{9.1.5.11}$$

Fall I:

$Z_2 = Z_w$ (Wellenanpassung) Der Bruch hebt sich komplett auf, es folgt

$$Z_{e1} = \underline{\underline{Z_w}} \ .$$

Fall II:

$Z_2 = 0$ (kurzgeschlossene Leitung)

$$Z_{e1} = Z_w \frac{Z_w \sinh(\gamma l)}{Z_w \cosh(\gamma l)} = \underline{\underline{Z_w \tanh(\gamma l)}} \ .$$

Fall III:

$Z_2 = \infty$ (leerlaufende Leitung)

$$Z_{e1} = Z_w \frac{\cosh(\gamma l)}{\sinh(\gamma l)} = \underline{\underline{Z_w \coth(\gamma l)}} \ .$$

9.2 Vernetzte Leitungen

Aufgabe 9.2.1

9.2.1.1

Gesucht: Der Eingangswiderstand Z_{e1}.

Gegeben: Folgende Parameter:

$$Z_i = Z_{w3} = 50\,\Omega\,,$$
$$Z_{w1} = Z_{w2} = Z_4 = 100\,\Omega\,,$$
$$Z_5 = 25\,\Omega\,,$$
$$l_1 = l_3 = 15\,\text{cm}\,,$$
$$l_2 = 30\,\text{cm}\,,$$
$$U_0 = 100\,\text{V}\,,$$
$$f = 500\,\text{MHz}\,.$$

Ansatz: Um Aussagen über das Verhalten der Leitungen treffen zu können, wird zunächst die Wellenlänge des Spannungssignals ermittelt:

$$v = f \cdot \lambda$$
$$\Rightarrow \lambda = \frac{v}{f} = \frac{c_0}{f} = \frac{3 \cdot 10^8\,\text{m}\,\text{s}^{-1}}{500 \cdot 10^6\,\text{s}^{-1}}$$
$$= 0{,}6\,\text{m} = 60\,\text{cm}\,.$$

In Bezug auf die einzelnen Leitungen ergibt sich

$$l_1 = l_3 = 15\,\text{cm} = \frac{\lambda}{4}\,,$$
$$l_2 = 30\,\text{cm} = \frac{\lambda}{2}\,.$$

Leitung 2 kann somit als $1/2\,\lambda$-Transformator bezeichnet werden und verhält sich wie ein Übertrager mit dem Übersetzungsverhältnis 1 : 1.

Da die Leitung am Ausgang kurzgeschlossen ist ($Z_{a2} = 0$), ist auch der Eingangswiderstand gleich null

$$Z_{e2} = Z_{a2} = 0\,.$$

Zur Herleitung sei hier auf Sonderfall 1 in Beispiel *9.2* im Lehrbuch verwiesen.

Die Leitungen 1 und 3 können als $1/4\,\lambda$-Transformator bezeichnet werden. Für die Herleitung der Übertragungsverhältnisse sei auf Sonderfall 2 in Beispiel *9.2* im Lehrbuch oder auf Aufgabe 9.1.3 in diesem Buch verwiesen.

Für Leitung 3 ergibt sich folglich

$$Z_{e3} = \frac{Z_{w3}^2}{Z_5} = \frac{(50\,\Omega)^2}{25\,\Omega} = 100\,\Omega\,.$$

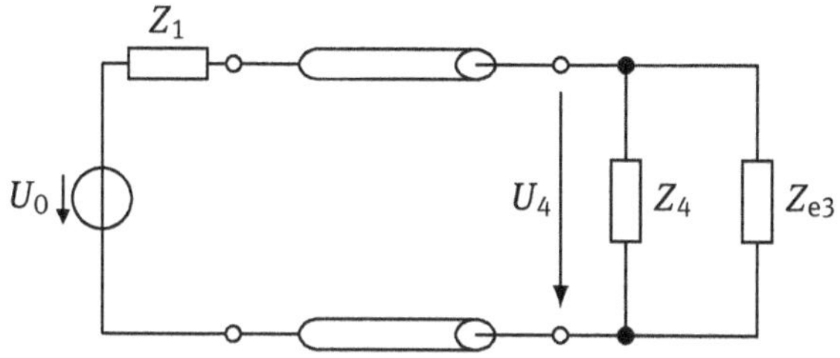

Abb. 9.2: Vereinfachung des Schaltbildes aus Aufgabe 9.2.1 zur Berechnung des Eingangswiderstandes.

Das Netzwerk hat sich hiermit wie in Abbildung 9.2 dargestellt vereinfacht. Der Abschlusswiderstand Z_{a1} von Leitung 1 ergibt sich aus der Parallelschaltung von Z_4 und Z_{e3}

$$Z_{a1} = \frac{Z_4 \cdot Z_{e3}}{Z_4 + Z_{e3}} = \frac{100\,\Omega \cdot 100\,\Omega}{100\,\Omega + 100\,\Omega} = 50\,\Omega\,.$$

Da Leitung 1 ebenfalls ein $1/4\,\lambda$-Transformator ist, ergibt sich für den Eingangswiderstand folgender Zusammenhang:

$$Z_{e1} = \frac{Z_{w1}^2}{Z_{a1}} = \frac{(100\,\Omega)^2}{50\,\Omega} = \underline{\underline{200\,\Omega}}\,.$$

9.2.1.2

Gesucht: Das Spannungsverhältnis U_0/U_4.

Gegeben: Folgende Parameter:

$$\begin{aligned} Z_{a1} &= Z_i = 50\,\Omega\,, \\ Z_{w1} &= Z_{e3} = Z_4 = 100\,\Omega\,, \\ Z_{e1} &= 200\,\Omega\,, \\ l_1 &= 15\,\text{cm} = \frac{\lambda}{4}\,, \\ U_0 &= 100\,\text{V}\,. \end{aligned}$$

Ansatz 1: Die Ausgangsspannung U_4 ergibt sich aus dem Produkt des Stroms I_4 und der Impedanz Z_4. Zur Bestimmung des Stroms I_4 wird zunächst der in die Leitung hinein fließende Strom I_{e1} ermittelt. Hierzu lässt sich das in Abbildung 9.3 angegebene Ersatzschaltbild zeichnen.

Die Impedanzen Z_i und Z_{e1} bilden einen Spannungsteiler. Es gilt

$$\begin{aligned} U_{Ze1} &= \frac{Z_{e1}}{Z_1 + Z_{e1}} \cdot U_0 = \frac{200\,\Omega}{50\,\Omega + 200\,\Omega} \cdot 100\,\text{V} = 80\,\text{V} \\ U_{Zi} &= U_0 - U_{Ze1} = 100\,\text{V} - 80\,\text{V} = 20\,\text{V}\,. \end{aligned}$$

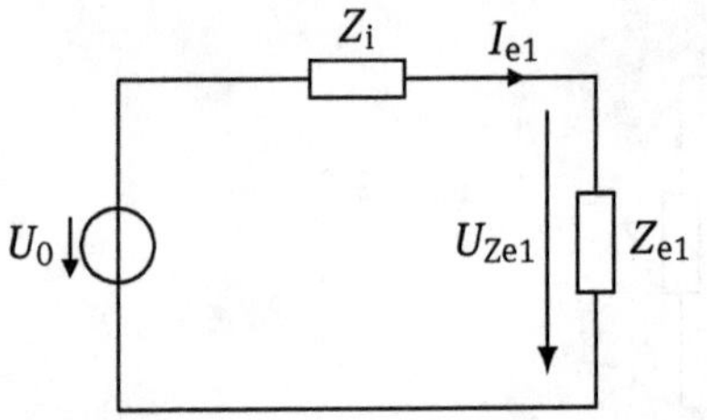

Abb. 9.3: Ersatzschaltbild der Eingangsseite.

Hieraus folgt für den Strom

$$I_{e1} = \frac{U_{Zi}}{Z_i} = \frac{20\,\text{V}}{50\,\Omega} = 0{,}4\,\text{A}\,.$$

Alternativ:

$$I_{e1} = \frac{U_{Ze1}}{Z_{e1}} = \frac{80\,\text{V}}{200\,\Omega} = 0{,}4\,\text{A}\,.$$

Um den hinein fließenden Strom auf die Ausgangsseite der Leitung zu transformieren, bedient man sich der Leitungsgleichungen (9.20) und (9.21) im Lehrbuch:

$$U_1 = U_2 \cosh(\gamma l) + I_2 Z_w \sinh(\gamma l) \tag{9.2.1.1}$$

$$I_1 = \frac{U_2}{Z_w} \sinh(\gamma l) + I_2 \cosh(\gamma l) \tag{9.2.1.2}$$

mit $\gamma = \alpha + j\beta$. Für eine verlustlose Leitung ($\alpha = 0$) vereinfachen sich diese zu:

$$U_1 = U_2 \cos(\beta l) + jI_2 Z_w \sin(\beta l) \tag{9.2.1.3}$$

$$I_1 = j\frac{U_2}{Z_w} \sin(\beta l) + I_2 \cos(\beta l)\,. \tag{9.2.1.4}$$

Für den vorliegenden $1/4\,\lambda$-Transformator in Form von Leitung 1 gilt $\beta l = 1/2\,\pi$ woraus folgt:

$$U_1 = jI_2 Z_w \Rightarrow U_{Ze1} = jI_{a1} Z_{w1} \tag{9.2.1.5}$$

$$I_1 = j\frac{U_2}{Z_w} \Rightarrow I_{e1} = j\frac{U_{a1}}{Z_{w1}}\,. \tag{9.2.1.6}$$

Aus Gleichung (9.2.1.5) ergibt sich

$$I_{a1} = -j\frac{U_{e1}}{Z_{w1}} = -j\frac{80\,\text{V}}{100\,\Omega} = -j0{,}8\,\text{A}\,.$$

Entsprechend des Ersatzschaltbildes aus 9.2.1.1 teilt sich der Strom I_{a1} auf die Impedanzen Z_4 und Z_{e3} auf:

$$\begin{aligned} I_{Z4} &= \frac{Z_{e3}}{Z_{e3} + Z_4} \cdot I_{a1} = \frac{100\,\Omega}{100\,\Omega + 100\,\Omega} \cdot (-j0{,}8\,\text{A}) \\ &= -j0{,}4\,\text{A}\,. \end{aligned}$$

Für die Ausgangsspannung U_4 folgt hieraus:

$$U_4 = I_{Z4} \cdot Z_4 = -\mathrm{j}0{,}4\,\mathrm{A} \cdot 100\,\Omega = -\mathrm{j}40\,\mathrm{V}$$
$$\Rightarrow \frac{U_0}{U_4} = \frac{100\,\mathrm{V}}{-\mathrm{j}40\,\mathrm{V}} = \underline{\underline{\mathrm{j}2{,}5}}\,. \qquad (9.2.1.7)$$

Ansatz 2: Alternativ können auch direkt die Leitungsgleichungen angewandt werden:

$$U_1 = U_2 \cosh(\gamma l) + I_2 Z_\mathrm{w} \sinh(\gamma l) \qquad (9.2.1.1)$$
$$I_1 = \frac{U_2}{Z_\mathrm{w}} \sinh(\gamma l) + I_2 \cosh(\gamma l) \qquad (9.2.1.2)$$

Hier gilt:

$$U_1 \mathrel{\widehat{=}} U_{\mathrm{Ze}1} = U_0 - Z_\mathrm{i} \cdot I_\mathrm{i}\,, \quad U_2 \mathrel{\widehat{=}} U_4\,,$$
$$\cosh(\gamma l) = 0\,, \quad \sinh(\gamma l) = \mathrm{j}$$
$$I_1 \mathrel{\widehat{=}} I_\mathrm{i}\,, \quad I_2 \mathrel{\widehat{=}} \frac{U_4}{Z_{\mathrm{a}1}}\,,$$
$$Z_\mathrm{w} = Z_{\mathrm{w}1}\,.$$

Aus Gleichung (9.2.1.1) folgt damit:

$$U_0 - Z_\mathrm{i} \cdot I_\mathrm{i} = \mathrm{j}\frac{U_4 Z_{\mathrm{w}1}}{Z_{\mathrm{a}1}}\,. \qquad (9.2.1.8)$$

Aus Gleichung (9.2.1.2) ergibt sich:

$$I_\mathrm{i} = \mathrm{j}\frac{U_4}{Z_{\mathrm{w}1}}\,. \qquad (9.2.1.9)$$

Einsetzen von Gleichung (9.2.1.9) in Gleichung (9.2.1.8) liefert:

$$U_0 - Z_\mathrm{i}\left(\mathrm{j}\frac{U_4}{Z_{\mathrm{w}1}}\right) = \mathrm{j}\frac{U_4 Z_{\mathrm{w}1}}{Z_{\mathrm{a}1}}$$
$$\Rightarrow U_0 = \mathrm{j}U_4\left(\frac{Z_{\mathrm{w}1}}{Z_{\mathrm{a}1}} + \frac{Z_\mathrm{i}}{Z_{\mathrm{w}1}}\right)$$
$$\Rightarrow \frac{U_0}{U_4} = \mathrm{j}U_4\left(\frac{Z_{\mathrm{w}1}}{Z_{\mathrm{a}1}} + \frac{Z_\mathrm{i}}{Z_{\mathrm{w}1}}\right) = \mathrm{j}\left(\frac{100\,\Omega}{50\,\Omega} + \frac{50\,\Omega}{100\,\Omega}\right)$$
$$= \underline{\underline{\mathrm{j}2{,}5}}\,.$$

Aufgabe 9.2.2

9.2.2.1

Gesucht: Der Wellenwiderstand Z_W sowie das Verhältnis v/c_0.

Gegeben: Die Leitungs-Parameter $L' = 10\,\mathrm{mH\,m^{-1}}$ und $C' = 10\,\mathrm{pF\,m^{-1}}$.

Ansatz: Nach Gleichung (9.27b) aus dem Lehrbuch gilt unter Vernachlässigung von Verlusten für den Wellenwiderstand

$$Z_W = \sqrt{\frac{L'}{C'}} = \sqrt{\frac{10\,\mathrm{mH\,m^{-1}}}{10\,\mathrm{pF\,m^{-1}}}} = \underline{\underline{1\,\mathrm{k\Omega}}} .$$

Für die Ausbreitungsgeschwindigkeit gilt

$$v = \frac{1}{\sqrt{L' \cdot C'}} = \frac{1}{\sqrt{10^{-5}\,\mathrm{H\,m^{-1}} \cdot 10^{-11}\,\mathrm{F\,m^{-1}}}}$$
$$= 10^8\,\frac{\mathrm{m}}{\mathrm{s}} \approx \frac{1}{3} \cdot c_0$$
$$\Rightarrow \frac{v}{c_0} = \underline{\underline{\frac{1}{3}}} .$$

9.2.2.2

Gesucht: Das Π-Ersatzschaltbild von Leitung 1.

Ansatz: Bei einer verlustlosen Leitung sind lediglich die Kapazitäts- und Induktivitätsbeläge zu berücksichtigen. Die Lösung zeigt Abbildung 9.4.

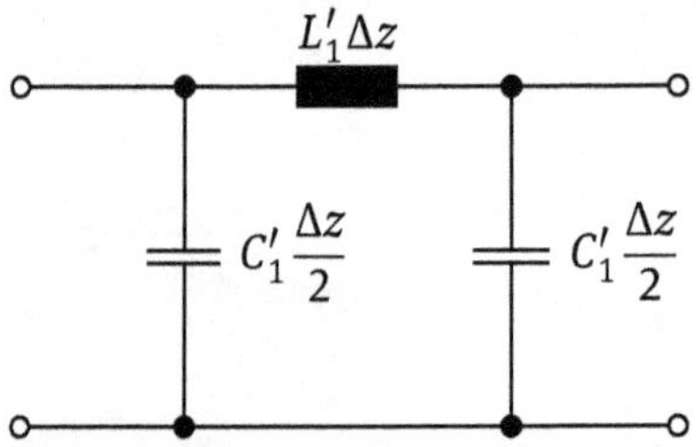

Abb. 9.4: Π-Ersatzschaltbild von Leitung 1.

9.2.2.3

Gesucht: l_2 und l_3 damit gilt $|U_{Z2}| = |U_{Z3}|$.

Gegeben: $v = 10^8\,\mathrm{m\,s^{-1}}$, $f = 10^7\,\mathrm{Hz}$.

Ansatz: Aufgrund der Symmetrie der Anordnung ($Z_{w2} = Z_{w3}$ und $Z_2 = Z_3$) ist es naheliegend, dass die Leitungen gleich lang sein müssen. Dies lässt sich wie folgt beweisen:

Aus der Leitungsgleichung (9.20) im Lehrbuch lässt sich allgemein folgender Zusammenhang herleiten:

$$\begin{aligned} U_1 &= U_2 \cosh(\gamma l) + I_2 Z_W \sinh(\gamma l) \\ &= U_2 \cosh(\gamma l) + \frac{U_2}{Z_2} Z_W \sinh(\gamma l) \\ \Rightarrow U_2 &= \frac{U_1}{\cosh(\gamma l) + {}^{Z_W}/_{Z_2} \sinh(\gamma l)} \,. \end{aligned} \tag{9.2.2.1}$$

Für Leitung 2 lautet die Gleichung

$$U_{Z2} = \frac{U_{Z1}}{\cosh(\gamma l_2) + {}^{Z_{W2}}/_{Z_2} \sinh(\gamma l_2)} \,.$$

Für Leitung 3 entsprechend

$$U_{Z3} = \frac{U_{Z1}}{\cosh(\gamma l_3) + {}^{Z_{W3}}/_{Z_3} \sinh(\gamma l_3)} \,.$$

Unter den gegebenen Bedingungen ($Z_{W2} = Z_{W3} = Z_W$ und $Z_2 = Z_3 = Z$) folgt mit der Annahme gleicher Leitungslängen ($l_2 = l_3 = l$)

$$\underline{\underline{U_{Z2} = U_{Z3} = \frac{U_{Z1}}{\cosh(\gamma l) + {}^{Z_W}/_{Z} \sinh(\gamma l)}}} \,.$$

Dies zeigt, dass die Spannungen an den Impedanzen Z_2 und Z_3 bei gleicher Leitungslänge immer gleich sind.

Es sind jedoch auch bei unterschiedlichen Leitungslängen gleiche Spannungen möglich, wenn ein Übertrager mit dem Übersetzungsverhältnis 1 : 1 vorliegt. Nach Beispiel 9.2 im Lehrbuch ist dies bei verlustfreien Leitungen der Fall, wenn gilt:

$$\begin{aligned} \beta l &= k \cdot \pi \quad (k = 1, 2, 3, \ldots) \\ \beta l &= \frac{2\pi l}{\lambda} = k \cdot \pi \\ \Rightarrow l &= \frac{\lambda}{2} \cdot k \,. \end{aligned}$$

Die Ausgangsspannungen sind demnach auch gleich, wenn beide Leitungen eine Länge haben, die einem ganzzahligen Vielfachen der halben Wellenlänge entspricht

$$\frac{\lambda}{2} = \frac{v}{2f} = \frac{10^8\,\mathrm{m\,s^{-1}}}{2 \cdot 10^7\,\mathrm{s^{-1}}} = 5\,\mathrm{m} \,.$$

Dies ist alle 5 m (5 m, 10 m, 15 m, . . .) der Fall.

9.2.2.4

Gesucht: Die von der Quelle abgegebene Leistung P im Kurzschlussfall ($Z_2 = 0$).

Gegeben: $l_1 = 3/4\,\lambda$, $l_2 = 1/2\,\lambda$.

Ansatz: Bei Leitung 2 handelt es sich um einen $1/2\,\lambda$-Transformator. Der Kurzschluss wird demnach 1 : 1 an die Impedanz Z_1 transformiert. Leitung 1 stellt einen $1/4\,\lambda$-Transformator dar, hier gilt allgemein

$$Z_{e1} = \frac{Z_W^2}{Z_{a1}}\,.$$

Ein Kurzschluss am Ausgang ($Z_{a1} = 0$) einer $1/4\,\lambda$-Leitung wird demzufolge als Leerlauf an den Eingang transformiert ($Z_{e1} = \infty$). Die Quelle ist folglich unbelastet und gibt keine Leistung ab,

$$\underline{\underline{P = 0}}\,.$$

9.2.2.5

Gesucht: Die von der Quelle abgegebene Leistung P im Kurzschlussfall ($Z_3 = 0$).

Gegeben: $l_1 = 3/4\,\lambda$, $l_3 = 1/4\,\lambda$.

Ansatz: Wie bereits zuvor gezeigt, wird bei einer $1/4\,\lambda$-Leitung ein Kurzschluss am Ausgang ($Z_{a3} = Z_3 = 0$) als Leerlauf an den Eingang der Leitung transformiert

$$Z_{a3} = 0$$

$$\Rightarrow Z_{e3} = \infty\,.$$

Die Impedanz von Leitung 2 wird 1 : 1 an den Eingang transformiert

$$Z_{a2} = Z_2$$

$$\Rightarrow Z_{e2} = Z_2$$

$$Z_{a1} = \frac{Z_1 \cdot Z_2}{Z_1 + Z_2} = 2{,}5\,\mathrm{k\Omega}$$

$$Z_{e1} = \frac{Z_W^2}{Z_{a1}} = \frac{(1\,\mathrm{k\Omega})^2}{2{,}5\,\mathrm{k\Omega}} = 400\,\Omega\,.$$

Zur Berechnung der abgegebenen Leistung wird der Innenwiderstand der Quelle nicht berücksichtigt:

$$U_{e1} = \frac{Z_{e1}}{Z_{e1} + Z_i} U_0 = \frac{2}{7} U_0 = \frac{400}{7}\,\mathrm{V}$$

$$P = \frac{(U_{e1})^2}{Z_{e1}} = \frac{(400\,\mathrm{V})^2}{7^2 \cdot 400\,\Omega} = \underline{\underline{\frac{400}{49}}}\,\mathrm{W}\,.$$

10 Zeitlich veränderliche elektromagnetische Felder

10.1 Ampere-Maxwell'sches Durchflutungsgesetz

Aufgabe 10.1.1

10.1.1.1

Gesucht: Die Stromdichte $\vec{J}$ im Rohrmantel.

Gegeben: Die Radien ρ_1 und ρ_2 sowie der Strom I.

Ansatz: Allgemein ergibt sich für den Strom I das Flächenintegral

$$I = \int_A \vec{J} \cdot \mathrm{d}\vec{A} \,. \qquad (10.1.1.1)$$

Für das Flächenelement gilt aufgrund der gegebenen Geometrie

$$\mathrm{d}\vec{A} = \vec{e}_z \, \rho \, \mathrm{d}\varphi \, \mathrm{d}\rho \quad \text{mit} \quad \varphi \in [0, 2\pi] \,, \quad \rho \in [\rho_1, \rho_2] \qquad (10.1.1.2)$$

und für die Stromdichte $\vec{J}$ gilt der Ansatz

$$\vec{J} = J \, \vec{e}_z \,. \qquad (10.1.1.3)$$

Das Flächenintegral wird also

$$I = \int_{\rho=\rho_1}^{\rho_2} \int_{\varphi=0}^{2\pi} J \, \vec{e}_z \cdot \vec{e}_z \, \rho \, \mathrm{d}\varphi \, \mathrm{d}\rho = J \int_{\rho=\rho_1}^{\rho_2} \int_{\varphi=0}^{2\pi} \rho \, \mathrm{d}\varphi \, \mathrm{d}\rho = 2\pi J \int_{\rho=\rho_1}^{\rho_2} \rho \, \mathrm{d}\rho$$

$$= 2\pi J \frac{1}{2} \left[\rho_2^2 - \rho_1^2\right] = \pi J \left(\rho_2^2 - \rho_1^2\right) \,.$$

Umgestellt ergibt sich mit dem vektoriellen Ansatz (10.1.1.3) für die Stromdichte

$$\underline{\underline{\vec{J} = \frac{I}{\pi\left(\rho_2^2 - \rho_1^2\right)} \vec{e}_z}} \,. \qquad (10.1.1.4)$$

10.1.1.2

Gesucht: Die magnetische Feldstärke $\vec{H}$ für die folgenden Fälle:

I. innerhalb des Rohres $(\rho < \rho_1)$,

II. im Rohrmantel $(\rho_1 \leq \rho < \rho_2)$,

III. außerhalb des Rohres $(\rho_2 \leq \rho)$.

Gegeben: Die Radien ρ_1 und ρ_2 sowie die Stromdichte $\vec{J}$.

Ansatz: Im allgemeinen Fall sind die magnetische Feldstärke $\vec{H}$, die Stromdichte $\vec{J}$ und die elektrische Flussdichte $\vec{D}$ über das Ampere-Maxwell'sche Durchflu-

https://doi.org/10.1515/9783110672534-012

tungsgesetz wie folgt verknüpft:

$$\boxed{\oint_L \vec{H} \cdot \mathrm{d}\vec{s} = \int_A \left(\vec{J} + \frac{\partial \vec{D}}{\partial t}\right) \cdot \mathrm{d}\vec{A}} \,. \tag{10.1.1.5}$$

Für stationäre Felder vereinfacht sich diese Gleichung zu

$$\boxed{\oint_L \vec{H} \cdot \mathrm{d}\vec{s} = \int_A \vec{J} \cdot \mathrm{d}\vec{A}} \tag{10.1.1.6}$$

und wird dann im Allgemeinen als Durchflutungsgesetz bezeichnet.

Fall I: $\rho < \rho_1$
Aufgrund der Symmetrie kann für die Feldstärke folgender Zusammenhang angenommen werden:

$$\vec{H} = H(\rho)\vec{e}_\varphi \,. \tag{10.1.1.7}$$

Bei Integration entlang eines Kreises mit dem Radius ρ um die z-Achse ergibt sich:

$$\mathrm{d}\vec{s} = \vec{e}_\varphi \, \rho \, \mathrm{d}\varphi \quad \text{mit} \quad \varphi \in [0, 2\pi] \,. \tag{10.1.1.8}$$

Da im Hohlraum des Rohres kein Strom fließt, ist die rechte Seite des Durchflutungsgesetzes gleich null. Für die magnetische Feldstärke folgt daraus:

$$\oint_L \vec{H} \cdot \mathrm{d}\vec{s} = \int_{\varphi=0}^{2\pi} H(\rho)\rho \, \mathrm{d}\varphi = 2\pi H(\rho)\rho = 0 \tag{10.1.1.9}$$

$$\Rightarrow \vec{H}(\rho) = \underline{\underline{\vec{0}}} \,. \tag{10.1.1.10}$$

Fall II: $\rho_1 \leq \rho < \rho_2$
Bezüglich der Vektoren $\vec{H}$ und $\mathrm{d}\vec{s}$ können hier die gleichen Annahmen getroffen werden wie für Fall I, die Geometrie ändert sich nämlich nicht. In diesem Bereich wird allerdings die betrachtete Fläche von einem Strom durchsetzt, was sich auf die Feldstärke wie folgt auswirkt:

$$\oint_L \vec{H} \cdot \mathrm{d}\vec{s} = \int_{\varphi=0}^{2\pi} H(\rho)\rho \, \mathrm{d}\varphi = 2\pi \rho H(\rho) \,. \tag{10.1.1.11}$$

Für die konstante Stromdichte $\vec{J}$ und das Flächenelement $\mathrm{d}\vec{A}$ ergibt sich mit den Ansätzen aus Aufgabenteil 10.1.1.1 unter Berücksichtigung der geänderten oberen Grenze

$$\int_A \vec{J} \cdot \mathrm{d}\vec{A} = \int_0^{2\pi} \int_{\rho_1}^{\rho} J\rho \, \mathrm{d}\rho \, \mathrm{d}\varphi \tag{10.1.1.12}$$

$$= J\pi(\rho^2 - \rho_1^2) \,. \tag{10.1.1.13}$$

Mit dem aus 10.1.1.1 bekannten Zusammenhang für J folgt dann

$$\int_A \vec{J} \cdot \mathrm{d}\vec{A} = \frac{I}{\rho_2^2 - \rho_1^2}(\rho^2 - \rho_1^2) \,. \tag{10.1.1.14}$$

Die magnetische Feldstärke ergibt sich nun aus dem Durchflutungsgesetz bzw. den Gleichungen (10.1.1.11) und (10.1.1.14):

$$2\pi\rho H(\rho) = \frac{I}{\rho_2^2 - \rho_1^2}(\rho^2 - \rho_1^2) \tag{10.1.1.15}$$

$$\Rightarrow \vec{H}(\rho) = \underline{\underline{\frac{I}{2\pi\rho} \cdot \frac{\rho^2 - \rho_1^2}{\rho_2^2 - \rho_1^2}\vec{e}_\varphi}} \,. \tag{10.1.1.16}$$

Fall III: $\rho_2 \leq \rho$

Für den Bereich außerhalb des Rohres ist der zu betrachtende Strom (rechte Seite) des Durchflutungsgesetzes konstant. Es gilt:

$$\int_A \vec{J} \cdot \mathrm{d}\vec{A} = I \tag{10.1.1.17}$$

$$\oint_L \vec{H} \cdot \mathrm{d}\vec{s} = \int_{\varphi=0}^{2\pi} H(\rho)\rho \,\mathrm{d}\varphi = 2\pi\rho H(\rho) \tag{10.1.1.18}$$

$$\Rightarrow 2\pi\rho H(\rho) = I \tag{10.1.1.19}$$

$$\Rightarrow \vec{H}(\rho) = \underline{\underline{\frac{I}{2\pi\rho}\vec{e}_\varphi}} \,. \tag{10.1.1.20}$$

10.1.1.3

Gesucht: Der Verlauf von $|\vec{H}|$, jeweils als Funktion der Zylinderkoordinaten ρ, φ, z.

Gegeben: Die Beziehungen aus 10.1.1.2.

Ansatz: Berechnet wurden die vektoriellen Feldstärken, für den Betrag entfällt jeweils der Vektor $\vec{e}_\varphi$:

I. $H(\rho) = 0 \,,$

II. $H(\rho) = \dfrac{I}{2\pi\rho} \cdot \dfrac{\rho^2 - \rho_1^2}{\rho_2^2 - \rho_1^2} \,,$

III. $H(\rho) = \dfrac{I}{2\pi\rho} \,.$

Hieraus lässt sich unmittelbar erkennen, dass der Betrag der Feldstärke unabhängig von φ und z ist. Die gesuchten Lösungen zeigen die Abbildungen 10.1 bis 10.3.

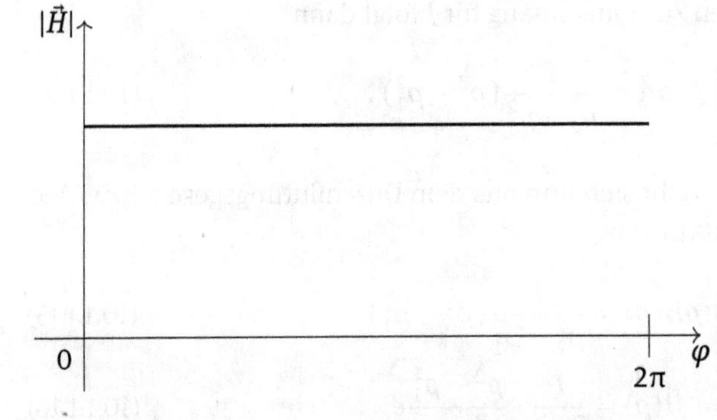

Abb. 10.1: Betrag der magnetischen Feldstärke in Abhängigkeit von φ bei konstantem $\rho > \rho_1$.

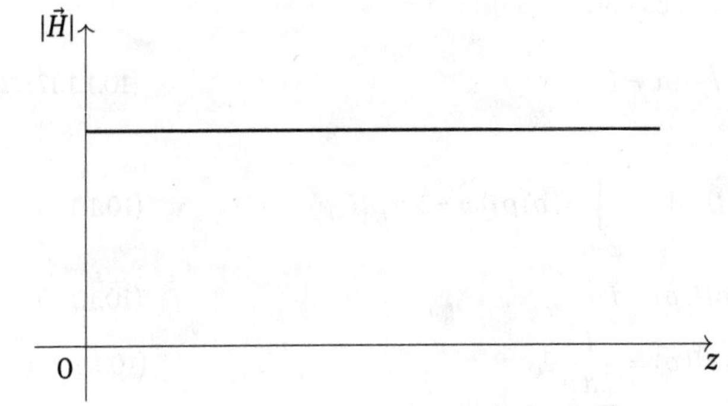

Abb. 10.2: Betrag der magnetischen Feldstärke in Abhängigkeit von z bei konstantem $\rho > \rho_1$.

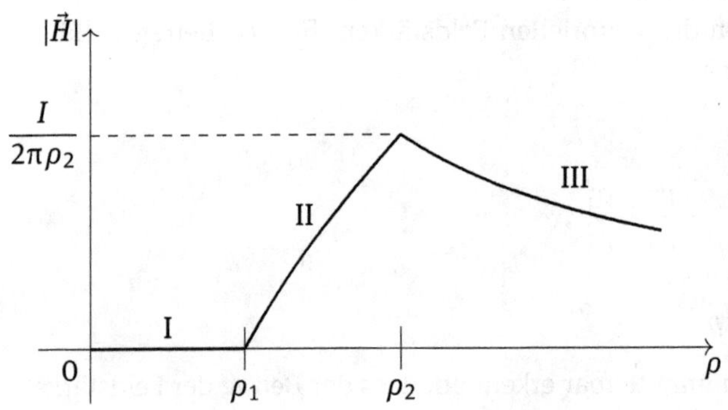

Abb. 10.3: Betrag der magnetischen Feldstärke in Abhängigkeit von ρ.

10.2 Faraday-Maxwell'sches Induktionsgesetz

Aufgabe 10.2.1

10.2.1.1

Gesucht: Die Spannung $u(t)$.

Gegeben: Die Abmessungen der Schleife a und b sowie die Flussdichte B.

Ansatz: Für ruhende Systeme darf das Induktionsgesetz geschrieben werden als:

$$\boxed{\oint_L \vec{E}\cdot \mathrm{d}\vec{s} = -\frac{\mathrm{d}}{\mathrm{d}t}\int_A \vec{B}\cdot d\vec{A}}\ . \tag{10.2.1.1}$$

Zur Berechnung einer induzierten Spannung kann es wie folgt umformuliert werden:

$$\boxed{u(t) = -\frac{\mathrm{d}\Phi}{\mathrm{d}t}} \tag{10.2.1.2}$$

mit $\Phi = \int_A \vec{B}\cdot \mathrm{d}\vec{A}$. Für die hier vorliegende Anordnung gilt damit:

$$\vec{B} = \hat{B}\cos(\omega t)\sin\left(\frac{\pi}{b}x\right)\vec{e}_z \tag{10.2.1.3}$$

$$\mathrm{d}\vec{A} = \mathrm{d}x\,\mathrm{d}y\,\vec{e}_z \quad \text{mit} \quad x \in [0,b]\,, \quad y \in [0,a] \tag{10.2.1.4}$$

$$\Rightarrow \Phi = \int_A \vec{B}\cdot \mathrm{d}\vec{A} = \int_{y=0}^{a}\int_{x=0}^{b} \hat{B}\cos(\omega t)\sin\left(\frac{\pi}{b}x\right)\mathrm{d}x\,\mathrm{d}y \tag{10.2.1.5}$$

$$= \hat{B}\cos(\omega t)\int_0^a\int_0^b \sin\left(\frac{\pi}{b}x\right)\mathrm{d}x\,\mathrm{d}y$$

$$= \hat{B}\cos(\omega t)\int_0^a \left[-\frac{b}{\pi}\cos\left(\frac{\pi}{b}x\right)\right]_0^b \mathrm{d}y$$

$$= \hat{B}\cos(\omega t)\int_0^a \frac{2b}{\pi}\,\mathrm{d}y = \hat{B}\cos(\omega t)\frac{2ab}{\pi}$$

$$\Rightarrow u(t) = -\frac{\mathrm{d}\Phi}{\mathrm{d}t} = -\frac{\mathrm{d}}{\mathrm{d}t}\left(\hat{B}\cos(\omega t)\frac{2ab}{\pi}\right) = \underline{\underline{\frac{2ab\omega\hat{B}}{\pi}\cdot\sin(\omega t)}}\ . \tag{10.2.1.6}$$

10.2.1.2

Gesucht: Der Strom $i(t)$.

Gegeben: Die Spannung $u(t)$ sowie der Widerstand R.

Ansatz: Mit dem Ohm'schen Gesetz ergibt sich:

$$i(t) = -\frac{u(t)}{R} = -\frac{\hat{B}\omega\cos(\omega t)\frac{2ab}{\pi}}{R} = \underline{\underline{-\frac{2ab\omega\hat{B}}{\pi R}\cdot\sin(\omega t)}}\ . \tag{10.2.1.7}$$

Aufgrund der eingezeichneten Stromrichtung ergibt sich hier ein negatives Vorzeichen.

11 Nichtsinusförmige Vorgänge

11.1 Fourier-Reihen

Aufgabe 11.1.1

11.1.1.1

Gesucht: Fourier-Reihe von $u_1(t) = |u_0(t)|$.

Gegeben: Kosinusförmige Spannung $u_0(t)$.

Ansatz: Fourier-Koeffizienten a_n und b_n berechnen. Integration kann über eine beliebige Periode von $u_1(t)$ erfolgen.

Der Zweipuls-Brückengleichrichter bildet den Betrag des Eingangssignals:

$$u_1(t) = |\hat{u}\cos\omega_0 t| = \frac{a_0}{2} + \sum_{n=1}^{\infty}(a_n \cos n\omega_0 t + b_n \sin n\omega_0 t)\,.$$

Das gleichgerichtete Signal ist eine gerade Funktion, die Koeffizienten b_n verschwinden also

$$u_1(t) = u_1(-t) \quad \Rightarrow \quad b_n = 0 \quad \forall\, n \in \mathbb{N}\,.$$

Die Koeffizienten a_0 und die a_n ergeben sich aus

$$\begin{aligned}
a_0 &= \frac{2}{T}\int_0^T \left|\hat{u}\cos(\omega_0 t)\right| \mathrm{d}t \\
&= \frac{4}{T}\int_0^{T/2} \left|\hat{u}\cos(\omega_0 t)\right| \mathrm{d}t = \frac{8}{T}\hat{u}\int_0^{T/4} \cos(\omega_0 t)\,\mathrm{d}t = \frac{8\hat{u}}{T\omega_0}\sin\left(\omega_0\frac{T}{4}\right) = \frac{4\hat{u}}{\pi}\,.
\end{aligned}$$

$$\begin{aligned}
a_n &= \frac{2}{T}\int_0^T \left|\hat{u}\cos(\omega_0 t)\right| \cos(n\omega_0 t)\,\mathrm{d}t = \frac{4}{T}\int_0^{T/2} \hat{u}\left|\cos(\omega_0 t)\right| \cos(n\omega_0 t)\,\mathrm{d}t \\
&= \frac{4}{T}\hat{u}\left[\int_0^{T/4} \cos(\omega_0 t)\cos(n\omega_0 t)\,\mathrm{d}t + \int_{T/4}^{T/2} -\cos(\omega_0 t)\cos(n\omega_0 t)\,\mathrm{d}t\right] \\
&= \frac{4\hat{u}}{2T}\left[\int_0^{T/4} \cos((n+1)\omega_0 t) + \cos((n-1)\omega_0 t)\,\mathrm{d}t\right. \\
&\qquad \left. - \int_{T/4}^{T/2} \cos((n+1)\omega_0 t) + \cos((n-1)\omega_0 t)\,\mathrm{d}t\right]
\end{aligned}$$

https://doi.org/10.1515/9783110672534-013

$$\begin{aligned}
a_n &= \frac{2\hat{u}}{T}\left(\left[\frac{1}{(n+1)\omega_0}\sin((n+1)\omega_0 t) + \frac{1}{(n-1)\omega_0}\sin((n-1)\omega_0 t)\right]_0^{T/4}\right.\\
&\quad \left. - \left[\frac{1}{(n+1)\omega_0}\sin((n+1)\omega_0 t) + \frac{1}{(n-1)\omega_0}\sin((n-1)\omega_0 t)\right]_{T/4}^{T/2}\right)\\
&= \frac{2\hat{u}}{\omega_0 T}\left[\frac{1}{n+1}\left(2\sin\left((n+1)\frac{\pi}{2}\right) - \underbrace{\sin((n+1)\pi)}_{=0}\right)\right.\\
&\quad \left. + \frac{1}{n-1}\left(2\sin\left((n-1)\frac{\pi}{2}\right) - \underbrace{\sin((n-1)\pi)}_{=0}\right)\right], \qquad \text{mit} \quad \omega_0 = \frac{2\pi}{T}\,.
\end{aligned}$$

Für n ungerade, d. h. $n = 2k+1$ mit $k \in \mathbb{N}$ folgt

$$\sin\left((n+1)\frac{\pi}{2}\right) = \sin\left((n-1)\frac{\pi}{2}\right) = 0 \quad \Rightarrow \quad a_{2k+1} = 0\,.$$

Für n gerade, d. h. $n = 2k$ mit $k \in \mathbb{N}$ folgt

$$\begin{aligned}
a_{2k} &= \frac{\hat{u}}{\pi}\left[\frac{1}{2k+1}2(-1)^k - \frac{1}{2k-1}2(-1)^k\right]\\
&= \frac{\hat{u}}{\pi}2(-1)^k\frac{2k-1-2k-1}{(2k+1)(2k-1)}\\
&= \frac{4\hat{u}}{\pi}(-1)^{k+1}\frac{1}{4k^2-1}\,.
\end{aligned}$$

Sonderfall $n = 1$ (hier muss der Term $\sin((n-1)\pi)$ mit berücksichtigt werden, wegen der Division durch null):

$$\begin{aligned}
a_1 &= \frac{2\hat{u}}{T\omega_0}\lim_{n\to 1}\frac{\frac{d}{dn}\left[2\sin((n-1)1/2\pi) - \sin((n-1)\pi)\right]}{\frac{d}{dn}(n-1)} \qquad \text{(de l'Hospital)}\\
&= \frac{\hat{u}}{\pi}\lim_{n\to 1}\frac{2\cdot 1/2\pi\cos((n-1)1/2\pi) - \pi\cos((n-1)\pi)}{1} = 0\,.
\end{aligned}$$

Hieraus ergibt sich die gesuchte Fourier-Reihe

$$u_1(t) = \frac{4\hat{u}}{\pi}\left[\frac{1}{2} + \sum_{k=1}^{\infty}(-1)^{k+1}\frac{1}{4k^2-1}\cos(2k\omega_0 t)\right].$$

11.1.1.2

Gesucht: Amplituden A_n der Teilschwingungen in Abhängigkeit von $\omega = n\omega_0$.

Gegeben: Die Werte von $A_0 = 1/2 a_0$ und a_n.

Ansatz: Die Amplituden der Fourier-Reihen ergeben sich durch

$$A_0 = \frac{a_0}{2}\,, \; A_k = \sqrt{a_k^2 + b_k^2} \quad \Rightarrow \quad \text{wegen } b = 0 : A_k = |a_k| \; \forall\, k \in \mathbb{N}\,.$$

Die Lösung zeigt Abbildung 11.1. Dort wird $A_n/\hat{u}$ über $n = \omega/\omega_0$ aufgetragen.

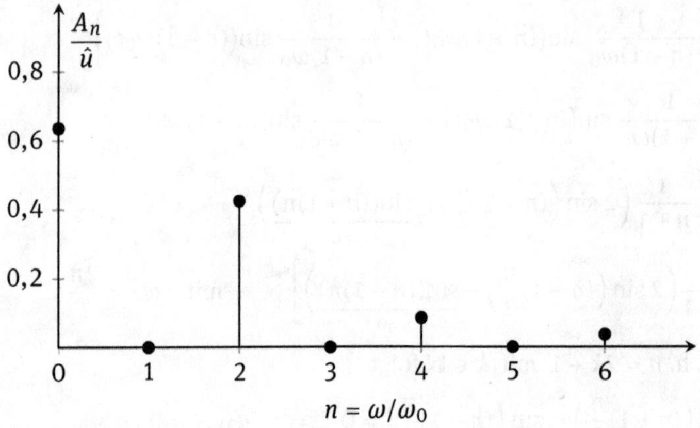

Abb. 11.1: Amplituden der Teilschwingungen in Abhängigkeit von der Kreisfrequenz ω.

11.1.1.3

Gesucht: Das Spannungsverhältnis $\bar{u}_1/U_{\text{eff}}$.

Gegeben: $u_1(t)$ und $u_0(t)$.

Ansatz: Der Gleichanteil von $u_1(t)$ entspricht dem Fourier-Koeffizienten $1/2\,a_0$. Man erhält damit für den Gleichrichtwert:

$$\bar{u}_1 = \frac{a_0}{2} = \frac{2\hat{u}}{\pi}\,.$$

Der Effektivwert von u_0 berechnet sich über

$$U_{\text{eff}} = \sqrt{\frac{1}{T}\int_{-T/2}^{T/2} u_0^2(t)\,\mathrm{d}t} = \sqrt{\sum_{n=0}^{\infty} u_n^2(t)} = \sqrt{U_=^2 + U_\sim^2}\,.$$

Weiterhin ist der Effektivwert von $u_0(t)$ auch der Effektivwert von $u_1(t)$:

$$\begin{aligned}
U_{\text{eff}} &= \sqrt{\frac{1}{T}\int_0^T u_0^2(t)\,\mathrm{d}t} \\
&= \sqrt{\frac{1}{T}\int_0^T \hat{u}^2\cos^2\omega_0 t\,\mathrm{d}t} \\
&= \sqrt{\frac{\hat{u}^2}{2T}\int_0^T 1 + \cos(2\omega_0 t)\,\mathrm{d}t} \\
&= \frac{\hat{u}}{\sqrt{2}} \\
\frac{\bar{u}_1}{U_{\text{eff}}} &= \frac{2\sqrt{2}}{\pi} \approx 0{,}9\,.
\end{aligned}$$

Aufgabe 11.1.2

11.1.2.1
Gesucht: Die Fourier-Koeffizienten a_k und b_k.
Gegeben: Die Funktion $g(t)$ in Abbildung 11.2 (S. 27).
Ansatz: Da $g(t)$ eine gerade Funktion ist, gilt $b_k = 0$.

Der Koeffizient a_0 wird

$$a_0 = 2\frac{2}{T}\int_0^a -\frac{t}{a^2} + \frac{1}{a}\,\mathrm{d}t = \frac{4}{T}\left[-\frac{1}{2}\frac{t^2}{a^2} + \frac{t}{a}\right]_0^a = \frac{2}{T}\,.$$

Die Koeffizienten a_k ergeben sich zu

$$\begin{aligned}
a_k &= 2\frac{2}{T}\int_0^a \left(-\frac{t}{a^2} + \frac{1}{a}\right)\cos(k\omega_0 t)\,\mathrm{d}t \\
&= -\frac{4}{T}\frac{1}{a^2}\left[\frac{\cos(k\omega_0 t)}{(k\omega_0)^2} + \frac{t\sin(k\omega_0 t)}{k\omega_0}\right]_0^a + \frac{4}{T}\frac{1}{a}\left[\frac{\sin(k\omega_0 t)}{k\omega_0}\right]_0^a \\
&= -\frac{4}{T}\frac{1}{a^2}\left[\frac{\cos(k\omega_0 a)}{(k\omega_0)^2} + \frac{a\sin(k\omega_0 a)}{k\omega_0} - \frac{1}{(k\omega_0)^2}\right] + \frac{4}{T}\frac{1}{a}\frac{\sin(k\omega_0 a)}{k\omega_0} \\
a_k &= -\frac{4}{T}\frac{1}{a^2}\frac{1}{(k\omega_0)^2}\left[\cos(k\omega_0 a) - 1\right] \\
&= \frac{4}{T}\frac{1}{a^2}\frac{1}{(k\omega_0)^2}2\sin^2\left(\frac{k\omega_0 a}{2}\right) \\
&= \frac{2}{T}\frac{1}{\left(\frac{k\omega_0 a}{2}\right)^2}\sin^2\left(\frac{k\omega_0 a}{2}\right) = \frac{2}{T}\,\mathrm{si}^2\left(\frac{k\omega_0 a}{2}\right) \\
&= \frac{2}{T}\,\mathrm{si}^2\left(\frac{k\pi a}{T}\right)\,.
\end{aligned}$$

11.1.2.2
Gesucht: Komplexe Fourier-Koeffizienten c_k des Dirac-Kamms $z(t)$.
Gegeben: $z(t)$ und die reellen Fourier-Koeffizienten a_k von $g(t)$.
Ansatz: Im Falle des Grenzüberganges $a \to 0$ werden die Dreiecke der Funktion $g(t)$ unendlich schmal und unendlich hoch, $g(t)$ wird zum Dirac-Kamm $z(t)$.

Bestimmung der komplexen Fourier-Koeffizienten:

$$\begin{aligned}
c_0' &= c_0 = \frac{a_0}{2} = \frac{1}{T} \\
c_k' &= \lim_{a\to 0} c_k = \lim_{a\to 0}\frac{a_k}{2} \\
&= \lim_{a\to 0}\frac{1}{T}\,\mathrm{si}^2\left(\frac{k\omega_0 a}{2}\right) = \frac{1}{T}\,.
\end{aligned}$$

Aufgabe 11.1.3

11.1.3.1

Gesucht: Die komplexen Fourier-Koeffizienten c_k von $f(t)$ und $f(t)$ als komplexe Fourier-Reihe.

Gegeben: $f(t)$.

Ansatz: Die komplexen Fourier-Koeffizienten berechnen sich durch

$$c_k = \frac{1}{T}\int_0^T f(t)\,\mathrm{e}^{-\mathrm{j}k\omega_0 t}\,\mathrm{d}t\,.$$

$$\begin{aligned}
c_k &= \frac{1}{T}\int_{T/4}^{T/2} -A\,\mathrm{e}^{-\mathrm{j}k\omega_0 t}\,\mathrm{d}t + \frac{1}{T}\int_{T/2}^{3/4 T} 2A\,\mathrm{e}^{-\mathrm{j}k\omega_0 t}\,\mathrm{d}t \\
&= \frac{1}{T}\left(-A\left[\frac{1}{-\mathrm{j}k\omega_0}\,\mathrm{e}^{-\mathrm{j}k\omega_0 t}\right]_{T/4}^{T/2} + 2A\left[\frac{1}{-\mathrm{j}k\omega_0}\,\mathrm{e}^{-\mathrm{j}k\omega_0 t}\right]_{T/2}^{3/4 T}\right) \\
&= \frac{1}{T}\left[\frac{AT}{\mathrm{j}k2\pi}\,\mathrm{e}^{-\mathrm{j}k\pi} - \frac{AT}{\mathrm{j}k2\pi}\,\mathrm{e}^{-\mathrm{j}1/2 k\pi} - \frac{2AT}{\mathrm{j}k2\pi}\,\mathrm{e}^{-\mathrm{j}3/2 k\pi} + \frac{2AT}{\mathrm{j}k2\pi}\,\mathrm{e}^{-\mathrm{j}k\pi}\right] \\
&= \frac{A}{\mathrm{j}k2\pi}\left[3\,\mathrm{e}^{-\mathrm{j}k\pi} - \mathrm{e}^{-\mathrm{j}1/2 k\pi} - 2\,\mathrm{e}^{-\mathrm{j}3/2 k\pi}\right]
\end{aligned}$$

$$\begin{aligned}
c_0 &= \frac{1}{T}\int_0^T f(t)\,\mathrm{d}t = \frac{1}{T}\int_{T/4}^{T/2} -A\,\mathrm{d}t + \frac{1}{T}\int_{T/2}^{3/4 T} 2A\,\mathrm{d}t \\
&= -\frac{A}{T}\Big[t\Big]_{T/4}^{T/2} + \frac{2A}{T}\Big[t\Big]_{T/2}^{3/4 T} \\
&= -\frac{A}{2} + \frac{A}{4} + \frac{3A}{2} - A = \frac{A}{4}\,.
\end{aligned}$$

Der Koeffizient c_0 kann in diesem Fall auch sehr einfach aus dem Graphen in der Aufgabenstellung abgelesen werden.

Die komplexe Fourier-Reihe der Funktion $f(t)$ lautet demnach

$$f(t) = \frac{A}{4} + \sum_{\substack{k=-\infty \\ k\neq 0}}^{\infty} \frac{A}{\mathrm{j}k2\pi}\left[3\,\mathrm{e}^{-\mathrm{j}k\pi} - \mathrm{e}^{-\mathrm{j}1/2 k\pi} - 2\,\mathrm{e}^{-\mathrm{j}3/2 k\pi}\right]\mathrm{e}^{-\mathrm{j}k\omega_0 t}\,.$$

11.1.3.2

Gesucht: c_k für $k = -2, -1, 1, 2$.

Gegeben: Die Beschreibung der Koeffizienten c_k.

Ansatz: Durch Einsetzen von $k = -2, -1, 1, 2$ in den Ausdruck zur Berechnung der Fourier-Koeffizienten ergeben sich folgende Terme:

$$c_{+1} = \frac{A}{\mathrm{j}2\pi}\,[-3 - \mathrm{j}]$$

$$c_{-1} = \frac{A}{\mathrm{j}2\pi}[+3-\mathrm{j}]$$
$$c_{+2} = +\frac{3A}{\mathrm{j}2\pi}$$
$$c_{-2} = -\frac{3A}{\mathrm{j}2\pi}\,.$$

11.1.3.3

Gesucht: Ausgangssignal $y(t)$.
Gegeben: Übertragungsfunktion $G(\mathrm{j}\omega)$ und c_k für $k = -2, -1, 1, 2$.
Ansatz: Beantwortung der Fragestellung: Welche Frequenzen werden abgeschnitten und welche c_k gehören zu den entsprechenden Frequenzen? Gemäß Abbildung 11.4 (S. 28) werden alle Frequenzen $\omega > 2k\omega_0$ abgeschnitten, d. h. es gilt $c_k \equiv 0 \;\forall\; k$ mit $|k| > 2$.

$$\begin{aligned} y(t) &= \frac{A}{4} + \frac{A}{\mathrm{j}2\pi}[-3-\mathrm{j}]\,\mathrm{e}^{\mathrm{j}\omega_0 t} + \frac{A}{\mathrm{j}2\pi}[3-\mathrm{j}]\,\mathrm{e}^{-\mathrm{j}\omega_0 t} + \frac{3A}{\mathrm{j}2\pi}\mathrm{e}^{\mathrm{j}2\omega_0 t} - \frac{3A}{\mathrm{j}2\pi}\mathrm{e}^{-\mathrm{j}2\omega_0 t} \\ &= \frac{A}{4} - \frac{A}{\mathrm{j}2\pi}\left[3\left(\mathrm{e}^{\mathrm{j}\omega_0 t} - \mathrm{e}^{-\mathrm{j}\omega_0 t}\right) + \mathrm{j}\left(\mathrm{e}^{\mathrm{j}\omega_0 t} + \mathrm{e}^{-\mathrm{j}\omega_0 t}\right) - 3\left(\mathrm{e}^{\mathrm{j}2\omega_0 t} - \mathrm{e}^{-\mathrm{j}2\omega_0 t}\right)\right] \\ &= \frac{A}{4} - \frac{A}{\pi}[3\sin(\omega_0 t) + \cos(\omega_0 t) - 3\sin(2\omega_0 t)]\,. \end{aligned}$$

Aufgabe 11.1.4

11.1.4.1

Für $\omega = 0$ ist die Spannung an der Spule L null, die gesamte Spannung fällt am ohmschen Widerstand R ab; dagegen fällt bei hohen Frequenzen nahezu die gesamte Spannung an L ab, die Spannung an R geht gegen null. Es handelt sich also um ein Tiefpassfilter.

11.1.4.2

Gesucht: Übertragungsfunktion $H(\mathrm{j}\omega)$ sowie dessen Betrag und Phase.
Gegeben: Übertragungssystem H.
Ansatz: Ermitteln der Übertragungsfunktion aus dem Schaltbild 11.5 (S. 28).

Die Übertragungsfunktion lautet:

$$H(\mathrm{j}\omega) = \frac{R}{R+\mathrm{j}\omega L} = \frac{1}{1+\mathrm{j}\omega L/R}\,.$$

Daraus folgt für Betrag und Phase:

$$|H(\mathrm{j}\omega)| = \frac{1}{\sqrt{1+(\omega L/R)^2}}\,, \qquad \varphi(\mathrm{j}\omega) = -\arctan\left(\omega\frac{L}{R}\right).$$

11.1.4.3

Gesucht: Widerstand R.

Gegeben: Das Eingangssignal

$$u_{\mathrm{in}}(t) = \frac{\pi}{2} - \frac{4}{\pi} \sum_{k=1}^{\infty} \frac{\cos\left[(2k-1)\omega_0 t\right]}{(2k-1)}$$

und das Amplitudenspektrum des Ausgangssignals $|U_{\mathrm{out}}(k)|$ mit

$$\frac{a_0}{2} = \frac{\pi}{2}\,, \quad a_1 = \frac{4\sqrt{3}}{2\pi}\,, \quad a_2 = 0\,, \quad a_3 = \frac{2}{3\pi}\,.$$

Ansatz: Koeffizientenvergleich zwischen Ein- und Ausgangssignal. Daraus Dämpfung ermitteln.

Die ersten vier Fourier-Koeffizienten der Funktion $u_{\mathrm{in}}(t)$ lauten

$$\frac{a_0}{2} = \frac{\pi}{2}\,, \qquad a_1 = -\frac{4}{\pi}\,, \qquad a_2 = 0\,, \qquad a_3 = -\frac{4}{3\pi}\,.$$

Man erkennt, dass das gefilterte Spektrum $|U_{\mathrm{out}}(\mathrm{j}\omega)|$ bei der Frequenz ω_0 um den Faktor $\sqrt{3}/2$, bzw. bei der Frequenz $3\omega_0$ um den Faktor 0,5 gedämpft wird. Es muss daher gelten:

$$|H(\mathrm{j}\omega_0)| = \frac{\sqrt{3}}{2} \qquad \text{beziehungsweise} \qquad |H(\mathrm{j}3\omega_0)| = \frac{1}{2}\,.$$

Der Widerstand R ergibt sich daher für beide Ansätze aus

$$\frac{\sqrt{3}}{2} = \frac{1}{\sqrt{1 + (\omega_0 L/R)^2}} \qquad\qquad \frac{1}{2} = \frac{1}{\sqrt{1 + (3\omega_0 L/R)^2}}$$

$$\frac{3}{4} = \frac{1}{1 + (\omega_0 L/R)^2} \qquad\qquad \frac{1}{4} = \frac{1}{1 + (3\omega_0 L/R)^2}$$

$$\frac{4}{3} = 1 + (\omega_0 L/R)^2 \qquad\qquad 4 = 1 + (3\omega_0 L/R)^2$$

$$\frac{1}{\sqrt{3}} = \omega_0 \frac{L}{R} \qquad\qquad \sqrt{3} = 3\omega_0 \frac{L}{R}$$

$$R = \sqrt{3}\,\omega_0 L\,; \qquad\qquad R = \sqrt{3}\,\omega_0 L\,.$$

11.2 Fourier-Transformation

Aufgabe 11.2.1

Gesucht: Fourier-Transformierte $F(\mathrm{j}\omega)$.
Gegeben: Zeitsignal $f(t)$.
Ansatz: Die Funktion $f(t)$ kann als Summe zweier Dreiecke aufgefasst werden. Dadurch kann die Fourier-Transformation sehr einfach mit der Transformationsvorschrift für die Dreiecksfunktion tri (t/T) durchgeführt werden:

$$f(t) = \frac{3}{2}\,\mathrm{tri}\left(\frac{t}{3T}\right) - \frac{1}{2}\,\mathrm{tri}\left(\frac{t}{T}\right)$$

$$\circ\!\!-\!\!\bullet$$

$$F(\mathrm{j}\omega) = \frac{3}{2}3T\,\mathrm{si}^2\left(\frac{3T\omega}{2}\right) - \frac{1}{2}T\,\mathrm{si}^2\left(\frac{T\omega}{2}\right).$$

Mit der Dreiecksfunktion tri (t/T) (Abbildung 11.2), die mit Hilfe der Rechteckfunktion rect$(t/2T)$ (Abbildung 11.3) wie folgt definiert wird:

$$\mathrm{tri}\left(\frac{t}{T}\right) = \left[1 - \frac{|t|}{T}\right]\mathrm{rect}\left(\frac{t}{2T}\right) \circ\!\!-\; T\,\mathrm{si}^2\left(\frac{T\omega}{2}\right)$$

sowie

$$\mathrm{tri}\left(\frac{t}{3T}\right) = \left[1 - \frac{|t|}{3T}\right]\mathrm{rect}\left(\frac{t}{2\cdot 3T}\right) \circ\!\!-\; 3T\,\mathrm{si}^2\left(\frac{3T\omega}{2}\right).$$

Der Parameter T legt die Periodendauer fest und muss an die entsprechende Dauer angepasst werden. Im gegebenen Fall wird für tri $(t/3T)$ in der Gleichung von tri (t/T) T durch $3T$ ersetzt.

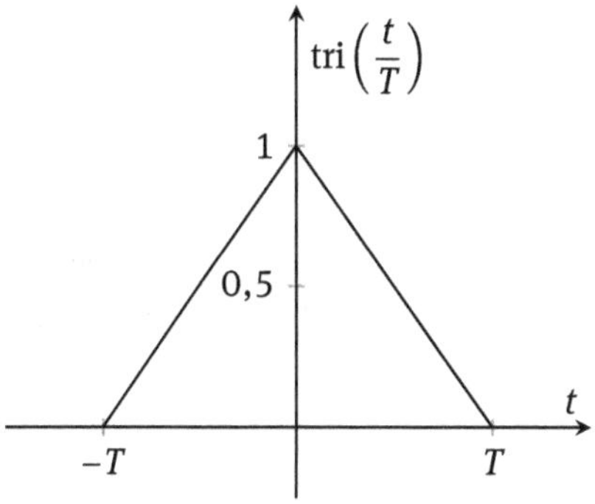

Abb. 11.2: Dreiecksfunktion tri(t/T).

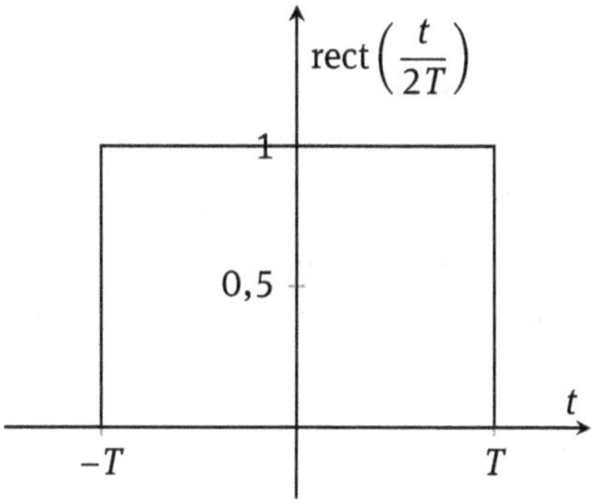

Abb. 11.3: Rechteckfunktion rect$(t/2T)$.

Aufgabe 11.2.2

11.2.2.1
Gesucht: Zeitfunktion $x(t) = \mathcal{F}^{-1}\{X(\mathrm{j}\omega)\}$.
Gegeben: Fourier-Transformierte

$$X(\mathrm{j}\omega) = \frac{\omega^2}{\omega_\mathrm{g}^2} \quad \text{für} \quad -\omega_\mathrm{g} \le \omega \le \omega_\mathrm{g} \,.$$

Ansatz: Anwendung der inversen Transformationsvorschrift.

Da $X(\mathrm{j}\omega)$ reell und gerade ist, kann folgende inverse Transformationsvorschrift verwendet werden:

$$x(t) = \frac{1}{\pi}\int_0^\infty X(\mathrm{j}\omega)\cos(\omega t)\,\mathrm{d}\omega \,.$$

Damit wird

$$x(t) = \frac{1}{\pi}\int_0^{\omega_\mathrm{g}} \frac{\omega^2}{\omega_\mathrm{g}^2}\cos(\omega t)\,\mathrm{d}\omega \,.$$

Nach zweimaliger partieller Integration ergibt sich daraus

$$\begin{aligned} x(t) &= \frac{1}{\pi\omega_\mathrm{g}^2}\left[\frac{2\omega}{t^2}\cos(\omega t) + \left(\frac{\omega^2}{t} - \frac{2}{t^3}\right)\sin(\omega t)\right]_0^{\omega_\mathrm{g}} \\ &= \frac{1}{\pi\omega_\mathrm{g}^2}\left[\frac{2\omega_\mathrm{g}}{t^2}\cos(\omega_\mathrm{g} t) + \left(\frac{\omega_\mathrm{g}^2}{t} - \frac{2}{t^3}\right)\sin(\omega_\mathrm{g} t)\right] \\ &= \frac{2}{\pi\omega_\mathrm{g} t^2}\cos(\omega_\mathrm{g} t) + \frac{1}{\pi t}\sin(\omega_\mathrm{g} t) - \frac{2}{\pi\omega_\mathrm{g}^2 t^3}\sin(\omega_\mathrm{g} t) \,. \end{aligned}$$

11.2.2.2
Gesucht: Zeitfunktion $x(t) = \mathcal{F}^{-1}\{X(\mathrm{j}\omega)\}$.
Gegeben: Fourier-Transformierte $X(\mathrm{j}\omega)$.
Ansatz: Die Ableitung der Funktion $X(\mathrm{j}\omega)$ (s. Abbildung 11.4) kann als Summe zweier Dirac-Impulse $\frac{\mathrm{d}}{\mathrm{d}\omega}X_1(\mathrm{j}\omega)$ und einer Rampenfunktion $\frac{\mathrm{d}}{\mathrm{d}\omega}X_2(\mathrm{j}\omega)$ betrachtet werden. Es gilt

$$\frac{\mathrm{d}}{\mathrm{d}\omega}X(\mathrm{j}\omega) = \frac{\mathrm{d}}{\mathrm{d}\omega}X_1(\mathrm{j}\omega) + \frac{\mathrm{d}}{\mathrm{d}\omega}X_2(\mathrm{j}\omega) \,.$$

Der Ausdruck $\frac{\mathrm{d}}{\mathrm{d}\omega}X_2(\mathrm{j}\omega)$ kann nochmals differenziert werden (s. Abbildung 11.5). Es können nun die zugehörigen Zeitfunktionen $x_1(t)$ und $x_2(t)$ mit Hilfe des Differenziationssatzes bestimmt werden.

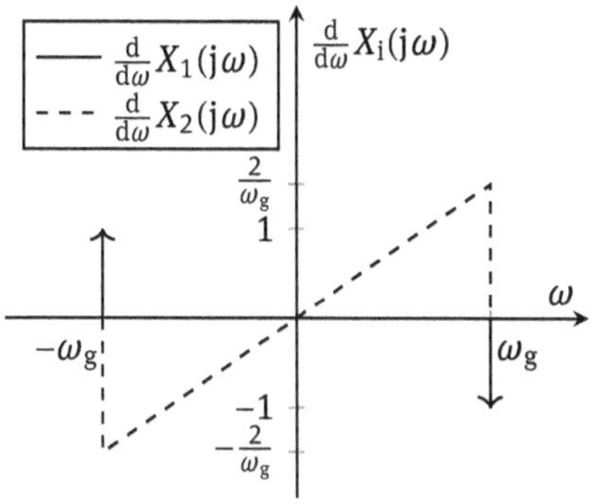

Abb. 11.4: Erste Ableitung der Fourier-Transformierten.

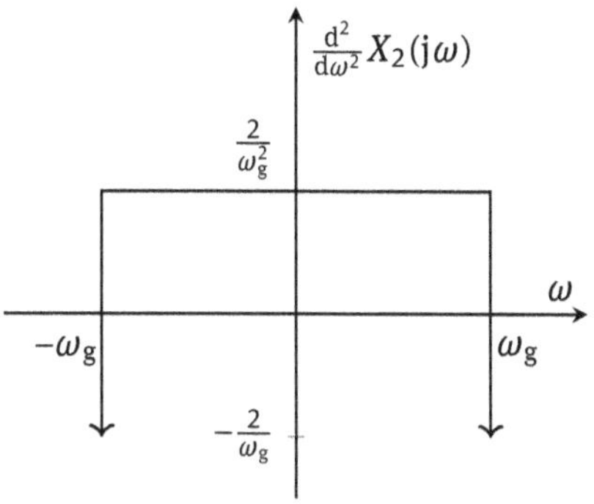

Abb. 11.5: Zweite Ableitung der Fourier-Transformierten.

$$\frac{d}{d\omega}X_1(j\omega) = \delta(\omega + \omega_g) - \delta(\omega - \omega_g)$$

$$\Big\downarrow$$

$$\begin{aligned}(-jt)\,x_1(t) &= \frac{1}{2\pi}\left(e^{-j\omega_g t} - e^{j\omega_g t}\right)\\ x_1(t) &= \frac{1}{jt2\pi}\left(e^{j\omega_g t} - e^{-j\omega_g t}\right)\\ &= \frac{1}{\pi t}\sin(\omega_g t)\,.\end{aligned}$$

$$\frac{d^2}{d\omega^2}X_2(j\omega) = \frac{2}{\omega_g^2}\operatorname{rect}\left(\frac{\omega}{2\omega_g}\right) - \frac{2}{\omega_g}\delta(\omega + \omega_g) - \frac{2}{\omega_g}\delta(\omega - \omega_g)$$

$$\Big\downarrow$$

$$\begin{aligned}(-jt)^2x_2(t) &= \frac{2}{\omega_g^2}\frac{1}{\pi}\frac{\sin(\omega_g t)}{t} + \frac{1}{\pi\omega_g}\left(-e^{-j\omega_g t} - e^{j\omega_g t}\right)\\ &= \frac{2}{\pi\omega_g^2}\frac{\sin(\omega_g t)}{t} - \frac{2}{\pi\omega_g}\cos(\omega_g t)\\ x_2(t) &= \frac{1}{(-jt)^2}\left[\frac{2}{\pi\omega_g^2}\frac{\sin(\omega_g t)}{t} - \frac{2}{\pi\omega_g}\cos(\omega_g t)\right]\\ &= -\frac{2}{\pi\omega_g^2 t^3}\sin(\omega_g t) + \frac{2}{\pi\omega_g t^2}\cos(\omega_g t)\,.\end{aligned}$$

Somit ist

$$\begin{aligned}x(t) &= x_1(t) + x_2(t)\\ &= \frac{1}{\pi t}\sin(\omega_g t) - \frac{2}{\pi\omega_g^2 t^3}\sin(\omega_g t) + \frac{2}{\pi\omega_g t^2}\cos(\omega_g t),\end{aligned}$$

was mit der Lösung des ersten Aufgabenteils übereinstimmt.

Aufgabe 11.2.3

11.2.3.1

Gesucht: Funktionsgleichung von $X_1(\mathrm{j}\omega)$.
Gegeben: Fourier-Transformierte $X_1(\mathrm{j}\omega)$.
Ansatz: Die Funktionsgleichung ergibt sich aus dem zugehörigen Graphen:

$$X_{1,\text{Intervall}}(\mathrm{j}\omega) = \begin{cases} \omega - 1 & 1 \le \omega < 2\,, \\ 1 & 2 \le \omega \le 3\,, \\ 0 & \text{sonst}\,. \end{cases}$$

11.2.3.2

Gesucht: Zeitfunktion $x_1(t) = \mathcal{F}^{-1}\{X_1(\mathrm{j}\omega)\}$.
Gegeben: Fourier-Transformierte $X_1(\mathrm{j}\omega)$.
Ansatz: Anwenden der inversen Transformationsvorschrift:

$$x_1(t) = \frac{1}{2\pi}\int_{-\infty}^{\infty} X_1(\mathrm{j}\omega)\,\mathrm{e}^{\mathrm{j}\omega t}\,\mathrm{d}\omega\,.$$

Symmetrie ausnutzen:

$$\begin{aligned}
x_1(t) &= \frac{\mathrm{j}}{\pi}\int_0^{\infty} X_1(\mathrm{j}\omega)\sin(\omega t)\,\mathrm{d}\omega \\
&= \frac{\mathrm{j}}{\pi}\left(\int_1^2 (\omega - 1)\sin(\omega t)\,\mathrm{d}\omega + \int_2^3 \sin(\omega t)\,\mathrm{d}\omega\right) \\
&= \frac{\mathrm{j}}{\pi}\left(\int_1^2 \omega\sin(\omega t)\,\mathrm{d}\omega - \int_1^2 \sin(\omega t)\,\mathrm{d}\omega + \int_2^3 \sin(\omega t)\,\mathrm{d}\omega\right) \\
&= \frac{\mathrm{j}}{\pi}\left[\frac{\sin(\omega t)}{t^2}\bigg|_1^2 - \frac{\omega\cos(\omega t)}{t}\bigg|_1^2 + \frac{\cos(\omega t)}{t}\bigg|_1^2 - \frac{\cos(\omega t)}{t}\bigg|_2^3\right] \\
&= \frac{\mathrm{j}}{\pi}\left[\frac{\sin(2t)}{t^2} - \frac{2\cos(2t)}{t} - \frac{\sin(t)}{t^2} + \frac{\cos(t)}{t} + \frac{\cos(2t)}{t}\right. \\
&\qquad \left. - \frac{\cos(t)}{t} - \frac{\cos(3t)}{t} + \frac{\cos(2t)}{t}\right] \\
&= \frac{\mathrm{j}}{\pi}\left[\frac{\sin(2t) - \sin(t)}{t^2} - \frac{\cos(3t)}{t}\right] \\
&= \frac{\sin(t) - \sin(2t)}{\mathrm{j}\pi t^2} + \frac{\cos(3t)}{\mathrm{j}\pi t}\,.
\end{aligned}$$

Aufgabe 11.2.4

11.2.4.1

Gesucht: Die Fourier-Transformierten $X_2(\mathrm{j}\omega) = \mathcal{F}\{x_2(t)\}$ und $Y(\mathrm{j}\omega) = \mathcal{F}\{y(t)\}$.

Gegeben: Eingangssignal $x_2(t)$ und Ausgangssignal $y(t)$.

Ansatz: Transformation der einzelnen Faktoren im Zeitbereich und anschließende Faltung der Fourier-Transformierten im Frequenzbereich (Anwendung des Faltungssatzes).

$$x_2(t) = t\,\mathrm{e}^{-2t}\sin(t)\,\sigma(t) = t\,\mathrm{e}^{-2t}\sigma(t)\cdot\sin(t)\,.$$

Mit den Korrespondenzen

$$t\,\mathrm{e}^{-2t}\sigma(t) \circ\!\!-\!\!\bullet \; \frac{1}{(2+\mathrm{j}\omega)^2}$$

$$\sin(t) \circ\!\!-\!\!\bullet \; \mathrm{j}\pi\left[\delta(\omega+1)-\delta(\omega-1)\right]$$

ergibt sich

$$X_2(\mathrm{j}\omega) = \frac{1}{2\pi}\left[\frac{1}{(2+\mathrm{j}\omega)^2} * \mathrm{j}\pi\left[\delta(\omega+1)-\delta(\omega-1)\right]\right]$$

$$X_2(\mathrm{j}\omega) = \frac{1}{2\mathrm{j}}\left[\frac{1}{(2+\mathrm{j}(\omega-1))^2} - \frac{1}{(2+\mathrm{j}(\omega+1))^2}\right].$$

Das Ausgangssignal wird dann

$$y(t) = t\,\mathrm{e}^{-2t}\cos(t)\,\sigma(t) = t\,\mathrm{e}^{-2t}\frac{\mathrm{e}^{\mathrm{j}t}+\mathrm{e}^{-\mathrm{j}t}}{2}\sigma(t)$$

mit der Fourier-Transformierten

$$Y(\mathrm{j}\omega) = \frac{1}{2}\left[\frac{1}{(2+\mathrm{j}(\omega-1))^2} + \frac{1}{(2+\mathrm{j}(\omega+1))^2}\right].$$

11.2.4.2

Gesucht: Übertragungsfunktion $H(\mathrm{j}\omega) = \mathcal{F}\{h(t)\}$.

Gegeben: Ein- und Ausgangssignal $X_2(\mathrm{j}\omega) = \mathcal{F}\{x_2(t)\}$ und $Y(\mathrm{j}\omega) = \mathcal{F}\{y(t)\}$ im Frequenzbereich.

Ansatz: Die Übertragungsfunktion entspricht dem Quotienten aus Aus- und Eingangssignal $H(\mathrm{j}\omega) = {}^{Y(\mathrm{j}\omega)}/_{X(\mathrm{j}\omega)}$.

$$H(\mathrm{j}\omega) = \frac{Y(\mathrm{j}\omega)}{X(\mathrm{j}\omega)} = \frac{\frac{1}{2}\left[\frac{1}{(2+\mathrm{j}(\omega-1))^2} + \frac{1}{(2+\mathrm{j}(\omega+1))^2}\right]}{\frac{1}{2\mathrm{j}}\left[\frac{1}{(2+\mathrm{j}(\omega-1))^2} - \frac{1}{(2+\mathrm{j}(\omega+1))^2}\right]}$$

$$H(\mathrm{j}\omega) = \mathrm{j}\frac{(2+\mathrm{j}(\omega-1))^2 + (2+\mathrm{j}(\omega+1))^2}{(2+\mathrm{j}(\omega+1))^2 - (2+\mathrm{j}(\omega-1))^2}\,.$$

Aufgabe 11.2.5

Gesucht: Fourier-Transformierte $Z(\mathrm{j}\omega) = \mathcal{F}\{z(t)\}$ des Ausgangssignals $z(t)$.
Gegeben: Eingangssignal $x_3(t)$ und Impulsantwort $h(t) = {}^{\mathrm{d}}/_{\mathrm{d}t}$.
Ansatz: Das Ausgangssignal ist die Ableitung vom Eingangssignal

$$z(t) = \frac{\mathrm{d}}{\mathrm{d}t}(5\,\mathrm{e}^{-3t}\sigma(t))\,.$$

Anwendung der Beziehung $\frac{\mathrm{d}^n f(t)}{\mathrm{d}t^n} \circ\!\!-\; (\mathrm{j}\omega)^n F(\mathrm{j}\omega)$.

$$z(t) = \frac{\mathrm{d}}{\mathrm{d}t}(5\,\mathrm{e}^{-3t}\sigma(t)) = \frac{\mathrm{d}}{\mathrm{d}t}x_3(t) \circ\!\!-\; \mathrm{j}\omega X_3(\mathrm{j}\omega)$$

$$X_3(\mathrm{j}\omega) = \frac{5}{3+\mathrm{j}\omega}$$

$$Z(\mathrm{j}\omega) = \mathrm{j}\omega\left(\frac{5}{3+\mathrm{j}\omega}\right).$$

Aufgabe 11.2.6

11.2.6.1
Gesucht: Fourier-Transformierte $U_1(\mathrm{j}\omega) = \mathcal{F}\{u_1(t)\}$.
Gegeben: Abbildung der Zeitfunktion $u_1(t)$.
Ansatz: Bestimmung der Funktion $u_1(t)$ aus Abbildung 11.12 (S. 32) und anschließende Fourier-Transformation unter Ausnutzung von Symmetrien.

$$u_1(t) = \begin{cases} 2u_0 + \frac{u_0}{T}t & \text{für } -T \le t < 0\,, \\ 2u_0 - \frac{u_0}{T}t & \text{für } \;\; 0 \le t < T\,, \\ 0 & \text{sonst}\,. \end{cases}$$

$u_1(t)$ ist eine gerade Funktion, d.h. $u_1(t) = u_1(-t)$

$$U_1(\mathrm{j}\omega) = \int_{-\infty}^{\infty} u_1(t)\,\mathrm{e}^{-\mathrm{j}\omega t}\,\mathrm{d}t$$

da $u_1(t) = u_1(-t)$ und reellwertig folgt

$$U_1(\mathrm{j}\omega) = 2\int_0^T u_1(t)\cos\omega t\,\mathrm{d}t$$
$$= 2u_0\int_0^T \left(2 - \frac{t}{T}\right)\cos\omega t\,\mathrm{d}t\,.$$

Mit $\int \cos \omega t \,\mathrm{d}t = {}^1/_\omega \sin \omega t$ und $\int t \cos \omega t \,\mathrm{d}t = {}^1/_{\omega^2} \cos \omega t + {}^t/_\omega \sin \omega t$ wird

$$
\begin{aligned}
U_1(\mathrm{j}\omega) &= 2u_0 \left[\frac{2}{\omega} \sin \omega t - \frac{1}{\omega^2 T} \cos \omega t - \frac{t \sin \omega t}{\omega T} \right]_0^T \\
&= 2u_0 \left[\frac{2}{\omega} \sin \omega T - \frac{1}{\omega^2 T} \cos \omega T - \frac{T \sin \omega T}{\omega T} + \frac{1}{\omega^2 T} \right] \\
&= 2\frac{u_0}{\omega} \left(\sin \omega T + \frac{1}{\omega T} \underbrace{(1 - \cos \omega T)}_{2\sin(\frac{\omega T}{2})^2} \right) \\
&= \underbrace{2u_0 T \frac{\sin \omega T}{\omega T}}_{\text{Transformierte des Rechtecks}} + \underbrace{u_0 T \left(\frac{\sin \frac{\omega T}{2}}{\frac{\omega T}{2}} \right)^2}_{\text{Transformierte des Dreiecks}} \\
&= 2u_0 T \mathrm{si}\,(\omega T) + u_0 T \mathrm{si}^2 \left(\frac{\omega T}{2} \right) .
\end{aligned}
$$

Bei der Umformung der Transformierten des Dreiecks wurde der Zusammenhang

$$
\sin\left(\frac{x}{2}\right) = \sqrt{\frac{1}{2}(1 - \cos(x))}
$$

benutzt.

11.2.6.2

Gesucht: Fourier-Transformierte $U_2(\mathrm{j}\omega) = \mathcal{F}\{u_2(t)\}$.
Gegeben: Zeitfunktion $u_2(t)$.
Ansatz: Fourier-Transformation mit Variablenverschiebung im Frequenzbereich.

$$
\begin{gathered}
u_2(t) = u_1(t - 2T) - u_1(t + 2T) \\
\circ\!\!-\!\!\bullet \\
U_2(\mathrm{j}\omega) = U_1(\mathrm{j}\omega)\, \mathrm{e}^{-\mathrm{j}\omega 2T} - U_1(\mathrm{j}\omega)\, \mathrm{e}^{\mathrm{j}\omega 2T} .
\end{gathered}
$$

Aufgabe 11.2.7

11.2.7.1

Gesucht: ${}^{\mathrm{d}H(\mathrm{j}\omega)}/_{\mathrm{d}\omega}$ und ${}^{\mathrm{d}^2 H(\mathrm{j}\omega)}/_{\mathrm{d}\omega^2}$.
Gegeben: Abbildung 11.13 (S. 33) von $H(\mathrm{j}\omega)$.

Die Skizzen der ersten und zweiten Ableitung sehen wie folgt aus:
- Erste Ableitung: siehe Abbildung 11.6.
- Zweite Ableitung: siehe Abbildung 11.7.

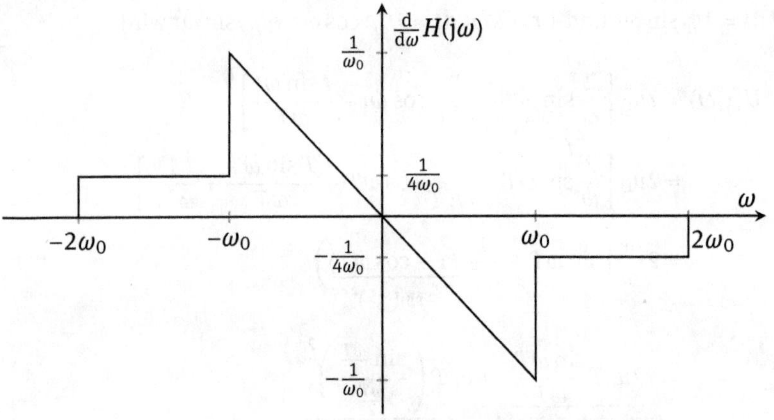

Abb. 11.6: Erste Ableitung nach der Kreisfrequenz ω: $\mathrm{d}H(\mathrm{j}\omega)/\,\mathrm{d}\omega$.

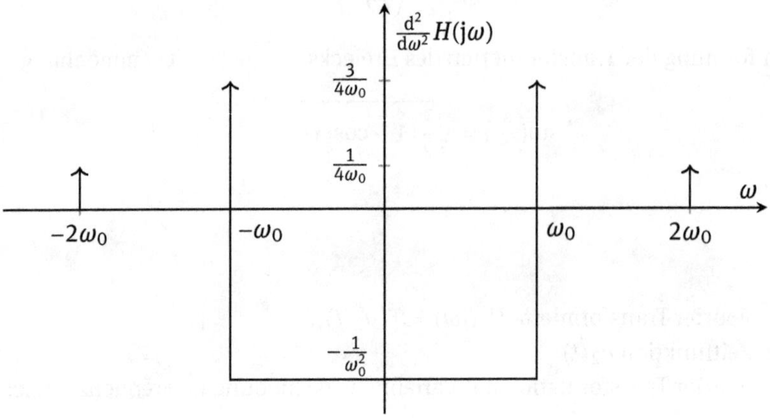

Abb. 11.7: Zweite Ableitung nach der Kreisfrequenz ω: $\mathrm{d}^2H(\mathrm{j}\omega)/\,\mathrm{d}\omega^2$.

11.2.7.2
Gesucht: $h(t) = \mathcal{F}^{-1}\{H(\mathrm{j}\omega)\}$.
Gegeben: ${}^{\mathrm{d}^2H(\mathrm{j}\omega)}/_{\mathrm{d}\omega^2}$.
Ansatz: Anwendung des Ableitungssatzes.

Aus der Skizze lässt sich die mathematische Beschreibung von ${}^{\mathrm{d}^2H(\mathrm{j}\omega)}/_{\mathrm{d}\omega^2} \equiv H''(\mathrm{j}\omega)$ bestimmen:

$$\begin{aligned} H''(\mathrm{j}\omega) = {} & \frac{1}{4\omega_0}\delta(\omega + 2\omega_0) + \frac{3}{4\omega_0}\delta(\omega + \omega_0) - \frac{1}{\omega_0^2}\,\mathrm{rect}\left(\frac{\omega}{2\omega_0}\right) \\ & + \frac{3}{4\omega_0}\delta(\omega - \omega_0) + \frac{1}{4\omega_0}\delta(\omega - 2\omega_0)\,. \end{aligned}$$

Mit dem Ableitungssatz im Frequenzbereich folgt:

$$(-\mathrm{j}t)^2 h_1(t) = \frac{1}{4\omega_0}\left[\mathrm{e}^{-\mathrm{j}2\omega_0 t} + 3\,\mathrm{e}^{-\mathrm{j}\omega_0 t} + 3\,\mathrm{e}^{\mathrm{j}\omega_0 t} + \mathrm{e}^{\mathrm{j}2\omega_0 t}\right] - \frac{1}{\pi\omega_0^2 t}\sin(\omega_0 t)$$

$$\begin{aligned} h_1(t) &= \frac{-1}{4\omega_0 t^2}\left[\mathrm{e}^{-\mathrm{j}2\omega_0 t} + 3\,\mathrm{e}^{-\mathrm{j}\omega_0 t} + 3\,\mathrm{e}^{\mathrm{j}\omega_0 t} + \mathrm{e}^{\mathrm{j}2\omega_0 t}\right] + \frac{1}{\pi\omega_0^2 t^3}\sin(\omega_0 t) \\ &= \frac{-1}{2\omega_0 t^2}\left[3\cos(\omega_0 t) + \cos(2\omega_0 t)\right] + \frac{1}{\pi\omega_0 t^2}\,\mathrm{si}(\omega_0 t)\,. \end{aligned}$$

Nun muss noch die Konstante 0,25 berücksichtigt werden, die beim Differenzieren weggefallen ist. Für deren inverse Fourier-Transformierte gilt $0{,}25 \;\bullet\!\!-\!\!\circ\; 0{,}25\delta(t)$. Daraus folgt:

$$h(t) = h_1(t) + 0{,}25\delta(t)\,.$$

Aufgabe 11.2.8

11.2.8.1

Gesucht: Fourier-Transformierte $I(\mathrm{j}\omega) = \mathcal{F}\{i(t)\}$.
Gegeben: Zeitsignal $i(t)$.
Ansatz: Anwendung des Dualitätssatzes.

Es ist empfehlenswert, zunächst noch einmal die allgemeine Transformationsvorschrift und die entsprechende Transformation mit Hilfe des Symmetrie-/Dualitätssatzes aufzuschreiben:

$$\begin{aligned} x(t) &\circ\!\!-\!\!\bullet\; X(\mathrm{j}\omega)\,, \\ X(\mathrm{j}t) &\circ\!\!-\!\!\bullet\; 2\pi x(-\omega)\,. \end{aligned}$$

Nun notiert man die passende Vorschrift, die man in den Hilfsblättern findet und wendet den Symmetrie-/Dualitätssatz an. Dabei wird t zu $-\omega$ und ω zu t. Vorsicht! Den Faktor 2π nicht vergessen:

$$\begin{aligned} \mathrm{tri}\left(\frac{t}{T}\right) &\circ\!\!-\!\!\bullet\; T\,\mathrm{si}^2\left(\frac{T\omega}{2}\right)\,, \\ T\,\mathrm{si}^2\left(\frac{Tt}{2}\right) &\circ\!\!-\!\!\bullet\; 2\pi\,\mathrm{tri}\left(\frac{-\omega}{T}\right)\,. \end{aligned}$$

Im letzten Schritt wird die Skalierung der Achsen angepasst. Durch vergleichen mit der Zielfunktion $i(t)$ aus der Aufgabenstellung erkennt man, dass $T/2 \rightarrow \omega_0$ bzw. $T \rightarrow 2\omega_0$ übergeht. Durch geeignetes Umformen und erweitern kommt man auf die endgültige Form

$$\begin{aligned} 2\omega_0\,\mathrm{si}^2(\omega_0 t) &\circ\!\!-\!\!\bullet\; 2\pi\,\mathrm{tri}\left(\frac{\omega}{2\omega_0}\right)\,, \\ i(t) = i_0\,\mathrm{si}^2(\omega_0 t) &\circ\!\!-\!\!\bullet\; \frac{\pi i_0}{\omega_0}\,\mathrm{tri}\left(\frac{\omega}{2\omega_0}\right) = I(\mathrm{j}\omega)\,. \end{aligned}$$

11.2.8.2
Gesucht: Skizze von $I(\mathrm{j}\omega) = \mathcal{F}\{i(t)\}$.
Gegeben: $I(\mathrm{j}\omega)$.

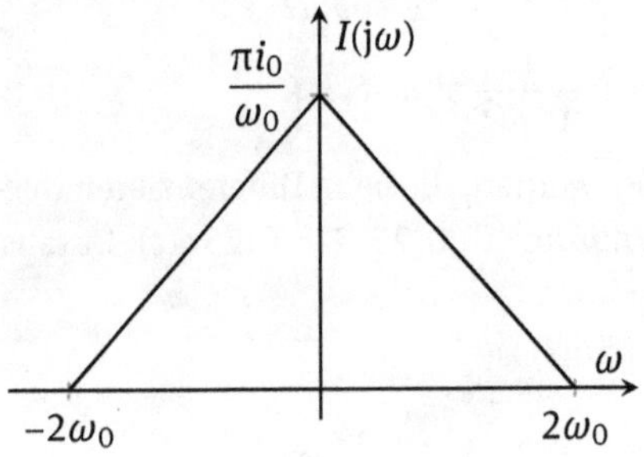

Abb. 11.8: Skizze von $I(\mathrm{j}\omega)$.

Aufgabe 11.2.9

11.2.9.1
Gesucht: Fourier-Transformierte $P(\mathrm{j}\omega) = \mathcal{F}\{p(t)\}$ des Ausgangssignals $p(t)$.
Gegeben: Fourier-Transformierte $U(\mathrm{j}\omega) = \mathcal{F}\{u(t)\}$ des Eingangssignals $u(t)$ und Impulsantwort $f(t)$ eines Systems F.
Ansatz: Bestimme die Übertragungsfunktion $F(\mathrm{j}\omega) = \mathcal{F}\{f(t)\}$. Die Fourier-Transformierte $P(\mathrm{j}\omega)$ des Ausgangssignals $p(t)$ erhält man aus dem Produkt des Eingangssignals mit der Übertragungsfunktion: $P(\mathrm{j}\omega) = U(\mathrm{j}\omega)\,F(\mathrm{j}\omega)$.

$$F(\mathrm{j}\omega) = \operatorname{rect}\left(\frac{\omega}{\omega_0}\right)$$

$$P(\mathrm{j}\omega) = U(\mathrm{j}\omega)F(\mathrm{j}\omega) = \operatorname{tri}\left(\frac{\omega}{\omega_0}\right)\cdot\operatorname{rect}\left(\frac{\omega}{\omega_0}\right) = \begin{cases} 1-\left|\frac{\omega}{\omega_0}\right| & \text{für } -\frac{\omega_0}{2}\le\omega\le\frac{\omega_0}{2}\,, \\ 0 & \text{sonst.}\end{cases}$$

Zur Definition von Dreiecksfunktion und Rechteckfunktion vergl. die Abbildungen 11.2 und 11.3 auf S. 161.

11.2.9.2
Gesucht: Skizze von $P(\mathrm{j}\omega) = \mathcal{F}\{p(t)\}$.
Gegeben: $P(\mathrm{j}\omega)$.
Lösung: Siehe Abbildung 11.9.

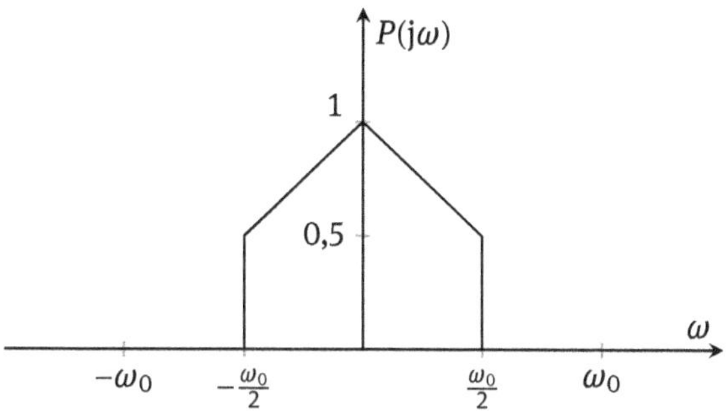

Abb. 11.9: Skizze von $P(j\omega)$.

11.3 Faltung

Aufgabe 11.3.1

Gesucht: Faltungsoperation $y(t) = x(t) * h(t)$ mittels Faltungsintegral.

Gegeben: Abbildung der Zeitsignale $x(t)$ und $h(t)$.

Ansatz: Zunächst müssen die mathematischen Ausdrücke der in der Abbildung dargestellten Funktionen $x(t)$ und $h(t)$ bestimmt werden. Anschließend sollte die Faltungsoperation graphisch dargestellt werden. Spiegeln Sie die Funktion $h(\tau)$ an der y-Achse und verschieben Sie diese um t (analog kann man auch $x(\tau)$ spiegeln und verschieben). Für welche Werte von t ändern sich die Integrationsgrenzen (welche Fälle gibt es)?

Die zu faltenden Funktionen ergeben sich zu

$$x(t) = \begin{cases} 1 & \text{für } 0 < t < 3T\,, \\ 0 & \text{sonst;} \end{cases}$$

$$h(t) = \begin{cases} \dfrac{t}{2T} & \text{für } 0 < t < 2T\,, \\ 0 & \text{sonst.} \end{cases}$$

Mit Hilfe der Abbildung 11.10 werden die Integrationsgrenzen bestimmt. Das Faltungsintegral

$$\int_{-\infty}^{\infty} x(\tau)\, h(t-\tau)\, d\tau$$

kann nur dort Werte ungleich null annehmen, an denen sowohl $x(\tau)$ als auch $h(t-\tau)$ ungleich null sind. Nach Abbildung 11.10 sind fünf Fälle zu unterscheiden:

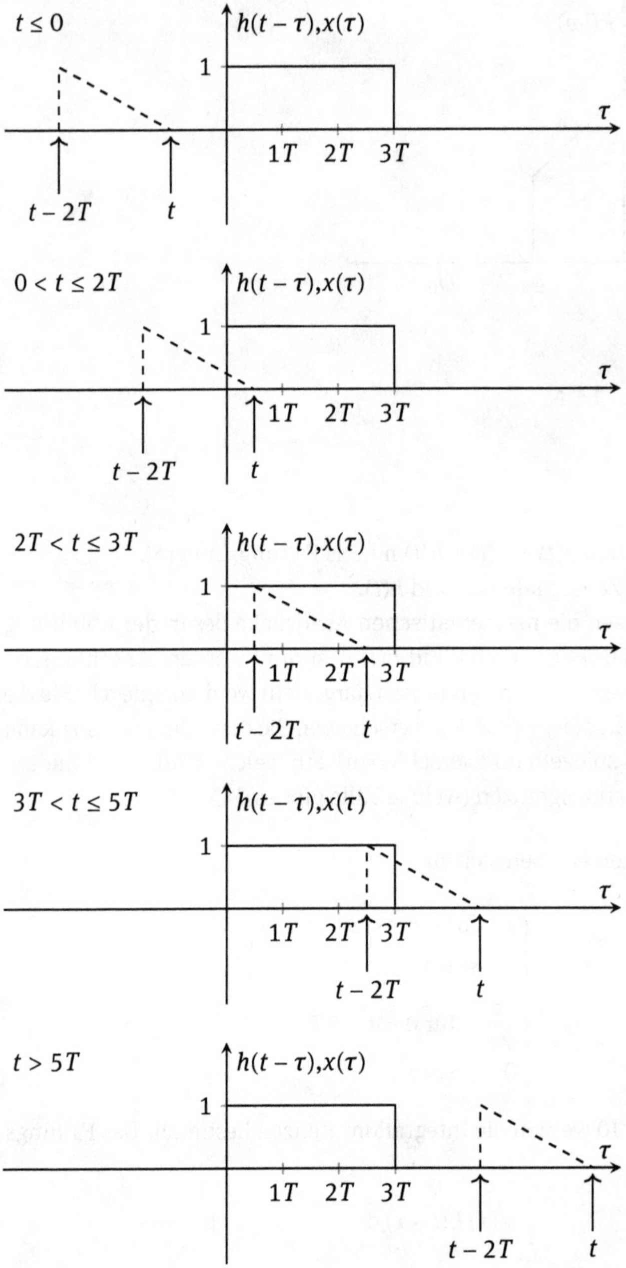

Abb. 11.10: Fünf Beispiele für die Fallunterscheidung zur Bestimmung der Integrationsgrenzen.

1. Fall: $t \le 0$

$$y(t) = 0\,.$$

2. Fall: $0 < t \le 2T$

$$y(t) = \int_0^t x(\tau)h(t-\tau)\,\mathrm{d}\tau = \frac{1}{2T}\int_0^t (t-\tau)\,\mathrm{d}\tau = \frac{t^2}{4T}\,.$$

3. Fall: $2T < t \le 3T$

$$y(t) = \int_{t-2T}^{t} x(\tau)h(t-\tau)\,\mathrm{d}\tau = \frac{1}{2T}\int_{t-2T}^{t} (t-\tau)\,\mathrm{d}\tau = T\,.$$

4. Fall: $T < t - 2T \le 3T \quad \rightarrow \quad 3T < t \le 5T$

$$y(t) = \int_{t-2T}^{3T} x(\tau)h(t-\tau)\,\mathrm{d}\tau = \frac{1}{2T}\int_{t-2T}^{3T} (t-\tau)\,\mathrm{d}\tau = \frac{1}{4T}\left(-5T^2 + 6tT - t^2\right)\,.$$

5. Fall: $5T < t$

$$y(t) = 0\,.$$

Für das Ausgangssignal ergibt sich folgender Ausdruck:

$$y(t) = \begin{cases} 0 & t \le 0\,, \\ \dfrac{t^2}{4T} & 0 < t \le 2T\,, \\ T & 2T < t \le 3T\,, \\ \dfrac{1}{4T}(-5T^2 + 6tT - t^2) & 3T < t \le 5T\,, \\ 0 & 5T < t\,. \end{cases}$$

Den vollständigen Verlauf von $y(t)$ zeigt Abbildung 11.11.

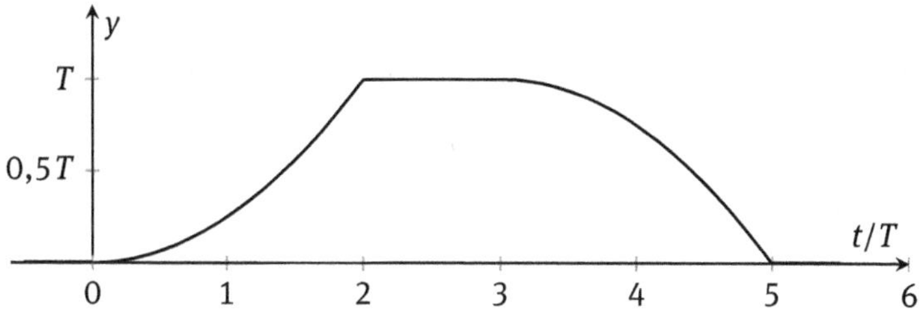

Abb. 11.11: Zeitlicher Verlauf des Ausgangssignals $y(t)$.

Aufgabe 11.3.2

11.3.2.1

Gesucht: Impulsantwort $g(t)$.

Gegeben: Eingangsignal $x(t)$, Impulsantworten $h_1(t)$ und $h_2(t)$.

Ansatz: Der Ausgang des ersten Systems bestimmt sich zu

$$y(t) = x(t) * h_1(t).$$

Auf die gleiche Weise ergibt sich das Ausgangssignal des zweiten Teilsystems zu

$$z(t) = y(t) * h_2(t) = x(t) * h_1(t) * h_2(t) = x(t) * g(t).$$

Damit kann die Impulsantwort des Gesamtsystems durch eine Faltung der Impulsantworten der Teilsysteme bestimmt werden

$$g(t) = h_1(t) * h_2(t)\,.$$

11.3.2.2

Gesucht: Impulsantwort $h_1(t)$ des Teilsystems H_1.

Gegeben: Eingangsignal $x(t) = \delta(t)$, Impulsantwort $y(t)$ des Teilsystems H_1 mit der Impulsantwort $h_1(t)$.

Ansatz: Die Impulsantwort eines Systems entspricht dem Ausgangssignal bei einer Anregung mit einem Dirac-Impuls.

Deshalb ist

$$h_1(t) = y(t) = \begin{cases} 1 - t & \text{für } 0 \le t < 1\,, \\ 0 & \text{sonst}\,. \end{cases}$$

11.3.2.3

Gesucht: Impulsantwort $h_2(t)$ des Teilsystems H_2.

Gegeben: Schaltbild des Teilsystems H_2 .

Ansatz: Die Übertragungsfunktion $H_2(\mathrm{j}\omega)$ des Teilsystems H_2 kann direkt aus dem Schaltbild gewonnen werden. Anschließend muss diese in den Zeitbereich transformiert werden.

Die Systemfunktion des zweiten Teilsystems ist

$$H_2(\mathrm{j}\omega) = \frac{1/\mathrm{j}\omega C}{R + 1/\mathrm{j}\omega C} = \frac{1}{RC} \cdot \frac{1}{1/RC + \mathrm{j}\omega}$$

$$\bullet\!\!-\!\!\circ$$

$$h_2(t) = \frac{1}{RC} \cdot \mathrm{e}^{-1/RC\,t} \cdot \sigma(t)\,.$$

11.3.2.4

Gesucht: Impulsantwort $h_2(t)$ des Teilsystems H_2.
Gegeben: Übertragungsfunktionen $h_1(t)$, $h_2(t)$ der Teilsysteme H_1, H_2.
Ansatz: Die Impulsantwort des Gesamtsystems ergibt sich nach 11.3.2.1 über die Faltungsoperation $g(t) = h_1(t) * h_2(t)$.

Hier müssen drei Fälle unterschieden werden (siehe Abbildung 11.12):

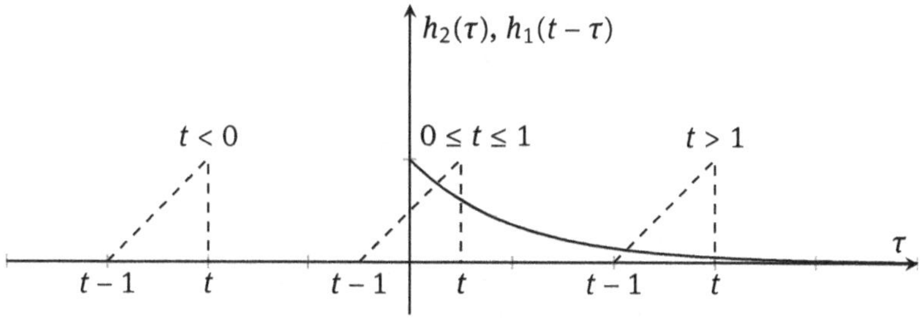

Abb. 11.12: Es existieren drei Fälle.

1. Fall: $t < 0$:

$$g(t) = 0\,.$$

2. Fall: $0 \le t < 1$:

$$\begin{aligned}
g(t) &= \int_0^t \frac{1}{RC}\,\mathrm{e}^{-\tau/RC}(1-(t-\tau))\,\mathrm{d}\tau = \frac{1}{RC}\int_0^t (1-t)\,\mathrm{e}^{-\tau/RC} + \tau\,\mathrm{e}^{-\tau/RC}\,\mathrm{d}\tau \\
&= \frac{1}{RC}\left(-RC(1-t)\,\mathrm{e}^{-\tau/RC}\Big|_0^t - RC\tau\,\mathrm{e}^{-\tau/RC}\Big|_0^t + \int_0^t RC\,\mathrm{e}^{-\tau/RC}\,\mathrm{d}\tau\right) \\
&= -(1-t)\,\mathrm{e}^{-\tau/RC} - \tau\,\mathrm{e}^{-\tau/RC} - RC\,\mathrm{e}^{-\tau/RC}\Big|_0^t \\
&= -(1+RC)\,\mathrm{e}^{-t/RC} + 1 - t + RC\,.
\end{aligned}$$

3. Fall: $t \ge 1$

$$\begin{aligned}
g(t) &= \frac{1}{RC}\int_{t-1}^t (1+\tau-t)\,\mathrm{e}^{-\tau/RC}\,\mathrm{d}\tau \\
&= -(1-t)\,\mathrm{e}^{-\tau/RC} - \tau\,\mathrm{e}^{-\tau/RC} - RC\,\mathrm{e}^{-\tau/RC}\Big|_{t-1}^t \\
&= -(1+RC)\,\mathrm{e}^{-t/RC} + RC\,\mathrm{e}^{-(t-1)/RC}\,.
\end{aligned}$$

Aufgabe 11.3.3

Gesucht: Faltungsoperation $y(t) = x(t) * h(t)$.
Gegeben: Zeitsignale $x(t)$ und $h(t)$.
Ansatz: Die Fallunterscheidung zur Bestimmung der Integrationsgrenzen kann aus der Skizze in Abbildung 11.13 hergeleitet werden.

Die Skizzen dienen dazu, um die Grenzen des Integrals

$$y(t) = \int_{-\infty}^{\infty} x(\tau)\, h(t-\tau)\, \mathrm{d}\tau$$

zu bestimmen – oder anders ausgedrückt – die Zeiten t zu finden, für die der Integrand $x(\tau) \cdot h(t-\tau)$ ungleich null ist.

Im hier behandelten Beispiel überlappen sich die Flächen $x(\tau)$ und $h(t-\tau)$ zwar nie, aber dennoch gibt es einen gemeinsamen Zeitbereich $0 < t < 2$ indem beide Funktionen ungleich null sind und in dem folglich der Integrand $(x(\tau)\, h(t-\tau))$ ebenfalls ungleich null ist! Die Bereiche der Überschneidung beider Funktionen sind schraffiert dargestellt.

1. Fall: $t < 0$:

$$y(t) = 0$$

2. Fall: $0 \le t < 1$:

$$y(t) = \int_0^t -1 \cdot 1\, \mathrm{d}\tau = [-\tau]_0^t = -t$$

3. Fall: $1 \le t < 2$:

$$y(t) = \int_{t-1}^{1} -1\, \mathrm{d}\tau = [-\tau]_{t-1}^{1} = t-2$$

4. Fall: $t \ge 2$:

$$y(t) = 0\,.$$

Zusammengefasst ist

$$y(t) = \begin{cases} -t & \text{für } 0 \le t < 1\,, \\ t-2 & \text{für } 1 \le t < 2\,, \\ 0 & \text{sonst}\,. \end{cases}$$

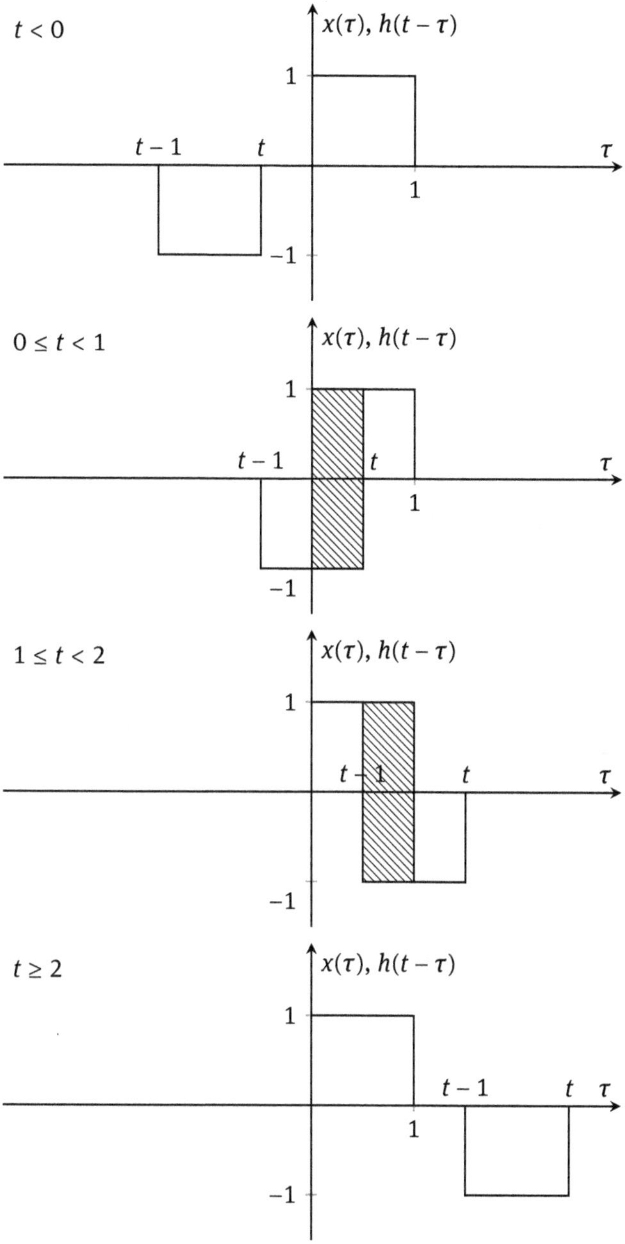

Abb. 11.13: Man unterscheidet bei der Lösung des Faltungsintegrals vier Fälle.

12 Die Laplace-Transformation

12.1 Hin- und Rücktransformation

Aufgabe 12.1.1

Gesucht: Die Laplace-Transformierte $F(p)$.
Gegeben: Zeitsignal $f(t)$.
Ansatz: Stellen Sie die Pulsform als Überlagerung von verschobenen Sprung- und Rampenfunktionen dar. Transformieren Sie dann die einzelnen Funktionen mit Hilfe der entsprechenden Transformationsvorschriften und des Verschiebungssatzes.

Die Funktion $f(t)$ kann durch eine Summe von verschobenen Rampenfunktionen dargestellt werden, wie sie Abbildung 12.1 zeigt:

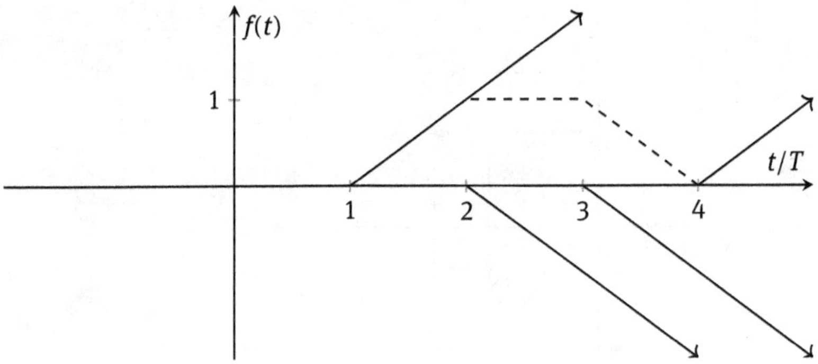

Abb. 12.1: Summe von verschobenen Rampenfunktionen.

$$f(t) = \frac{1}{T}\big[(t-T)\sigma(t-T) - (t-2T)\sigma(t-2T) - (t-3T)\sigma(t-3T) + (t-4T)\sigma(t-4T)\big]\,.$$

Mit Hilfe der Korrespondenz

$$a \cdot t \cdot \sigma(t) \circ\!\!-\!\!\bullet\ \frac{a}{p^2}$$

und des Verschiebungssatzes

$$x(t-t_0) = a \cdot (t-t_0) \cdot \sigma(t-t_0) \circ\!\!-\!\!\bullet\ \frac{a \cdot \mathrm{e}^{-pt_0}}{p^2}$$

https://doi.org/10.1515/9783110672534-014

ergibt sich schließlich

$$F(p) = \frac{1}{Tp^2}\left\{e^{-pT} - e^{-2pT} - e^{-3pT} + e^{-4pT}\right\} .$$

Aufgabe 12.1.2

Gesucht: Die Rücktransformierte $x(t)$ der Funktion $X(p)$.
Gegeben: $X(p)$.
Ansatz: Bestimmen Sie für die Partialbruchzerlegung zuerst die Polstellen (p_p) und stellen Sie die Funktion in der Form

$$\frac{ap^n + bp^{(n-1)} + \cdots + cp + d}{e \cdot (p - p_{p1})^k \cdot (p - p_{p2})^l \cdot \cdots \cdot (p^2 + f \cdot p + g)}$$

dar. Achten Sie darauf, dass Sie einen eventuell vorhandenen Vorfaktor e nicht vergessen! Machen Sie nun abhängig von der Art und Ordnung der Polstellen folgende Ansätze:

einfache Polstelle $\frac{\cdots}{(p - p_p)} : \frac{A}{(p - p_p)}$,

mehrfache Polstelle $\frac{\cdots}{(p - p_p)^n} : \frac{A_1}{(p - p_p)} + \frac{A_2}{(p - p_p)^2} + \cdots + \frac{A_n}{(p - p_p)^n}$,

Polynom $\frac{\cdots}{(p^2 + f \cdot p + g)} : \frac{A + Bp}{(p^2 + f \cdot p + g)}$.

Der Ansatz mit Polynomen kann gewählt werden, wenn das Polynom keine reelle Nullstellen besitzt. Mit Hilfe der komplexen Zahlen kann das Polynom jedoch in zwei einfache komplexe Polstellen überführt werden. Beide Lösungsansätze sind richtig.
Addieren Sie nun alle Partialbrüche und setzen Sie diese mit der zu transformierenden Funktion gleich. Aus dieser Gleichung können die Konstanten $A, A_1, \ldots, A_n, B$ usw. bestimmt werden.
Die Rücktransformierte kann nun einfach anhand der entsprechenden Transformationsvorschriften bestimmt werden.

Man sieht, dass $X(p)$ einen einfachen Pol bei $p = -3$ und einen zweifachen/doppelten Pol bei $p = -5$ hat. Mit Hilfe der Formel für die Partialbruchzerlegung bekommt man:

$$X(p) = \frac{A}{p+3} + \frac{B}{p+5} + \frac{C}{(p+5)^2} . \qquad (12.1.2.1)$$

Für die Koeffizienten gilt:

$$A = (p+3)X(p)\Big|_{p=-3} = \frac{p^2 + 2p + 5}{(p+5)^2}\Big|_{p=-3} = 2$$

$$C = (p+5)^2 X(p)\Big|_{p=-5} = \frac{p^2+2p+5}{(p+3)}\Big|_{p=-5} = -10$$

$$B = \frac{\mathrm{d}}{\mathrm{d}p}\left[(p+5)^2 X(p)\right]_{p=-5} = \frac{\mathrm{d}}{\mathrm{d}p}\left[\frac{p^2+2p+5}{(p+3)}\right]_{p=-5}$$

$$= \frac{p^2+6p+1}{(p+3)^2}\Big|_{p=-5} = -1\,.$$

Daraus folgt:

$$X(p) = \frac{2}{p+3} - \frac{1}{p+5} - \frac{10}{(p+5)^2}\,.$$

Das Konvergenzgebiet von $X(p)$ ist $\mathbb{R}\{p\} > -3$. Deshalb ist $x(t)$ ein rechtsseitiges Signal und mit Hilfe der entsprechenden Vorschriften erhält man

$$x(t) = 2\,\mathrm{e}^{-3t}\sigma(t) - \mathrm{e}^{-5t}\sigma(t) - 10t\,\mathrm{e}^{-5t}\sigma(t) = \left[2\,\mathrm{e}^{-3t} - \mathrm{e}^{-5t} - 10t\,\mathrm{e}^{-5t}\right]\sigma(t)\,.$$

Anmerkung *Es gibt einen einfacheren Weg um den Koeffizienten B zu finden, bei dem man nicht ableiten muss. Dabei bestimmt man als erstes die Koeffizienten A und C und dann setzt man sie in die Gleichung (12.1.2.1) ein. Man erhält:*

$$\frac{p^2+2p+5}{(p+3)(p+5)^2} = \frac{2}{p+3} + \frac{B}{p+5} - \frac{10}{(p+5)^2}\,.$$

Wenn man $p = 0$ *auf beiden Seiten der Gleichung einsetzt, hat man*

$$\frac{5}{75} = \frac{2}{3} + \frac{B}{5} - \frac{10}{25}\,.$$

Daraus folgt, dass $B = -1$ *ist.*

Aufgabe 12.1.3

Gesucht: Die Zeitfunktion $x(t)$ durch Rücktransformation der Funktion $X(P)$.
Gegeben: Die Laplace-Transformierte $X(P)$.
Ansatz: Bestimmen Sie für die Partialbruchzerlegung zuerst die Polstellen (p_p).

Die erste Polstelle wird geraten: $p_1 = -2$ (Tipp: Das ist die Grenze des Konvergenzgebiets). Durch Polynomdivision des Nenners mit $p+2$ erhält man

$$X(p) = \frac{9p^2+28p+37}{(p+2)(p^2+6p+25)}\,.$$

Die Funktion hat zwei weitere konjugiert komplexe Polstellen bei $p_{2,3} = -3 \pm 4\,\mathrm{j}$. Es gibt nun zwei verschiedene Ansätze, die Partialbruchzerlegung durchzuführen:

1. $X(p) = \dfrac{9p^2+28p+37}{(p+2)(p-(-3+4\,\mathrm{j}))(p-(-3-4\,\mathrm{j}))}$

$$X(p) = \frac{A}{p+2} + \frac{B}{p-(-3+4\,\mathrm{j})} + \frac{C}{p-(-3-4\,\mathrm{j})}\,, \tag{12.1.3.1}$$

2. $$X(p) = \frac{9p^2+28p+37}{(p+2)(p^2+6p+25)} = \frac{A}{p+2} + \frac{Bp+C}{p^2+6p+25}\,. \tag{12.1.3.2}$$

Im folgenden wird Ansatz (12.1.3.2) verwendet, da sich die Berechnung im Zeitbereich vereinfacht (Mit Ansatz (12.1.3.1) erhält man eine komplexe Zeitfunktion)

$$\begin{aligned}\frac{9p^2+28p+37}{(p+2)(p^2+6p+25)} &= \frac{A}{p+2} + \frac{Bp+C}{p^2+6p+25}\\ 9p^2+28p+37 &= A(p^2+6p+25) + (Bp+C)(p+2)\\ 9p^2+28p+37 &= A(p^2+6p+25) + B(p^2+2p) + C(p+2)\,.\end{aligned}$$

Mit Hilfe eines Koeffizientenvergleichs ergibt sich das Gleichungssystem

$$\begin{aligned}9 &= A + B\\ 28 &= 6A + 2B + C\\ 37 &= 25A + \quad\ 2C\end{aligned}$$

mit den Lösungen $A = 1$, $B = 8$ und $C = 6$. Mit Hilfe der entsprechenden Transformationsvorschriften ergibt sich

$$\begin{aligned}X(p) &= \frac{1}{p+2} + \frac{6}{p^2+6p+25} + \frac{8p}{p^2+6p+25}\\ X(p) &= \frac{1}{p+2} + \frac{6}{4}\,\frac{4}{(p+3)^2+4^2} + 8\,\frac{p+3}{(p+3)^2+4^2} - \frac{8\cdot 3}{4}\,\frac{4}{(p+3)^2+4^2}\end{aligned}$$

$$\circ\!\!-\!\!\bullet$$

$$\begin{aligned}x(t) &= \mathrm{e}^{-2t}\sigma(t) + \frac{6}{4}\,\mathrm{e}^{-3t}\sin(4t)\sigma(t) + 8\,\mathrm{e}^{-3t}\left(\cos(4t) - \frac{3}{4}\sin(4t)\right)\sigma(t)\\ &= \left(\mathrm{e}^{-2t} + \mathrm{e}^{-3t}\left(8\cos(4t) - \frac{9}{2}\sin(4t)\right)\right)\sigma(t)\,.\end{aligned}$$

Aufgabe 12.1.4

Gesucht: Die Laplace-Transformierte $X(p)$ des Zeitsignals $x(t)$.
Gegeben: Das Zeitsignal $x(t)$.
Ansatz: Berechnung über die Transformationsvorschrift $X(p) = \int_0^\infty x(t)\,\mathrm{e}^{-pt}\,\mathrm{d}t$.

Einsetzen in das Transformationsintegral liefert

$$X(p) = \int_0^\infty x(t)\,\mathrm{e}^{-pt}\,\mathrm{d}t = \frac{1}{2}\int_0^\infty \left(\mathrm{e}^{at} - \mathrm{e}^{-at}\right)\mathrm{e}^{-pt}\,\mathrm{d}t$$

$$X(p) = \frac{1}{2}\int_0^\infty e^{(a-p)t} - e^{-(a+p)t}\,dt = \frac{1}{2}\left[\frac{1}{a-p}e^{(a-p)t} + \frac{1}{a+p}e^{-(a+p)t}\right]_0^\infty$$

$$= \frac{1}{2}\left[\underbrace{\frac{1}{a-p}\cdot 0}_{\substack{\text{für } \mathbb{R}\{a-p\}<0,\\ \text{sonst } \infty}} - \frac{1}{a-p} + \underbrace{\frac{1}{a+p}\cdot 0}_{\substack{\text{für } \mathbb{R}\{a+p\}>0,\\ \text{sonst } \infty}} - \frac{1}{a+p}\right]$$

$$= -\frac{1}{2}\cdot\frac{2a}{(a-p)(a+p)} = \frac{a}{p^2-a^2}\,.$$

Da das Integral nur für $\mathbb{R}\{a-p\} < 0$ und $\mathbb{R}\{a+p\} > 0$ lösbar ist, ergibt sich das Konvergenzkriterium

$$\begin{aligned}&\mathbb{R}\{a-p\} < 0 \quad\Rightarrow\quad \mathbb{R}\{p\} > \mathbb{R}\{a\}\\ &\mathbb{R}\{a+p\} > 0 \quad\Rightarrow\quad \mathbb{R}\{p\} > \mathbb{R}\{-a\} \quad\Rightarrow\quad \mathbb{R}\{p\} > \mathbb{R}\{a\}\,.\end{aligned}$$

Aufgabe 12.1.5

12.1.5.1

Gesucht: Ausgangsspannung $u_2(t)$.

Gegeben: Eingangsspannung $u_1(t)$ und Schaltbild des Übertragungssystems (elektrischer Schwingkreis).

Ansatz: Transformieren Sie $u_1(t)$ und multiplizieren Sie das Ergebnis mit der Übertragungsfunktion $H(p)$, um $U_2(p)$ zu erhalten. Die gesuchte Spannung ist die Rücktransformierte $u_2(t)$. Beachten Sie bei der Rücktransformation die Randbedingung $\sqrt{L/C} < 2R$.

1. Schritt: analytische Bestimmung von $u_1(t)$ und Transformation

$$u_1(t) = u_0\sigma(t) - u_0\sigma(t-T_1)$$

$$\circ\!\!-\!\!\bullet$$

$$U_1(p) = \frac{u_0}{p} - \frac{u_0}{p}e^{-pT_1} = \frac{u_0}{p}\left(1 - e^{-pT_1}\right)\,.$$

2. Schritt: Bestimmung der Übertragungsfunktion

$$\frac{U_2(p)}{U_1(p)} = \frac{\frac{pL}{p^2LC+1}}{R + \frac{pL}{p^2LC+1}} = \frac{pL}{p^2RLC + pL + R} = \frac{1}{RC}\frac{p}{p^2 + \frac{p}{RC} + \frac{1}{LC}}$$

$$= \frac{1}{RC}\frac{p}{\left(p + \frac{1}{2RC}\right)^2 + \frac{1}{LC} - \frac{1}{4(RC)^2}}\,.$$

Wegen $\sqrt{L/C} < 2R$ besitzt das Nennerpolynom keine reellen Nullstellen. Mit den Abkürzungen $\alpha = 1/2RC$, $\omega_0 = \sqrt{1/LC - 1/4(RC)^2}$ ergibt sich

$$H(p) = \frac{U_2(p)}{U_1(p)} = 2\alpha \frac{p}{(p+\alpha)^2 + \omega_0^2} .$$

3. Schritt: Berechnung von $U_2(p)$ und Rücktransformation

1. Möglichkeit:

$$U_2(p) = \frac{u_0}{p}\left(1 - \mathrm{e}^{-pT_1}\right)\frac{1}{RC} \cdot \frac{p}{p^2 + \frac{p}{RC} + \frac{1}{LC}} = \frac{u_0}{RC}\left(1 - \mathrm{e}^{-pT_1}\right)\frac{1}{p^2 + \frac{p}{RC} + \frac{1}{LC}}$$
$$= \frac{u_0}{RC}\left(1 - \mathrm{e}^{-pT_1}\right)\frac{1}{p^2 + 2\alpha p + \beta^2}$$

mit

$$\beta^2 = \frac{1}{LC}, \qquad \alpha = \frac{1}{2RC}, \qquad \omega_0^2 = \beta^2 - \alpha^2 = \frac{1}{LC} - \frac{1}{(2RC)^2}$$

ergibt sich die Zeitfunktion mit den entsprechenden Transformationsvorschriften und dem Verschiebungssatz zu

$$u_2(t) = \frac{u_0}{\omega_0 RC}\left[\mathrm{e}^{-\alpha t}\sin(\omega_0 t)\sigma(t) - \mathrm{e}^{-\alpha(t-T_1)}\sin(\omega_0(t-T_1))\sigma(t-T_1)\right]$$
$$= \frac{2\alpha u_0}{\omega_0}\left[\mathrm{e}^{-\alpha t}\sin(\omega_0 t)\sigma(t) - \mathrm{e}^{-\alpha(t-T_1)}\sin(\omega_0(t-T_1))\sigma(t-T_1)\right] .$$

2. Möglichkeit:

$$U_2(p) = u_0 \frac{2\alpha}{\omega_0}\frac{\omega_0}{(p+\alpha)^2 + \omega_0^2}\left(1 - \mathrm{e}^{-pT_1}\right)$$

$$\bullet\!\!-\!\!\circ$$

$$u_2(t) = u_0\frac{2\alpha}{\omega_0}\mathrm{e}^{-\alpha t}\sin(\omega_0 t)\sigma(t) - u_0\frac{2\alpha}{\omega_0}\mathrm{e}^{-\alpha(t-T_1)}\sin(\omega_0(t-T_1))\sigma(t-T_1)$$
$$= \frac{2\alpha u_0}{\omega_0}\left[\mathrm{e}^{-\alpha t}\sin(\omega_0 t)\sigma(t) - \mathrm{e}^{-\alpha(t-T_1)}\sin(\omega_0(t-T_1))\sigma(t-T_1)\right] .$$

12.1.5.2

Gesucht: Ausgangsspannung $u_2(t)$.

Gegeben: Eingangsspannung $u_1(t)$ entspricht Rechteckimpuls.

Ansatz: In welche Funktion geht $u_1(t)$ durch den Grenzübergang $T_1 \to 0$ über?

1. Möglichkeit: Verwendung des Ergebnisses aus Aufgabenteil 12.1.5.1 und anschließende Grenzwertbildung

$$\begin{aligned} u_2(t) &= \lim_{T_1 \to 0} \left[\frac{u_0 T_0}{T_1} \frac{2\alpha}{\omega_0} \, \mathrm{e}^{-\alpha t} \sin(\omega_0 t) \sigma(t) \right. \\ &\quad \left. - \frac{u_0 T_0}{T_1} \frac{2\alpha}{\omega_0} \, \mathrm{e}^{-\alpha(t-T_1)} \sin(\omega_0 (t - T_1)) \sigma(t - T_1) \right] \\ &= \frac{2 u_0 T_0 \alpha}{\omega_0} \, \mathrm{e}^{-\alpha t} \lim_{T_1 \to 0} \left[\frac{\sin(\omega_0 t)\sigma(t) - \mathrm{e}^{\alpha T_1} \sin(\omega_0 (t - T_1)) \sigma(t - T_1)}{T_1} \right] \end{aligned}$$

mit Anwendung von Bernoulli de l'Hospital:

$$\begin{aligned} u_2(t) &= \frac{2 u_0 T_0 \alpha}{\omega_0} \, \mathrm{e}^{-\alpha t} \lim_{T_1 \to 0} \left[\left(-\alpha \, \mathrm{e}^{\alpha T_1} \sin(\omega_0 (t - T_1)) \right. \right. \\ &\quad \left. \left. + \, \omega_0 \, \mathrm{e}^{\alpha T_1} \cos(\omega_0 (t - T_1)) \right) \sigma(t - T_1) + \mathrm{e}^{\alpha T_1} \sin(\omega_0 (t - T_1)) \delta(t - T_1) \right] . \end{aligned}$$

Da $f(t)\delta(t - t_0) = f(t_0)\delta(t - t_0)$ gilt, wird

$$\mathrm{e}^{\alpha T_1} \sin \omega_0 (t - T_1) \delta(t - T_1) = 0$$

und

$$u_2(t) = \frac{2 \alpha u_0 T_0}{\omega_0} (\omega_0 \cos \omega_0 t - \alpha \sin \omega_0 t) \, \mathrm{e}^{-\alpha t} \sigma(t) .$$

2. Möglichkeit: Unabhängig von Aufgabenteil 12.1.5.1 lösen, indem zuerst die Funktion $u_1(t)$ durch Grenzwertbildung neu bestimmt wird:

$$\lim_{T_1 \to 0} u_1(t) = u_0 T_0 \delta(t) .$$

1. Schritt: Bestimmung von $U_1(p)$: $\quad U_1(p) = u_0 T_0$,
2. Schritt: Wie Teilaufgabe 12.1.5.1,
3. Schritt: Berechnung von $U_2(p)$ und Rücktransformation.

$$U_2(p) = 2 \alpha u_0 T_0 \frac{p}{p^2 + 2\alpha p + (\alpha^2 + \omega_0^2)}$$

$$\bullet\!\!-\!\!\circ$$

$$u_2(t) = 2 \alpha u_0 T_0 \left(\cos(\omega_0 t) - \frac{\alpha}{\omega_0} \sin(\omega_0 t) \right) \mathrm{e}^{-\alpha t} \sigma(t) .$$

12.1.5.3

Gesucht: Pol-Nullstellen-Diagramm der Übertragungsfunktion $H(p)$.
Gegeben: Übertragungsfunktion $H(p)$.

Eine Nullstelle existiert bei $p_{n1} = 0$. Polstellen bei $p_{p1,2} = -\alpha \pm j\omega_0$. Die gesuchte Lösung zeigt Abbildung 12.2.

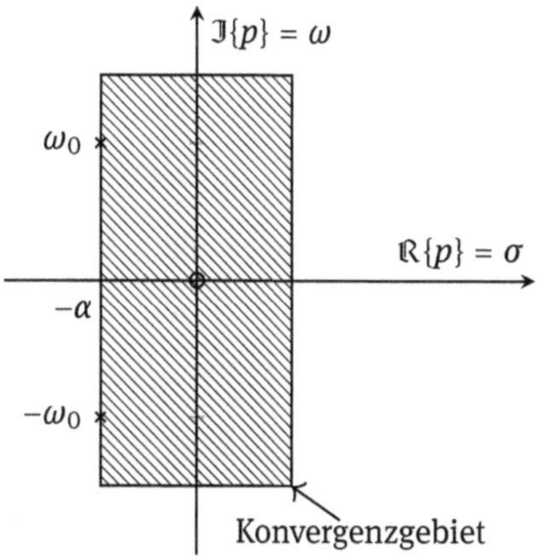

Abb. 12.2: Pol-Nullstellen-Diagramm der Übertragungsfunktion $U_2(p)$.

12.1.5.4

Gesucht: Frequenzgang der Übertragungsfunktion $|H(j\omega)|$.
Gegeben: Übertragungsfunktion $U_2(p)$.
Ansatz: Vergleichen Sie die Bestimmungsgleichungen der Laplace- und Fourier-Transformation

$$X(p) = \int_{-\infty}^{\infty} x(t)\,e^{-pt}\,dt \qquad p = \sigma + j\omega$$

$$X(j\omega) = \int_{-\infty}^{\infty} x(t)\,e^{-j\omega t}\,dt\,.$$

Für $\mathbb{R}\{p\} = \sigma = 0$ sind beide Gleichungen identisch. Falls also die Laplace-Transformierte für $\mathbb{R}\{p\} = 0$ existiert (die imaginäre Achse liegt dann im Konvergenzgebiet), dann kann $p = j\omega$ gesetzt werden, um die Fourier-Transformierte zu erhalten.

Man sieht anhand des Pol-Nullstellen-Diagramms in Abbildung 12.2, dass die imaginäre Achse im Konvergenzgebiet liegt. Deshalb existiert die Fourier-Transformierte der

Funktion $H(t)$ und es wird $H(\mathrm{j}\omega) = H(p)|_{p=\mathrm{j}\omega}$:

$$H(\mathrm{j}\omega) = 2\alpha \frac{\mathrm{j}\omega}{(\mathrm{j}\omega + \alpha)^2 + \omega_0^2}$$

$$|H(\mathrm{j}\omega)| = 2\alpha \sqrt{\frac{\omega^2}{(\alpha^2 + \omega_0^2 - \omega^2)^2 + (2\omega\alpha)^2}} = \frac{2\alpha\omega}{\sqrt{(\alpha^2 + \omega_0^2 - \omega^2)^2 + (2\omega\alpha)^2}} .$$

Aufgabe 12.1.6

Gesucht: Impulsantwort $h(t)$.
Gegeben: Eingangssignal $x(t)$ und das Ausgangssignal $y(t)$.
Ansatz: Die Funktionen $x(t)$ und $y(t)$ sind bekannt. Im Zeitbereich gilt

$$y(t) = \int_{-\infty}^{\infty} x(\tau)h(t-\tau)\,\mathrm{d}\tau = \int_{0}^{t} x(\tau)h(t-\tau)\,\mathrm{d}\tau .$$

Gemäß Faltungssatz entspricht die Faltung im Zeitbereich einer Multiplikation im Bildbereich. Bestimmen Sie $H(p) = {}^{Y(p)}/_{X(p)}$ deshalb mit Hilfe von:

$$y(t) = x(t) * h(t)$$
$$\circ\!\!-\!\!\bullet$$
$$Y(p) = X(p) \cdot H(p) .$$

$$x(t) = 4\cos(2t) \cdot \sigma(t)$$
$$\circ\!\!-\!\!\bullet$$
$$X(p) = \frac{4p}{p^2 + 4}$$

$$y(t) = \left[\cos(2t) + \sin(2t) - \mathrm{e}^{-2t}\right] \cdot \sigma(t)$$
$$\circ\!\!-\!\!\bullet$$
$$Y(p) = \frac{p}{p^2+4} + \frac{2}{p^2+4} - \frac{1}{p+2}$$

$$H(p) = \frac{Y(p)}{X(p)} = \frac{\frac{p}{p^2+4} + \frac{2}{p^2+4} - \frac{1}{p+2}}{\frac{4p}{p^2+4}} = \frac{p(p+2) + 2(p+2) - (p^2+4)}{4p(p+2)} = \frac{1}{p+2}$$
$$\bullet\!\!-\!\!\circ$$
$$h(t) = \mathrm{e}^{-2t} \cdot \sigma(t) .$$

Aufgabe 12.1.7

12.1.7.1

Gesucht: Die Gleichungen der beiden eingetragenen Spannungsumläufe (I.) und (II.) im Zeitbereich sowie deren jeweilige Laplace-Transformierte.

Gegeben: Schaltbild 12.3 auf Seite 38.

Für die beiden Spannungsumläufe ergibt sich:

$$\text{I.}\quad u_0 \cdot \sigma(t) = \frac{1}{C}\int_{-\infty}^{t} i_1(\tau)\,\mathrm{d}\tau + R_1[i_1(t) - i_2(t)]$$

$$\circ\!\!-\!\!\bullet$$

$$\frac{u_0}{p} = \frac{I_1(p)}{pC} + \underbrace{\frac{1}{pC}\int_{-\infty}^{0^-} i_1(\tau)\,\mathrm{d}\tau}_{\frac{u_C(0^-)}{p}} + R_1[I_1(p) - I_2(p)] \tag{12.1.7.1}$$

$$\text{II.}\quad 0 = R_2 i_2(t) + L\frac{\mathrm{d}i_2(t)}{\mathrm{d}t} - R_1[i_1(t) - i_2(t)]$$

$$\circ\!\!-\!\!\bullet$$

$$0 = R_2 I_2(p) + L\,[pI_2(p) - i_2(0^-)] - R_1[I_1(p) - I_2(p)]\,. \tag{12.1.7.2}$$

12.1.7.2

Gesucht: $I_1(p)$ und deren Rücktransformierte $i_1(t)$.

Gegeben: Umlaufgleichungen (12.1.7.1) und (12.1.7.2) aus Teilaufgabe 12.1.7.1 und Zahlenwerte $C = 1\,\mathrm{F}, L = 1/2\,\mathrm{H}, R_1 = 1/5\,\Omega, R_2 = 1\,\Omega, i_2(0^-) = 4\,\mathrm{A}, u_c(0^-) = 5\,\mathrm{V}$, $u_0 = 10\,\mathrm{V}$.

Nach dem Einsetzen der Zahlenwerte ergibt sich folgendes Gleichungssystem:

$$\text{I.}\quad \frac{10}{p} = \frac{I_1(p)}{p} + \frac{5}{p} + \frac{1}{5}[I_1(p) - I_2(p)]\,, \tag{12.1.7.3}$$

$$\text{II.}\quad 0 = I_2(p) + \frac{1}{2}[pI_2(p) - 4] - \frac{1}{5}[I_1(p) - I_2(p)]\,. \tag{12.1.7.4}$$

Gleichung (12.1.7.3) kann nach $I_2(p)$ aufgelöst und in Gleichung (12.1.7.4) eingesetzt werden. Es folgt für $I_1(p)$:

$$I_1(p) = \frac{29p + 60}{p^2 + 7p + 12} = \frac{29p + 60}{(p+4)(p+3)} = \frac{A}{p+4} + \frac{B}{p+3}\,.$$

Die unbekannten Koeffizienten $A = 56, B = -27$ können mit Hilfe der Partialbruchzerlegung gefunden werden. Es folgt:

$$I_1(p) = \frac{56}{p+4} - \frac{27}{p+3}$$

$$\bullet\!\!-\!\!\circ$$

$$i_1(t) = \left(56\,\mathrm{A}\,\mathrm{e}^{-4t} - 27\,\mathrm{A}\,\mathrm{e}^{-3t}\right) \cdot \sigma(t)\,.$$

12.2 Die Behandlung von Ausgleichsvorgängen

Aufgabe 12.2.1

12.2.1.1

Gesucht: Der Strom durch die Spule $i_L(t)$.

Gegeben: Schaltbild 12.4 auf Seite 39.

Ansatz: Die Lösung erfolgt mit Hilfe der Einspeichernetzwerkformel:

$$x(t) = x(t_1^+)\,\mathrm{e}^{-\frac{t-t_1}{T}} + x(\infty)\left(1 - \mathrm{e}^{-\frac{t-t_1}{T}}\right) \tag{12.2.1.1}$$

mit

- T: Zeitkonstante,
- t_1: Schaltzeitpunkt,
- $T = R_\mathrm{i}C$: falls der Energiespeicher ein Kondensator ist;
- $T = L/R_\mathrm{i}$: falls der Energiespeicher eine Spule ist.
- R_i: Innenwiderstand an den Klemmen des Netzwerkes, von denen der Energiespeicher abgetrennt ist (nach dem Schaltzeitpunkt).
- $x(t_1^+)$: Anfangswert im Schaltzeitpunkt $t = t_1^+$. Da Spulenstrom und Kondensatorspannung zum Schaltzeitpunkt stetig sein müssen, gilt $x(t_1^+) = x(t_1^-)$. $x(t_1^-)$ bestimmt sich aus dem Netzwerk vor dem Schaltzeitpunkt, wobei eine Spule durch einen Kurzschluss und ein Kondensator durch einen Leerlauf ersetzt wird.
- $x(\infty)$: Endwert für $t \to \infty$. Man erhält ihn durch eine Analyse des Gleichstromnetzwerkes im stationären Zustand, wobei eine Spule durch einen Kurzschluss und ein Kondensator durch einen Leerlauf ersetzt wird.

Der Strom durch eine Spule muss stetig sein. Bestimmen Sie also den Strom kurz vor dem Schaltzeitpunkt und für $t \to \infty$. Vor dem Schalten und für $t \to \infty$ befindet sich das System im eingeschwungenen Zustand – was bedeutet das für die Spule? Bestimmen Sie nun noch die Zeitkonstante T und setzen Sie alle Größen in die Einspeicher-Netzwerkformel ein.

Der Strom $i_L(t)$ ist beim Schaltvorgang stetig. Für $t < 0$ ist das System im eingeschwungenen Zustand, die Spule kann also durch einen Kurzschluss ersetzt werden. Der Strom $i_L(0^-)$ kann folgendermaßen berechnet werden:

Spannungsteiler:

$$\frac{U_2}{U_0} = \frac{\frac{R_2R_3}{R_2+R_3}}{R_1 + \frac{R_2R_3}{R_2+R_3}} = \frac{R_2R_3}{R_1R_2 + R_1R_3 + R_2R_3} .$$

Der Strom $i_L(0^-)$ ist gegeben durch:

$$i_L(0^-) = \frac{U_2}{R_3} .$$

Daraus folgt

$$i_L(0^+) = i_L(0^-) = U_0 \frac{R_2}{R_1R_2 + R_1R_3 + R_2R_3} .$$

Für $t \to \infty$ ist der Schalter geöffnet und $i_L(t)$ wird aufgrund der Dämpfung durch R_2 und R_3 gegen null gehen:

$$i_L(\infty) = 0 .$$

Von der Spule aus gesehen ist der Innenwiderstand nach dem Schaltzeitpunkt $R_i = R_2 + R_3$, womit sich eine Zeitkonstante von

$$T = \frac{L}{R_2 + R_3}$$

ergibt.

Für $i_L(t)$ müssen nun die folgenden Fälle unterschieden werden:

- $t < 0$: Spule wird durch einen Kurzschluss ersetzt

$$i_L(t) = U_0 \frac{R_2}{R_1R_2 + R_1R_3 + R_2R_3} .$$

- $t \geq 0$: Nach Einspeicher-Netzwerkformel (12.2.1.1):

$$i_L(t) = U_0 \frac{R_2}{R_1R_2 + R_1R_3 + R_2R_3} \mathrm{e}^{-t/T} .$$

Abbildung 12.3 gibt den zeitlichen Verlauf von $i_L(t)$ wieder.

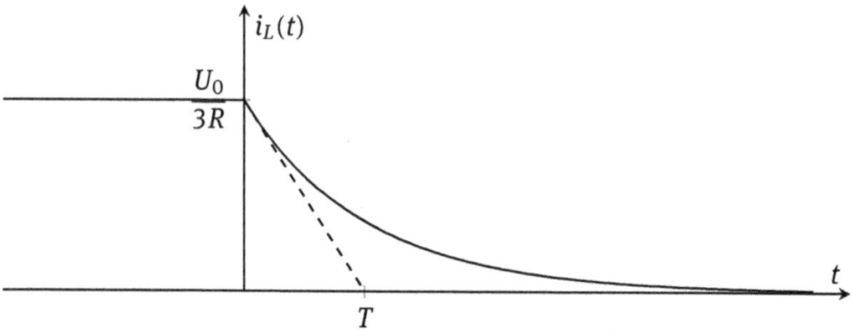

Abb. 12.3: Zeitlicher Verlauf des Stromes $i_L(t)$ für $R_1 = R_2 = R_3 = R$.

Die Einspeicher-Netzwerkformel lässt sich direkt aus der homogenen Differenzialgleichung 1. Ordnung des Spulenstroms $i_L(t)$ für $t > 0$ gewinnen. Die Differenzialgleichung (DGL) ergibt sich aus der Summe der Teilspannungen eines Umlaufs:

$$i_L(t) \cdot (R_2 + R_3) + \frac{\mathrm{d}i_L(t)}{\mathrm{d}t} L = 0 .$$

Die entsprechende Laplace-Transformierte der DGL hat die Form:

$$I_L(p) \cdot (R_2 + R_3) + (pI_L(p) - i_L(0^+))L = 0 \qquad \text{bzw.} \qquad I_L(p) = \frac{i_L(0^+)}{p + \frac{R_2+R_3}{L}} \,.$$

Mit der Zeitkonstanten $T = L/(R_2 + R_3)$ und unter Verwendung von $\sigma(t) = 1$ für $t > 0$, folgt für die Rücktransformation von $I_L(p)$ in den Zeitbereich:

$$i_L(t) = i_L(0^+) \cdot e^{-t/T} \cdot \sigma(t) = i_L(0^+) \cdot e^{-t/T} \,.$$

Der Schaltzeitpunkt liegt bei $t_1 = 0$. Eine Verschiebung des Schaltzeitpunktes führt zu der Substitution $t = t - t_1$:

$$i_L(t) = i_L(t_1^+) \cdot e^{-(t-t_1)/T} \,.$$

Der Endwert $i_L(\infty)$ verschwindet also (Der Strom i_L wird durch die Widerstände R_2 und R_3 gedämpft).

12.2.1.2

Gesucht: Die Spannung $u_2(t)$.
Gegeben: Schaltbild und Spulenstrom $i_L(t)$.
Ansatz: Die Spannung $u_2(t)$ muss nicht stetig sein und ist über den Strom $i_L(t)$ zu bestimmen.

Für die Bestimmung von $u_2(t)$ müssen ebenfalls zwei Fälle unterschieden werden:

- $t < 0$: Spule wird durch einen Kurzschluss ersetzt

$$u_2(t) = U_0 \frac{R_2 R_3}{R_1 R_2 + R_1 R_3 + R_2 R_3} \,.$$

- $t \geq 0$:

$$u_2(t) = -R_2 \cdot i_L(t) = -U_0 \frac{R_2^2}{R_1 R_2 + R_1 R_3 + R_2 R_3} e^{-t/T} \,.$$

Abbildung 12.4 gibt den zeitlichen Verlauf von $u_2(t)$ wieder.

12.2.1.3

Gesucht: Die Spannung $u_S(t)$.
Gegeben: Schaltbild und Spannung $u_2(t)$.
Ansatz: Die Spannung $u_S(t)$ muss nicht stetig sein und ist über die Spannung $u_2(t)$ zu bestimmen.

Für $t \geq 0$ ergibt sich $u_S(t)$ aus einem Maschenumlauf (Beachten Sie, dass über den Widerstand R_1 keine Spannung abfällt):

$$u_S(t) = U_0 - u_2(t) = U_0 \left(1 + \frac{R_2^2}{R_1 R_2 + R_1 R_3 + R_2 R_3} e^{-t/T}\right) \quad \text{für } t \geq 0 \,.$$

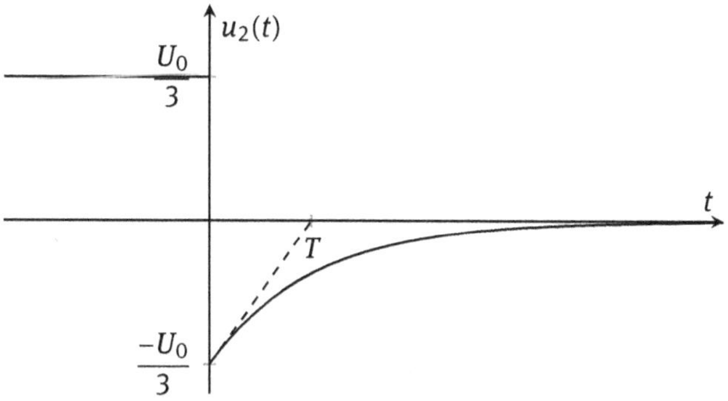

Abb. 12.4: Zeitlicher Verlauf der Spannung $u_2(t)$ für $R_1 = R_2 = R_3 = R$.

Für $-\infty < t < \infty$ ergibt sich demnach

$$u_S(t) = \begin{cases} 0 & \text{für } t < 0\,, \\ U_0\left(1 + \dfrac{R_2^2}{R_1R_2 + R_1R_3 + R_2R_3}\,\mathrm{e}^{-t/T}\right) & \text{für } t \geq 0\,. \end{cases}$$

Siehe hierzu den dargestellten Verlauf in Abbildung 12.5.

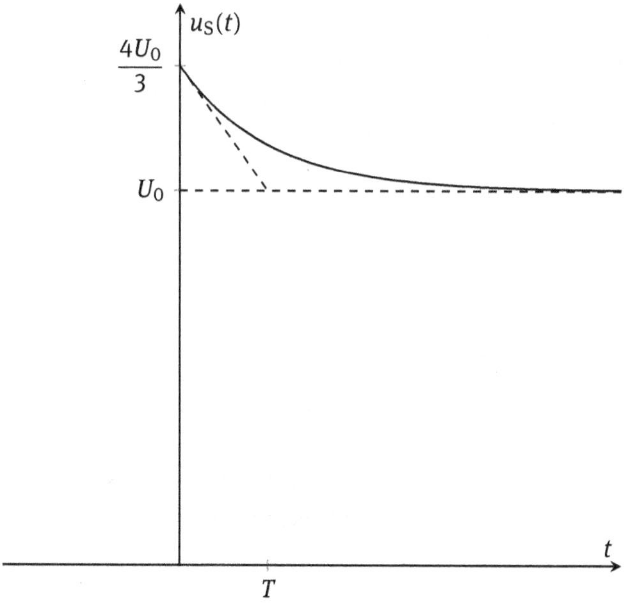

Abb. 12.5: Zeitlicher Verlauf der Spannung $u_S(t)$ für $R_1 = R_2 = R_3 = R$.

12.2.1.4

Gesucht: Widerstand R_2, so dass gilt: $|u_2(0^+)| \leq 5 \cdot |u_2(0^-)|$.

Gegeben: $u_2(t)$ aus Teilaufgabe 12.2.1.2.

Ansatz: Bestimmen Sie zunächst $|u_2(0^-)|$ sowie $|u_2(0^+)|$.

Mit $R_1 = R_3 = R$ ergeben sich vor und nach dem Schalten folgende Spannungen

$$|u_2(0^-)| = U_0 \frac{R_2 R}{RR_2 + R^2 + RR_2} = U_0 \frac{R_2}{2R_2 + R} \,,$$
$$|u_2(0^+)| = U_0 \frac{R_2^2}{RR_2 + R^2 + RR_2} = U_0 \frac{R_2^2}{2RR_2 + R^2} \,.$$

Aus der Aufgabenstellung ist folgende Ungleichung zu lösen

$$|u_2(0^+)| \leq 5 \cdot |u_2(0^-)|$$

woraus $R_2 \leq 5R$ folgt.

Aufgabe 12.2.2

12.2.2.1

Gesucht: Laplace-Transformierte $I(p)$ in Abhängigkeit von i_0, v_0 und $U(p) \bullet\!\!-\!\!\circ\, u(t)$.

Gegeben: Spannung $u(t)$ aus Maschenumlauf.

Ansatz: Transformieren Sie die DGL mit den Regeln der einseitigen Laplace-Transformation. Stellen Sie die Transformierte als Funktion von $I(p)$, $U(p)$, i_0, v_0, R, L und C dar. Lösen Sie das Ergebnis nach $I(p)$ auf.

Transformation und Auflösen nach $I(p)$ liefern:

$$RI(p) + LpI(p) - Li_0 + \frac{1}{Cp} I(p) + \frac{v_0}{p} = U(p)$$
$$\Rightarrow I(p) = \frac{\frac{p}{L} U(p)}{p^2 + p\frac{R}{L} + \frac{1}{LC}} + \frac{p i_0 - \frac{v_0}{L}}{p^2 + p\frac{R}{L} + \frac{1}{LC}} \,.$$

Beachten Sie, dass der Term v_0 zu v_0/p transformiert wird. Aus der Umlaufgleichung ergibt sich $\int_{-\infty}^{t} i(\tau)\,\mathrm{d}\tau$, also eine Integration von $-\infty$ bis t. Der Anteil $\int_{-\infty}^{0} i(\tau)\,\mathrm{d}\tau$ entspricht der Anfangsspannung v_0 und wird nach den Regeln der einseitigen Transformation zu v_0/p transformiert.

12.2.2.2

Gesucht: $i(t)$.

Gegeben: Verlauf von $u(t)$.

Ansatz: Bestimmen Sie die Laplace-Transformierte des gegebenen Signals $u(t)$ und setzen Sie das Ergebnis in die Gleichung für $I(p)$ ein. Mit den in der Aufgabenstellung gegebenen Zusammenhängen vereinfacht sich der Nenner der Gleichung (Binomische Formel beachten). Die Rücktransformation kann mit Hilfe entsprechender Transformationsvorschriften durchgeführt werden.

Transformation von $u(t)$ und Einsetzen liefern

$$u(t) = u_0[\sigma(t) - \sigma(t-T)] \circ\!\!-\!\!\bullet\ U(p) = \frac{u_0}{p}\left(1 - \mathrm{e}^{-pT}\right)$$

$$I(p) = \frac{\frac{u_0}{L}\left(1 - \mathrm{e}^{-pT}\right)}{p^2 + p\frac{R}{L} + \frac{1}{LC}} + \frac{p i_0}{p^2 + p\frac{R}{L} + \frac{1}{LC}} .$$

Nenner-Nullstellen:

$$p^2 + p\frac{R}{L} + \frac{1}{LC} = 0 \Rightarrow p_{1/2} = -\frac{R}{2L} \pm \sqrt{\underbrace{\left(\frac{R}{2L}\right)^2 - \frac{1}{LC}}_{0}} = -\frac{R}{2L} .$$

$$\Rightarrow I(p) = \frac{\frac{u_0}{L}\left(1 - \mathrm{e}^{-pT}\right)}{\left(p + \frac{R}{2L}\right)^2} + \frac{p i_0}{\left(p + \frac{R}{2L}\right)^2} = \frac{\frac{u_0}{L}}{\left(p + \frac{R}{2L}\right)^2} + \frac{-\frac{u_0}{L}\mathrm{e}^{-pT}}{\left(p + \frac{R}{2L}\right)^2} + \frac{p i_0}{\left(p + \frac{R}{2L}\right)^2} .$$

Für die Rücktransformation der ersten beiden Summanden benötigt man folgenden Zusammenhang:

$$F_1(p) = \frac{1}{\left(p + \frac{R}{2L}\right)^2} \bullet\!\!-\!\!\circ\ t\,\mathrm{e}^{-R/2L\,t}\sigma(t) = f_1(t) .$$

Zur Rücktransformation des letzten Summanden benötigt man

$$F_2(p) = \frac{p}{\left(p + \frac{R}{2L}\right)^2} = \frac{p + \frac{R}{2L} - \frac{R}{2L}}{\left(p + \frac{R}{2L}\right)^2}$$

$$= \frac{1}{p + \frac{R}{2L}} - \frac{\frac{R}{2L}}{\left(p + \frac{R}{2L}\right)^2} \bullet\!\!-\!\!\circ\ \mathrm{e}^{-R/2L\,t}\sigma(t) - \frac{R}{2L}t\,\mathrm{e}^{-R/2L\,t}\sigma(t) = f_2(t) .$$

Der erste Summand von $I(p)$ entspricht – bis auf einen Vorfaktor – $F_1(p)$. Der zweite Summand entspricht $\mathrm{e}^{-pT}F_1(p)$, ergibt im Zeitbereich also ein verschobenes $f_1(t)$. Der dritte Summand entspricht schließlich $F_2(p)$

$$\Rightarrow i(t) = \frac{u_0}{L}[f_1(t) - f_1(t-T)] + i_0 f_2(t) .$$

13 Die z-Transformation

13.1 Hin- und Rücktransformation

Aufgabe 13.1.1

13.1.1.1

Gesucht: Die z-Transformierte $X(z)$ der Signalfolge x_n.

Gegeben: Das zeitkontinuierliche Signal $x(t) = \sin(\omega t + \varphi) \cdot \sigma(t)$ mit beliebiger Abtastzeit T_0.

Ansatz: Zerlegen Sie den Sinus in zwei Exponentialfunktionen mit

$$\sin(a) = \frac{1}{2\,\mathrm{j}}\left(\mathrm{e}^{\mathrm{j}a} - \mathrm{e}^{-\mathrm{j}a}\right) .$$

Transformieren Sie danach x_n entweder mit der geometrischen Reihe oder mit den entsprechenden Transformationsvorschriften und dem Verschiebungssatz.

$$\begin{aligned}
x_n = x(nT_0) &= \sin(nT_0\omega + \varphi) \cdot \sigma(nT_0) \\
&= \frac{1}{2\,\mathrm{j}}\left(\mathrm{e}^{\mathrm{j}(nT_0\omega+\varphi)} - \mathrm{e}^{-\mathrm{j}(nT_0\omega+\varphi)}\right) \cdot \sigma_n \\
&= \frac{\mathrm{e}^{\mathrm{j}\varphi}}{2\,\mathrm{j}}\,\mathrm{e}^{\mathrm{j}T_0\omega n}\sigma_n - \frac{\mathrm{e}^{-\mathrm{j}\varphi}}{2\,\mathrm{j}}\,\mathrm{e}^{-\mathrm{j}T_0\omega n}\sigma_n
\end{aligned}$$

$$\circ\!\!-\!\!\bullet$$

$$\begin{aligned}
X(z) &= \frac{\mathrm{e}^{\mathrm{j}\varphi}}{2\,\mathrm{j}} \cdot \frac{z}{z - \mathrm{e}^{\mathrm{j}T_0\omega}} - \frac{\mathrm{e}^{-\mathrm{j}\varphi}}{2\,\mathrm{j}} \cdot \frac{z}{z - \mathrm{e}^{-\mathrm{j}T_0\omega}} \\
&= \frac{z}{2\,\mathrm{j}} \cdot \frac{\mathrm{e}^{\mathrm{j}\varphi}(z - \mathrm{e}^{-\mathrm{j}T_0\omega}) - \mathrm{e}^{-\mathrm{j}\varphi}(z - \mathrm{e}^{\mathrm{j}T_0\omega})}{(z - \mathrm{e}^{\mathrm{j}T_0\omega})(z - \mathrm{e}^{-\mathrm{j}T_0\omega})} \\
&= \frac{z}{2\,\mathrm{j}} \cdot \frac{z\left(\mathrm{e}^{\mathrm{j}\varphi} - \mathrm{e}^{-\mathrm{j}\varphi}\right) - \left(\mathrm{e}^{-\mathrm{j}(T_0\omega-\varphi)} - \mathrm{e}^{\mathrm{j}(T_0\omega-\varphi)}\right)}{z^2 - z\left(\mathrm{e}^{\mathrm{j}T_0\omega} + \mathrm{e}^{-\mathrm{j}T_0\omega}\right) + 1} \\
&= z\frac{z\sin(\varphi) + \sin(\omega T_0 - \varphi)}{z^2 - 2z\cos(\omega T_0) + 1} .
\end{aligned} \qquad (13.1.1.1)$$

13.1.1.2

Gesucht: Die z-Transformierte $X(z)$ der Signalfolge x_n.

Gegeben: Zeitkontinuierliches Signal $x(t)$ mit Abtastzeit $T_0 = T/2$.

Ansatz: Kann durch Einsetzen in (13.1.1.1) gelöst werden.

Die Abtastzeiten sind gegeben durch

$$T_0 = \frac{T}{2} = \frac{2\pi}{2\omega} = \frac{\pi}{\omega} .$$

https://doi.org/10.1515/9783110672534-015

Für diesen Spezialfall ergibt sich

$$X(z) = z\frac{z\sin(\varphi) + \sin(\pi - \varphi)}{z^2 - 2z\cos(\pi) + 1} = z\frac{z\sin(\varphi) + \sin(\varphi)}{z^2 + 2z + 1}$$
$$= z\frac{(z+1)\sin(\varphi)}{(z+1)^2} = \frac{z}{z+1}\sin(\varphi)\,.$$

13.1.1.3

Gesucht: Die z-Transformierte $X(z)$ der Signalfolge x_n.
Gegeben: Zeitkontinuierliches Signal $x(t)$ mit Abtastzeit $T_0 = {}^T\!/_4$.
Ansatz: Kann durch Einsetzen in (13.1.1.1) gelöst werden. Überlegen Sie, wie sich die Abtastwerte der Zeitfunktion durch eine abgetastete harmonische Schwingung darstellen lassen.

Das abgetastete Signal kann auch durch die Abtastung einer Kosinusfunktion mit $\omega = 2\pi/T = \pi/(2T_0)$ gewonnen werden

$$x_n = \cos(nT_0\omega)\cdot\sigma(nT_0) = \cos\left(n\frac{\pi}{2}\right)\sigma_n = \sin\left(n\frac{\pi}{2} + \frac{\pi}{2}\right)\sigma_n\,.$$

Damit ergibt sich mit Hilfe der in Aufgabe 13.1.1.1 hergeleiteten Korrespondenz:

$$X(z) = z\frac{z\sin(\pi/2) + \sin(\pi/2 - \pi/2)}{z^2 - 2z\cos(\pi/2) + 1} = \frac{z^2}{z^2+1}\,.$$

Aufgabe 13.1.2

13.1.2.1

Gesucht: Die zur z-Transformierten $X(z)$ gehörige Folge x_n.
Gegeben: Die z-Transformierte

$$X(z) = \frac{z(z-0{,}7)}{z^2 + z + 0{,}09}\,, \qquad |z| > 0{,}9\,.$$

Ansatz: Weil das Zählerpolynom den gleichen Grad wie das Nenner-Polynom hat, führen Sie eine Partialbruchzerlegung der Funktion $\frac{X(z)}{z}$ durch und wenden anschließend eine passende Transformationsvorschrift an.

Bestimmung der Nullstellen des Nennerpolynoms:

$$z^2 + z + 0{,}09 = 0$$
$$z = -0{,}5 \pm \sqrt{0{,}25 - 0{,}09} = -0{,}5 \pm 0{,}4$$
$$z_1 = -0{,}9 \quad z_2 = -0{,}1\,.$$

Es ergeben sich zwei reelle Nullstellen für die Partialbruchzerlegung.

Achtung: $X(z)/z$ (und nicht $X(z)$) wird in Partialbrüche zerlegt! Durch diesen Trick ergeben sich Ausdrücke der Form $\frac{z}{z-a}$, die einfach transformiert werden können

$$\frac{X(z)}{z} = \frac{z-0{,}7}{(z+0{,}9)(z+0{,}1)} = \frac{A}{z+0{,}9} + \frac{B}{z+0{,}1}$$

$$\Rightarrow \left| \begin{array}{l} A + B = 1 \\ 0{,}1A + 0{,}9B = -0{,}7 \end{array} \right. \quad \Rightarrow \quad \begin{array}{l} A = 2\,, \\ B = -1\,. \end{array}$$

Für die Rücktransformation erhält man die Partialbruchzerlegung

$$X(z) = \frac{2z}{z+0{,}9} - \frac{z}{z+0{,}1}\,.$$

Mit der Korrespondenz

$$\boxed{s_n \cdot a^n \;\circ\!\!-\!\!\bullet\; \frac{z}{z-a}}$$

folgt:

$$x_n = \left[2(-0{,}9)^n - (-0{,}1)^n\right] s_n\,.$$

13.1.2.2

Gesucht: Die zur z-Transfomierten $X(z)$ gehörige Folge x_n.

Gegeben: Die z-Transformierte

$$X(z) = \frac{z(z-0{,}9)}{z^2+0{,}6z+0{,}25}\,, \quad |z| > 0{,}5\,.$$

Ansatz: Führen Sie wie zuvor eine Partialbruchzerlegung der Funktion $\frac{X(z)}{z}$ durch und wenden Sie anschließend eine passende Transformationsvorschrift an.

Bestimmung der Nullstellen des Nennerpolynoms:

$$z^2 + 0{,}6z + 0{,}25 = 0$$

$$z_{1,2} = -0{,}3 \pm \sqrt{0{,}09 - 0{,}25} = -0{,}3 \pm \mathrm{j}0{,}4\,.$$

Es ergeben sich zwei konjugiert komplexe Nullstellen.

Die Partialbruchzerlegung kann mit den konjugiert komplexen Nullstellen durchgeführt werden (siehe unten). Für ein Nennerpolynom 2. Grades ergibt sich allerdings durch Verwendung folgender Korrespondenz ein »schönerer« Ausdruck im Zeitbereich:

$$s_n \cdot \mathrm{e}^{-\beta n} \cos(n\omega) \;\circ\!\!-\!\!\bullet\; \frac{z\left(z - \mathrm{e}^{-\beta}\cos\omega\right)}{z^2 - 2\,\mathrm{e}^{-\beta} z\cos\omega + \mathrm{e}^{-2\beta}}\,,$$

$$s_n \cdot \mathrm{e}^{-\beta n} \sin(n\omega) \;\circ\!\!-\!\!\bullet\; \frac{z\,\mathrm{e}^{-\beta}\sin\omega}{z^2 - 2\,\mathrm{e}^{-\beta} z\cos\omega + \mathrm{e}^{-2\beta}}\,.$$

Durch diesen Ansatz ergeben sich die Beziehungen

$$z^2 + 0{,}6z + 0{,}25 = z^2 - 2z\,\mathrm{e}^{-\beta}\cos\omega + \mathrm{e}^{-2\beta}$$

$$\Rightarrow \begin{cases} \mathrm{e}^{-2\beta} = 0{,}25 \\ 2\,\mathrm{e}^{-\beta}\cdot\cos(\omega) = -0{,}6 \end{cases}$$

daraus folgt:

$$\mathrm{e}^{-\beta} = 0{,}5\,, \quad \cos\omega = -0{,}6\,, \quad \sin\omega = 0{,}8\,, \quad \omega = 2{,}21$$

$$\begin{aligned} \frac{z(z-0{,}9)}{z^2+0{,}6z+0{,}25} &= \frac{Az\left(z-\mathrm{e}^{-\beta}\cos\omega\right)}{z^2+0{,}6z+0{,}25} + \frac{Bz\,\mathrm{e}^{-\beta}\sin\omega}{z^2+0{,}6z+0{,}25} \\ &= \frac{z\left(Az - A\,\mathrm{e}^{-\beta}\cos\omega + B\,\mathrm{e}^{-\beta}\sin\omega\right)}{z^2+0{,}6z+0{,}25} \end{aligned}$$

$$\Rightarrow \begin{cases} A = 1 \\ \mathrm{e}^{-\beta}\left(-A\cos\omega + B\sin\omega\right) = -0{,}9 \end{cases}$$

$$0{,}5(+0{,}6 + 0{,}8B) = -0{,}9 \quad \Rightarrow B = -3$$

$$X(z) = \frac{z\left(z-\mathrm{e}^{-\beta}\cos\omega\right)}{z^2 - 2z\,\mathrm{e}^{-\beta}\cos\omega + \mathrm{e}^{-2\beta}} - 3\frac{z\,\mathrm{e}^{-\beta}\sin\omega}{z^2 - 2z\,\mathrm{e}^{-\beta}\cos\omega + \mathrm{e}^{-2\beta}}$$

$$\bullet\!\!-\!\!\circ$$

$$\begin{aligned} x_n &= \mathrm{e}^{-\beta n}\cos(n\omega)s_n - 3\,\mathrm{e}^{-\beta n}\sin(n\omega)s_n \\ &= (0{,}5)^n\left[\cos(n\cdot 2{,}21) - 3\sin(n\cdot 2{,}21)\right]\cdot s_n\,. \end{aligned}$$

Alternative Lösung mit komplexen Polstellen:
Mit den komplexen Polstellen ergibt sich mit Hilfe einer Partialbruchzerlegung

$$\begin{aligned} X(z) &= \frac{z(z-0{,}9)}{(z+0{,}3-0{,}4\,\mathrm{j})(z+0{,}3+0{,}4\,\mathrm{j})} \\ &= (0{,}5+1{,}5\,\mathrm{j})\frac{z}{z+0{,}3-0{,}4\,\mathrm{j}} + (0{,}5-1{,}5\,\mathrm{j})\frac{z}{z+0{,}3+0{,}4\,\mathrm{j}} \\ &= (0{,}5+1{,}5\,\mathrm{j})\frac{z}{z-0{,}5\,\mathrm{e}^{\mathrm{j}(\pi-\varphi)}} + (0{,}5-1{,}5\,\mathrm{j})\frac{z}{z-0{,}5\,\mathrm{e}^{-\mathrm{j}(\pi-\varphi)}} \end{aligned}$$

mit $\varphi = \arctan\frac{0{,}4}{0{,}3} \approx 0{,}93$. Die Rücktransformation liefert:

$$\begin{aligned} x_n &= \left[(0{,}5+1{,}5\,\mathrm{j})\cdot(0{,}5)^n\,\mathrm{e}^{\mathrm{j}(\pi-\varphi)n} + (0{,}5-1{,}5\,\mathrm{j})\cdot(0{,}5)^n\,\mathrm{e}^{-\mathrm{j}(\pi-\varphi)n}\right]\cdot s_n \\ &= (0{,}5)^n\left[0{,}5\left(\mathrm{e}^{\mathrm{j}(\pi-\varphi)n} + \mathrm{e}^{-\mathrm{j}(\pi-\varphi)n}\right) + 1{,}5\,\mathrm{j}\left(\mathrm{e}^{\mathrm{j}(\pi-\varphi)n} - \mathrm{e}^{-\mathrm{j}(\pi-\varphi)n}\right)\right]\cdot s_n \\ &= (0{,}5)^n\left[\cos((\pi-\varphi)n) - 3\sin((\pi-\varphi)n)\right]\cdot s_n \\ &= (0{,}5)^n\left[\cos(2{,}21n) - 3\sin(2{,}21n)\right]\cdot s_n\,. \end{aligned}$$

13.1.2.3

Gesucht: Die zur z-Transformierten $X(z)$ gehörige Folge x_n.

Gegeben: Die z-Transformierte

$$X(z) = \frac{z-2}{z^2 - z + 1}, \quad |z| > 1 .$$

Ansatz: Führen Sie eine Partialbruchzerlegung der Funktion $X(z)$ durch und wenden Sie anschließend eine passende Transformationsvorschrift an.

Bestimmung der Nullstellen des Nennerpolynoms:

$$z^2 - z + 1 = 0$$
$$z_{1,2} = 0{,}5 \pm \sqrt{0{,}25 - 1} = 0{,}5 \pm \mathrm{j}\sqrt{0{,}75} .$$

Es ergeben sich zwei konjugiert komplexe Nullstellen.

Hier können wieder dieselben Korrespondenzen wie in Aufgabenteil 13.1.2.2 benutzt werden. Da aber $\mathrm{e}^{-2\beta} = 1$ ist, vereinfachen sich die Korrespondenzen zu

$$s_n \cdot \cos(n\omega) \quad ○\!\!-\!\!\bullet \quad \frac{z\,(z - \cos\omega)}{z^2 - 2z\cos\omega + 1},$$
$$s_n \cdot \sin(n\omega) \quad ○\!\!-\!\!\bullet \quad \frac{z\sin\omega}{z^2 - 2z\cos\omega + 1}.$$

Hieraus ergibt sich

$$z^2 - 2z\cos\omega + 1 = z^2 - z + 1$$
$$\Rightarrow \quad \cos\omega = \frac{1}{2}, \quad \sin\omega = \frac{\sqrt{3}}{2}, \quad \omega = \frac{\pi}{3}$$

und damit als Ansatz für die Partialbruchzerlegung

$$X(z) = \frac{1}{z} \cdot \frac{z(z-2)}{z^2 - z + 1} = \frac{1}{z}\left[\frac{Az\,(z - 1/2)}{z^2 - z + 1} + \frac{Bz\sqrt{3}/2}{z^2 - z + 1}\right]$$

$$\Rightarrow \begin{cases} A = 1 \\ -1/2 A + \sqrt{3}/2 B = -2 \end{cases}$$

$$\Rightarrow \frac{\sqrt{3}}{2} B = -\frac{3}{2}, \quad B = -\sqrt{3} ;$$

$$X(z) = \frac{1}{z}\left[\frac{z\,(z - 1/2)}{z^2 - z + 1} - \sqrt{3}\,\frac{z\sqrt{3}/2}{z^2 - z + 1}\right]$$

$$\bullet\!\!-\!\!○$$

$$x_n = \left\{\cos\left[(n-1)\,\frac{\pi}{3}\right] - \sqrt{3}\,\sin\left[(n-1)\,\frac{\pi}{3}\right]\right\} s_{n-1} .$$

Aufgabe 13.1.3

Beachten Sie, dass die Partialbruchzerlegung und der Residuensatz einen geschlossenen Ausdruck der Zeitfolge liefern, während mit der Polynomdivision und dem Anfangswertsatz lediglich einzelne Elemente der Folge bestimmt werden können. Der geschlossene Ausdruck ist allgemeiner und damit meist vorzuziehen.

13.1.3.1

Gesucht: Die kausale Folge x_n und jeweils die Elemente x_0, x_1, x_2. Zu lösen mit der Polynomdivision.

Gegeben: Die z-Transformierte

$$X(z) = \frac{3z^3 - 7z^2 + {}^7\!/_2 z}{z^3 - {}^5\!/_2 z^2 + 2z - {}^1\!/_2}\,, \quad |z| > 1\,.$$

Ansatz: Berechnen Sie die gebrochen rationale Funktion $X(z)$ mit einer Polynomdivision. Transformieren Sie das Ergebnis der Polynomdivision, sodass $x(n)$ als Folge von Kronecker-Pulsen dargestellt werden kann.

$$
\begin{aligned}
X(z) = \;& \left(3z^3 - 7z^2 + \frac{7}{2}z\right) : \left(z^3 - \frac{5}{2}z^2 + 2z - \frac{1}{2}\right) = 3 + \frac{1}{2}z^{-1} - \frac{5}{4}z^{-2} + \cdots \\
& \underline{-\left(3z^3 - \frac{15}{2}z^2 + 6z - \frac{3}{2}\right)} \\
& \qquad \frac{1}{2}z^2 - \frac{5}{2}z + \frac{3}{2} \\
& \qquad \underline{-\left(\frac{1}{2}z^2 - \frac{5}{4}z + 1 - \frac{1}{4}z^{-1}\right)} \\
& \qquad\qquad -\frac{5}{4}z + \frac{1}{2} + \frac{1}{4}z^{-1} \\
& \qquad\qquad \underline{-\left(-\frac{5}{4}z + \frac{25}{8} - \frac{5}{2}z^{-1} + \frac{5}{8}z^{-2}\right)} \\
& \qquad\qquad\qquad \cdots
\end{aligned}
$$

$$\bullet\!\!-\!\!\circ$$

$$x(n) = 3\delta(n) + \frac{1}{2}\delta(n-1) - \frac{5}{4}\delta(n-2) + \cdots$$

Damit folgt

$$x_0 = 3\,, \quad x_1 = \frac{1}{2}\,, \quad x_2 = -\frac{5}{4}\,.$$

13.1.3.2

Gesucht: Die kausale Folge x_n und jeweils die Elemente x_0, x_1, x_2. Zu lösen mit dem Anfangswertsatz.

Gegeben: Die z-Transformierte $X(z)$.

Ansatz: Das Element x_0 lässt sich mit dem Anfangswert $\lim_{z\to\infty} X(z)$ bestimmen. Die nachfolgenden Elemente lassen sich bestimmen, indem durch Subtraktion von x_0 und Multiplikation mit z eine neue Folge gebildet wird, deren Anfangswert das Element x_1 darstellt.

Aus

$$X(z) = x_0 + x_1 z^{-1} + x_2 z^{-2} + \cdots$$

folgt

$$x_0 = \lim_{z\to\infty} X(z)$$

Eine einfache Umformung liefert

$$z(X(z) - x_0) = x_1 + x_2 z^{-1} + \cdots$$

und damit

$$x_1 = \lim_{z\to\infty} z(X(z) - x_0)$$

usw. Damit bestimmt man die Folge zu

$$\begin{aligned}
x_0 &= \lim_{z\to\infty} \frac{3z^3 - 7z^2 + 7/2z}{z^3 - 5/2z^2 + 2z - 1/2} \\
&= \lim_{z\to\infty} \frac{3 - 7z^{-1} + 7/2z^{-2}}{1 - 5/2z^{-1} + 2z^{-2} - 1/2z^{-3}} = 3 \\
x_1 &= \lim_{z\to\infty} z(X(z) - x_0) \\
&= \lim_{z\to\infty} z\left(\frac{3 - 7z^{-1} + 7/2z^{-2}}{1 - 5/2z^{-1} + 2z^{-2} - 1/2z^{-3}} - 3\right) \\
&= \lim_{z\to\infty} z\frac{3 - 7z^{-1} + 7/2z^{-2} - 3 + 15/2z^{-1} - 6z^{-2} + 3/2z^{-3}}{1 - 5/2z^{-1} + 2z^{-2} - 1/2z^{-3}} = \frac{1}{2} \\
x_2 &= \lim_{z\to\infty} z^2(X(z) - x_0) - zx_1 \\
&= \lim_{z\to\infty} \frac{z^2(1/2z^{-1} - 5/2z^{-2} + 3/2z^{-3}) - 1/2z + 5/4 - z^{-3} + 1/4z^{-4}}{1 - 5/2z^{-1} + 2z^{-2} - 1/2z^{-3}} \\
&= \lim_{z\to\infty} \frac{1/2z - 5/2 + 3/2z^{-1} - 1/2z + 5/4 - z^{-3} + 1/4z^{-4}}{1 - 5/2z^{-1} + 2z^{-2} - 1/2z^{-3}} = -\frac{5}{4}\,.
\end{aligned}$$

13.1.3.3

Gesucht: Die kausale Folge x_n und jeweils die Elemente x_0, x_1, x_2. Zu Lösen mit der Partialbruchzerlegung.

Gegeben: Die z-Transformierte $X(z)$.

Ansatz: Führen Sie die Partialbruchzerlegung der Funktion $\frac{X(z)}{z}$ und nicht von $X(z)$ durch. Die berechneten Partialbrüche können dann jeweils direkt zurück transformiert werden.

Eine Polstelle muss geraten werden. Da $|z| > 1$ als Konvergenzgebiet gegeben ist, liegt wahrscheinlich ein Pol bei $z = 1$. Durch Polynom-Division ergibt sich das Polynom

$$\frac{z^3 - {}^5\!/_2 z^2 + 2z - {}^1\!/_2}{z-1} = z^2 - \frac{3}{2}z + \frac{1}{2}$$

mit den zwei reellen Nullstellen $z = 1$ und $z = {}^1\!/_2$. Insgesamt ergeben sich damit drei Pole. Mit Hilfe der Polstellen erhält man

$$X(z) = \frac{3z^3 - 7z^2 + {}^7\!/_2 z}{(z-1)\,(z^2 - {}^3\!/_2 z + {}^1\!/_2)} = \frac{3z^3 - 7z^2 + {}^7\!/_2 z}{(z-1)^2\,(z - {}^1\!/_2)} \,.$$

Ein möglicher Ansatz für die Partialbruchzerlegung lautet

$$\frac{X(z)}{z} = \frac{3z^2 - 7z + {}^7\!/_2}{(z-1)^2\,(z - {}^1\!/_2)} = \frac{A}{z - {}^1\!/_2} + \frac{B}{z-1} + \frac{C}{(z-1)^2} \,.$$

Die Koeffizienten ergeben sich damit zu

$$A = \left(z - \frac{1}{2}\right)\frac{X(z)}{z}\bigg|_{z={}^1\!/_2} = \frac{3z^2 - 7z + {}^7\!/_2}{(z-1)^2}\bigg|_{z={}^1\!/_2} = 3\,,$$

$$B = \frac{\mathrm{d}}{\mathrm{d}z}\left((z-1)^2\frac{X(z)}{z}\right)\bigg|_{z=1} = 0\,,$$

$$C = (z-1)^2\frac{X(z)}{z}\bigg|_{z=1} = \frac{3z^2 - 7z + {}^7\!/_2}{z - {}^1\!/_2}\bigg|_{z=1} = -1\,.$$

Damit ergeben sich die z-Transformierte und die zugehörige Zeitfunktion zu

$$X(z) = 3\frac{z}{z - {}^1\!/_2} - \frac{z}{(z-1)^2}$$

$$\bullet\!\!-\!\!\circ$$

$$x_n = \left(3\left(\frac{1}{2}\right)^n - n\right)s_n\,.$$

Durch Einsetzen von $n = 0, 1, 2$ erhält man

$$x_0 = 3\,,\quad x_1 = \frac{1}{2}\,,\quad x_2 = -\frac{5}{4}\,.$$

13.1.3.4

Gesucht: Die kausale Folge x_n und jeweils die Elemente x_0, x_1, x_2. Zu lösen mit dem Residuensatz.

Gegeben: Die z-Transformierte

$$X(z) = \frac{3z^3 - 7z^2 + {}^7\!/_2 z}{z^3 - {}^5\!/_2 z^2 + 2z - {}^1\!/_2}\,, \quad |z| > 1\,.$$

Ansatz: Bestimmen und addieren Sie die Residuen wie in der Aufgabenstellung gegeben.

Die Rücktransformation wird durch Lösen des Integrals

$$x_n = \frac{1}{2\pi \mathrm{j}} \oint_C X(z) z^{n-1}\,\mathrm{d}z = s_n \cdot \sum_{k=1}^{K} \operatorname{Res}\left\{X(z)z^{n-1}\right\}\Big|_{z=z_k}$$

durchgeführt. Die Variable k bezeichnet die K verschiedenen Pole. Für dieses Beispiel ergeben sich die beiden Residuen zu:
$z_1 = {}^1\!/_2$:

$$\operatorname{Res}\left(\frac{3z^3 - 7z^2 + {}^7\!/_2 z}{(z-1)^2\,(z-{}^1\!/_2)} z^{n-1}\right)\Bigg|_{z={}^1\!/_2} = \lim_{z\to {}^1\!/_2} \frac{3z^3 - 7z^2 + {}^7\!/_2 z}{(z-1)^2} z^{n-1}$$

$$= \lim_{z\to {}^1\!/_2} \frac{3z^2 - 7z + {}^7\!/_2}{(z-1)^2} z^n = \frac{3\,({}^1\!/_2)^2 - 7\,({}^1\!/_2) + {}^7\!/_2}{({}^1\!/_2 - 1)^2}\left(\frac{1}{2}\right)^n = 3\cdot\left(\frac{1}{2}\right)^n$$

$z_2 = 1$:

$$\operatorname{Res}\left(\frac{3z^3 - 7z^2 + {}^7\!/_2 z}{(z-1)^2\,(z-{}^1\!/_2)} z^{n-1}\right)\Bigg|_{z=1}$$

$$= \lim_{z\to 1} \frac{1}{1!}\frac{\mathrm{d}}{\mathrm{d}z}\frac{3z^3 - 7z^2 + {}^7\!/_2 z}{z - {}^1\!/_2} z^{n-1} = \lim_{z\to 1} \frac{\mathrm{d}}{\mathrm{d}z}\frac{3z^{n+2} - 7z^{n+1} + {}^7\!/_2 z^n}{z - {}^1\!/_2}$$

$$= \lim_{z\to 1} \frac{(3(n+2)z^{n+1} - 7(n+1)z^n + {}^7\!/_2 n z^{n-1})}{(z - {}^1\!/_2)} - \frac{(3z^{n+2} - 7z^{n+1} + {}^7\!/_2 z^n)}{(z-{}^1\!/_2)^2}$$

$$= -n\,.$$

Das Ergebnis lautet damit

$$x_n = \left(3\left(\frac{1}{2}\right)^n - n\right) s_n$$

und durch Einsetzen von $n = 0, 1, 2$ erhält man

$$x_0 = 3\,, \quad x_1 = \frac{1}{2}\,, \quad x_2 = -\frac{5}{4}\,.$$

13.2 Übertragungsfunktion diskreter Systeme

Aufgabe 13.2.1

13.2.1.1

Gesucht: Lösung y_n der Differenzengleichung.

Gegeben: Die Differenzengleichung mit den Anfangswerten $x_n = 4s_n$, $y_{-1} = 1$.

Ansatz: Man definiert zu Beginn $x_n \circ\!\!-\!\!\bullet\ X(z)$ und $y_n \circ\!\!-\!\!\bullet\ Y(z)$. Transformieren Sie nun die Folge und stellen Sie die z-Transformierte als Funktion von $X(z)$, $Y(z)$ und z dar.
Transformieren Sie anschließend die gegebene Folge x_n und setzen Sie die gegebenen Anfangswerte ein. Lösen Sie die Gleichung nach $Y(z)$ auf und bestimmen Sie y_n durch Rücktransformation.

Mit der Korrespondenz

$$y_n - 3y_{n-1} = x_n$$

$$\circ\!\!-\!\!\bullet$$

$$Y(z) - 3[z^{-1}Y(z) + y_{-1}] = X(z)$$

ergibt sich die z-Transformierte der Gleichung. Durch Transformation von x_n erhält man

$$X(z) = 4\frac{z}{z-1}\,.$$

Einsetzen der Anfangsbedingungen und auflösen nach $Y(z)$ liefert

$$Y(z)\cdot[1 - 3z^{-1}] = 4\frac{z}{z-1} + 3$$

$$Y(z) = \frac{4z + 3(z-1)}{(z-1)(1-3z^{-1})} = z\frac{7z-3}{(z-1)(z-3)}\,.$$

Die Rücktransformation wird mit Hilfe der Partialbruchzerlegung und den entsprechenden Transformationsvorschriften durchgeführt

$$\frac{Y(z)}{z} = \frac{7z-3}{(z-1)(z-3)} = \frac{A}{z-1} + \frac{B}{z-3}$$

$$7z - 3 = A(z-3) + B(z-1)\,.$$

$z = 3$:

$$21 - 3 = 18 = 2B \Rightarrow B = 9\,,$$

$z = 1$:

$$7 - 3 = 4 = -2A \Rightarrow A = -2\,.$$

Damit ergibt sich schließlich die gesuchte Folge

$$Y(z) = -2\frac{z}{z-1} + 9\frac{z}{z-3}$$

$$\bullet\!\!-\!\!\circ$$

$$y_n = \left(-2 + 9\cdot(3)^n\right)s_n\,.$$

13.2.1.2

Gesucht: Lösung y_n der Differenzengleichung.

Gegeben: Die Differenzengleichung mit den Anfangswerten

$$x_n = s_n\,,\quad y_{-1} = 3\,,\quad y_{-2} = 2\,.$$

Ansatz: Siehe Aufgabenteil 13.2.1.1.

Die Transformation der Differenzengleichung in den Bildbereich ergibt

$$y_n - 5y_{n-1} + 6y_{n-2} = x_n$$

$$\circ\!\!-\!\!\bullet$$

$$Y(z) - 5[z^{-1}Y(z) + y_{-1}] + 6[z^{-2}Y(z) + y_{-1}z^{-1} + y_{-2}] = X(z)\,.$$

Durch Transformation von $x_n = s_n$ erhält man

$$X(z) = \frac{z}{z-1}\,.$$

Einsetzen der Anfangsbedingungen und auflösen nach $Y(z)$ liefert

$$Y(z)\cdot\left[1 - 5z^{-1} + 6z^{-2}\right] = \frac{z}{z-1} + 3 - 18z^{-1} = \frac{4z - 21 + 18z^{-1}}{z-1}$$

$$Y(z) = \frac{4z - 21 + 18z^{-1}}{(z-1)(1 - 5z^{-1} + 6z^{-2})} = z\frac{4z^2 - 21z + 18}{(z-1)(z^2 - 5z + 6)}\,.$$

Das Polynom $z^2 - 5z + 6$ besitzt die Nullstellen $z_1 = 2$ und $z_2 = 3$. Die Rücktransformation wird mit Hilfe der Partialbruchzerlegung und den entsprechenden Transformationsvorschriften durchgeführt

$$\frac{Y(z)}{z} = \frac{4z^2 - 21z + 18}{(z-1)(z-2)(z-3)} = \frac{A}{z-1} + \frac{B}{z-2} + \frac{C}{z-3}$$

$$4z^2 - 21z + 18 = A(z-2)(z-3) + B(z-1)(z-3) + C(z-1)(z-2)$$

$z = 1$:

$$4 - 21 + 18 = 1 = 2A \quad\Rightarrow\quad A = \frac{1}{2}\,,$$

$z = 2$:

$$16 - 42 + 18 = -8 = -B \quad\Rightarrow\quad B = 8\,,$$

$z = 3$:

$$36 - 63 + 18 = -9 = 2C \quad\Rightarrow\quad C = -\frac{9}{2}\,.$$

Damit ergibt sich schließlich die gesuchte Folge

$$Y(z) = \frac{1}{2}\cdot\frac{z}{z-1} + 8\frac{z}{z-2} - \frac{9}{2}\cdot\frac{z}{z-3}$$

$$\bullet\!\!-\!\!\circ$$

$$y_n = \left(\frac{1}{2} + 8\cdot(2)^n - \frac{9}{2}\cdot(3)^n\right)s_n\,.$$

Aufgabe 13.2.2

13.2.2.1

Gesucht: Rekursionsgleichungen zwischen den Folgen x_n und w_n sowie w_n und y_n.

Gegeben: Das lineare zeitdiskrete System in Abbildung 13.2 (S. 42).

Ansatz: Die Dreiecke stellen Verstärker mit einem konstanten Faktor, die Rechtecke eine Verzögerung um T und die Kreise Addierer dar. Damit lassen sich rekursive Gleichungen (der Ausgang w_n hängt auch von den vorherigen Ausgangswerten w_{n-1}, w_{n-2} usw. ab) aufstellen

$$w_n = b_0 x_n + b_1 x_{n-1} + a_1 w_{n-1} ,$$
$$y_n = a_2 y_{n-1} + w_n .$$

13.2.2.2

Gesucht: Die z-Übertragungsfunktion $H(z)$ des Gesamtsystems.

Gegeben: Die Folgen w_n und y_n aus 13.2.2.1.

Ansatz: Transformieren Sie die Rekursionsgleichungen als Funktion von $x_n \circ\!\!-\!\!\bullet\, X(z)$, $y_n \circ\!\!-\!\!\bullet\, Y(z)$, $w_n \circ\!\!-\!\!\bullet\, W(z)$ und z.
Stellen Sie $W(z)$ als Funktion von $X(z)$ dar. Nutzen Sie die entstandene Gleichung, um $Y(z)$ als Funktion von $X(z)$ darzustellen.

$$W(z) = b_0 X(z) + b_1 z^{-1} X(z) + a_1 z^{-1} W(z)$$
$$Y(z) = a_2 z^{-1} Y(z) + W(z)$$
$$\frac{W(z)}{X(z)} = \frac{b_0 + b_1 z^{-1}}{1 - a_1 z^{-1}}, \qquad \frac{Y(z)}{W(z)} = \frac{1}{1 - a_2 z^{-1}}$$
$$\Rightarrow H(z) = \frac{Y(z)}{X(z)} = \frac{Y(z)}{W(z)} \cdot \frac{W(z)}{X(z)} = \frac{b_0 + b_1 z^{-1}}{(1 - a_1 z^{-1})(1 - a_2 z^{-1})}$$
$$= \frac{b_0 z^2 + b_1 z}{(z - a_1)(z - a_2)} .$$

13.2.2.3

Gesucht: Skizzieren Sie x_n und berechnen Sie die z-Transformierte $X(z)$.

Gegeben: Eingangssignal $x(t)$ und Abtastsequenz mit $nT = nT_0/4$ in Abbildung 13.1 wobei $n \geq 0$.

Ansatz: Skizzieren Sie die Folge und überlegen Sie, wie Sie die Folge ohne Verwendung von $|\cos(\omega_0 t)|$ darstellen können.

Gemäß Abbildung 13.1 kann x_n z. B. durch die mathematische Beschreibung

$$x_n = \begin{cases} 10 & \text{für } n = 2k, \quad k = 0, 1, 2, \ldots \\ 0 & \text{sonst} \end{cases}$$

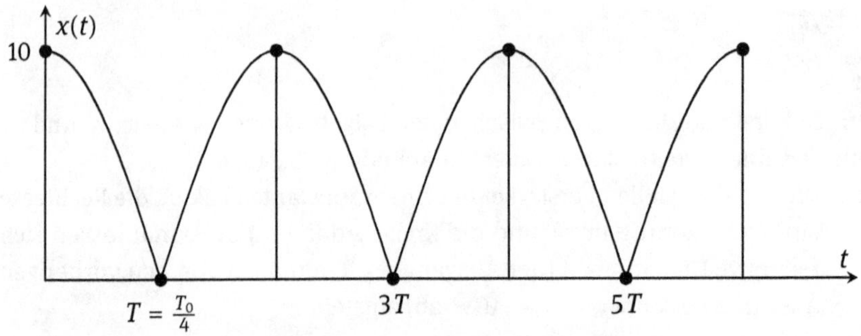

Abb. 13.1: Zeitlicher Verlauf von $x(t)$ und abgetastete Funktionswerte x_n.

dargestellt werden mit der z-Transformierten

$$X(z) = \sum_{n=0}^{\infty} x_n z^{-n} = \sum_{n=0}^{\infty} 10 z^{-2n} = \frac{10}{1 - z^{-2}} = \frac{10z^2}{z^2 - 1} ;$$

oder durch eine Rekursionsgleichung und deren Korrespondenz

$$x_n = x_{n+2} \quad \circ\!\!-\!\!\bullet \quad X(z) = z^2 X(z) - z^2 x(0) - zx(1)$$
$$= z^2 X(z) - 10z^2$$
$$\Rightarrow X(z) = \frac{10z^2}{z^2 - 1} .$$

13.2.2.4

Gesucht: Die Ausgangsfolge y_n als Systemreaktion auf die unter 13.2.2.3 ermittelte Eingangsfolge x_n.

Gegeben: z-Transformierte $X(z)$ der Eingangsfolge x_n (s. Aufgabenteil 13.2.2.3) und Übertragungsfunktion $H(z)$.

Ansatz: Multiplizieren Sie $X(z)$ mit der Übertragungsfunktion $H(z)$ und transformieren Sie das Ergebnis.

$$Y(z) = H(z) \cdot X(z) = \frac{{}^1\!/_5 (z + 1)}{(z - {}^1\!/_2)^2} \cdot \frac{10z^2}{(z - 1)(z + 1)} = \frac{2z^2}{(z - {}^1\!/_2)^2 (z - 1)} \tag{13.2.2.1}$$

$$\frac{Y(z)}{z} = \frac{2z}{(z - {}^1\!/_2)^2 (z - 1)} = \frac{A}{z - {}^1\!/_2} + \frac{B}{(z - {}^1\!/_2)^2} + \frac{C}{z - 1} .$$

Bestimmung der Koeffizienten B und C mit Hilfe der Grenzwert-Methode:

$$B = \lim_{z \to {}^1\!/_2} \left(z - \frac{1}{2}\right)^2 \cdot \frac{Y(z)}{z} = \lim_{z \to {}^1\!/_2} \frac{2z}{z - 1} = -2 ,$$

$$C = \lim_{z \to 1} (z - 1) \cdot \frac{Y(z)}{z} = \lim_{z \to 1} \frac{2z}{(z - {}^1\!/_2)^2} = 8 .$$

Zuletzt kann der Koeffizient A bestimmt werden mit

$$\lim_{z\to 0} \frac{Y(z)}{z} = \lim_{z\to 0} \frac{2z}{(z-1/2)^2\,(z-1)} = 0$$

$$0 = \lim_{z\to 0} \frac{A}{z-1/2} + \frac{B}{(z-1/2)^2} + \frac{C}{z-1}$$

$$0 = -2A + 4B - C \quad \Rightarrow \quad A = -8\,.$$

Hiermit ergibt sich für die z-Transformierte $Y(z)$ nach der Partialbruchzerlegung im Zeitbereich die Folge y_n:

$$Y(z) = \frac{-8z}{z-1/2} + \frac{-2z}{(z-1/2)^2} + \frac{8z}{z-1} \tag{13.2.2.2}$$

$$\bullet\!\!-\!\!\circ$$

$$y_n = \left[-8\left(\frac{1}{2}\right)^n - 4n\left(\frac{1}{2}\right)^n + 8\right] s_n\,. \tag{13.2.2.3}$$

Alternativ kann die Berechnung der Folge y_n durch

$$Y(z) = \frac{D}{z-1/2} + \frac{E}{(z-1/2)^2} + \frac{F}{z-1}$$

erfolgen, mit $D = -6$, $E = -1$, $F = 8$ und der Rücktransformation

$$y_n = \left[-6\left(\frac{1}{2}\right)^{n-1} - 2(n-1)\left(\frac{1}{2}\right)^{n-1} + 8\right] s_{n-1}\,.$$

13.2.2.5

Gesucht: Skizze des Pol-Nullstellen-Diagramms der Übertragungsfunktion $H(z)$.

Gegeben: Die Übertragungsfunktion $H(z)$ aus Teilaufgabe 13.2.2.4.

Ansatz: Bestimmen Sie die Pol- und Nullstellen der Übertragungsfunkton $H(z)$ und skizzieren Sie diese in einer komplexen Ebene. Für kausale Systeme liegt das Konvergenzgebiet außerhalb der betragsmäßig größten Polstelle.

Gemäß Aufgabenstellung und Gl. (13.2.2.1) gibt es für $H(z)$ eine Nullstelle bei $z_n = -1$ und eine doppelte Polstelle bei $z_p = 1/2$. Die Transformierte konvergiert für $|z| > 1/2$. Die Skizze des Pol-Nullstellen-Diagramms zeigt Abbildung 13.2.

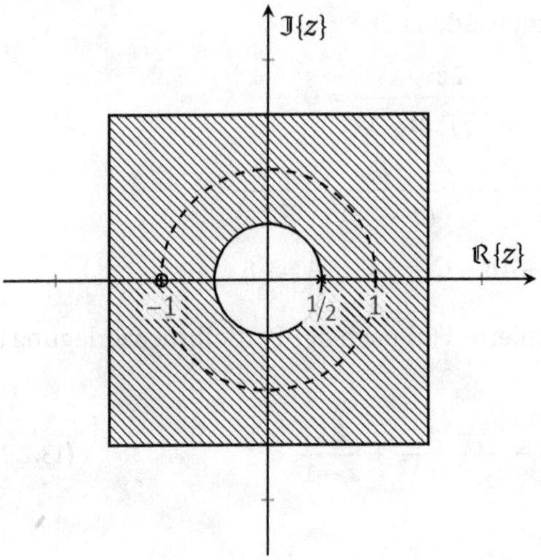

Abb. 13.2: Pole und Nullstellen der Übertragungsfunkton $H(z)$.

13.2.2.6

Gesucht: Betrag des Frequenzgangs.

Gegeben: Ein lineares zeitdiskretes System.

Ansatz: Ersetzen Sie $z \to \mathrm{e}^{\mathrm{j}\Omega}$, wobei $\Omega = \omega \cdot T$. Diese Funktion von Ω nennt sich Frequenzgang. Der Frequenzgang kann aus der z-Transformierten nur dann bestimmt werden, wenn das Konvergenzgebiet der z-Transformierten den Einheitskreis enthält. Bestimmen Sie den Betrag der Funktion (Es gilt für komplexe Zahlen $z \cdot z^* = |z|^2$).

Da der Einheitskreis im Konvergenzgebiet liegt, kann der Frequenzgang angegeben werden:

$$H\left(\mathrm{e}^{\mathrm{j}\Omega}\right) = \frac{1}{5} \cdot \frac{\mathrm{e}^{\mathrm{j}\Omega} + 1}{\left(\mathrm{e}^{\mathrm{j}\Omega} - 1/2\right)^2}$$

$$\left|H\left(\mathrm{e}^{\mathrm{j}\Omega}\right)\right| = \frac{1}{5} \cdot \sqrt{\frac{(\cos\Omega + 1)^2 + \sin^2\Omega}{\left((\cos\Omega - 0{,}5)^2 + \sin^2\Omega\right)^2}}$$

$$= \frac{1}{5} \cdot \sqrt{\frac{\underbrace{\sin^2\Omega + \cos^2\Omega}_{=1} + 2\cos\Omega + 1}{(\underbrace{\sin^2\Omega + \cos^2\Omega}_{=1} - \cos\Omega + 0{,}25)^2}} = \frac{1}{5} \cdot \frac{\sqrt{2(1 + \cos\Omega)}}{5/4 - \cos\Omega}$$

$$= \frac{2}{5} \cdot \frac{\cos(1/2\,\Omega)}{5/4 - \cos\Omega}\,.$$

14 Systemtheorie

14.1 Signalanalyse und -rekonstruktion

Aufgabe 14.1.1

14.1.1.1

Gesucht: Zeigen Sie, dass die Aussage $x^*(n) \circ\!\!-\!\!\bullet\; X^*(-\mathrm{j}\Omega)$ gültig ist.

Gegeben: Die Definitionsgleichung $X(\mathrm{j}\Omega) = \sum_{n=-\infty}^{\infty} x(n)\,\mathrm{e}^{-\mathrm{j}n\Omega}$ der kontinuierlichen, periodischen Fourier-Transformation von zeitdiskreten Signalen (DTFT).

Ansatz: Setzen Sie die Folge $x^*(n)$ in die Definitionsgleichung ein und formen Sie diese um.

Einsetzen in die Definitionsgleichung:

$$\begin{aligned}
\sum_{n=-\infty}^{\infty} x^*(n)\cdot\mathrm{e}^{-\mathrm{j}\Omega n} &= \left(\sum_{n=-\infty}^{\infty} x(n)\cdot\mathrm{e}^{+\mathrm{j}\Omega n}\right)^* \\
&= \left(\sum_{n=-\infty}^{\infty} x(n)\cdot\mathrm{e}^{-\mathrm{j}(-\Omega)n}\right)^* \\
&= X^*(-\mathrm{j}\Omega)\,.
\end{aligned}$$

14.1.1.2

Gesucht: Zeigen Sie, dass die Korrespondenz $x_m(n) \circ\!\!-\!\!\bullet\; X(\mathrm{j}m\Omega)$ gültig ist.

Gegeben: Das zeitdiskrete Signal $x_m(n) = x(n/m)$ und die Definitionsgleichung der kontinuierlichen, periodischen Fourier-Transformation von zeitdiskreten Signalen (DTFT).

Ansatz: Setzen Sie die Folge $x_{(m)}(n)$ in die Definitionsgleichung ein und substituieren Sie $n = lm$. Sie erhalten eine Summe über l, die der gesuchten DTFT entspricht.

Die Folge $x_{(m)}(n)$ ist eine um den Faktor m gespreizte Variante der Folge $x(n)$. Einsetzen in die Definitionsgleichung liefert:

$$\begin{aligned}
\sum_{n=-\infty}^{\infty} x_{(m)}(n)\cdot\mathrm{e}^{-\mathrm{j}\Omega n} &\overset{n=lm}{=} \sum_{l=-\infty}^{\infty} x_{(m)}(lm)\cdot\mathrm{e}^{-\mathrm{j}\Omega lm} \\
&= \sum_{l=-\infty}^{\infty} x\left(\frac{lm}{m}\right)\cdot\mathrm{e}^{-\mathrm{j}m\Omega l} \\
&= \sum_{l=-\infty}^{\infty} x(l)\cdot\mathrm{e}^{-\mathrm{j}m\Omega l} \\
&= X(\mathrm{j}m\Omega)\,.
\end{aligned}$$

https://doi.org/10.1515/9783110672534-016

Aufgabe 14.1.2

Gesucht: Das zeitdiskrete Signal $x(n)$.

Gegeben: Die kontinuierliche, periodische Fourier-Transformierte (DTFT) $X(\mathrm{j}\Omega)$ des zeitdiskreten Signals und die Synthesegleichung.

Ansatz: Das zeitdiskrete Signal $x(n)$ kann bestimmt werden, indem man $X(\mathrm{j}\Omega)$ in die Definitionsgleichung für die inverse DTFT (Synthesegleichung) einsetzt. Überprüfen Sie, ob $X(\mathrm{j}\Omega)$ eine gerade oder ungerade Funktion ist und vereinfachen Sie dementsprechend die Definitionsgleichung der inversen DTFT.

Das zeitdiskrete Signal $x(n)$ kann mit Hilfe der Definitionsgleichung bestimmt werden. Da $X(\mathrm{j}\Omega)$ eine gerade Funktion ist, kann die Definitionsgleichung vereinfacht werden. Es gilt:

$$x(n) = \frac{1}{2\pi}\int_{-\pi}^{\pi} X(\mathrm{j}\Omega)\,\mathrm{e}^{\mathrm{j}\Omega n}\,\mathrm{d}\Omega = \frac{1}{\pi}\int_{0}^{\pi} X(\mathrm{j}\Omega)\cos(\Omega n)\,\mathrm{d}\Omega\,.$$

Es folgt:

$$\begin{aligned}
x(n) &= \frac{1}{\pi}\left\{\int_{0}^{1/8\pi} 2\cos(\Omega n)\,\mathrm{d}\Omega + \int_{1/8\pi}^{3/8\pi} \cos(\Omega n)\,\mathrm{d}\Omega + \int_{5/8\pi}^{7/8\pi} \cos(\Omega n)\,\mathrm{d}\Omega + \int_{7/8\pi}^{\pi} 2\cos(\Omega n)\,\mathrm{d}\Omega\right\}\\
&= \frac{1}{\pi n}\left\{\Big[2\sin(\Omega n)\Big]_{0}^{1/8\pi} + \Big[\sin(\Omega n)\Big]_{1/8\pi}^{3/8\pi} + \Big[\sin(\Omega n)\Big]_{5/8\pi}^{7/8\pi} + \Big[2\sin(\Omega n)\Big]_{7/8\pi}^{\pi}\right\}\\
&= \frac{1}{\pi n}\left\{2\sin\left(\frac{\pi}{8}n\right) - \underbrace{2\sin(0n)}_{=0} + \sin\left(\frac{3\pi}{8}n\right) - \sin\left(\frac{\pi}{8}n\right) + \sin\left(\frac{7\pi}{8}n\right)\right.\\
&\qquad \left. - \sin\left(\frac{5\pi}{8}n\right) + 2\sin(\pi n) - 2\sin\left(\frac{7\pi}{8}n\right)\right\}\\
&= \frac{1}{\pi n}\left\{\sin\left(\frac{\pi}{8}n\right) + \sin\left(\frac{3\pi}{8}n\right) - \sin\left(\frac{5\pi}{8}n\right) - \sin\left(7\frac{\pi}{8}n\right)\right\} + 2\frac{\sin(\pi n)}{\pi n}\\
&= \frac{1}{\pi n}\left\{\sin\left(\frac{\pi}{8}n\right) + \sin\left(\frac{3\pi}{8}n\right) - \sin\left(\frac{5\pi}{8}n\right) - \sin\left(7\frac{\pi}{8}n\right)\right\} + 2\delta_{\mathrm{K}}(n)\,.
\end{aligned}$$

Der Term $\frac{\sin(\pi n)}{\pi n}$ verschwindet für alle $n \neq 0$. Daher gilt nach Bernoulli de l'Hospital $\frac{\sin(\pi n)}{\pi n} = \delta_{\mathrm{K}}(n)$ mit dem Kronecker-Delta

$$\delta_{\mathrm{K}}(n) = \begin{cases} 1 & \text{für } n = 0\,,\\ 0 & \text{sonst.}\end{cases}$$

Aufgabe 14.1.3

14.1.3.1

Gesucht: Die N-Punkte DFT der zeitdiskreten Funktion $x(n)$.

Gegeben: Die mathematische Beschreibung der zeitdiskreten Funktion $x(n)$.

Ansatz: Setzen Sie die Folge $x(n)$ in die Definitionsgleichung ein und formen Sie diese um.

Einsetzen der Folge $x(n)$ in die Definitionsgleichung liefert:

$$X_{\mathrm{DFT}}(k) = \sum_{n=0}^{N-1} x(n)\,\mathrm{e}^{-\mathrm{j}\frac{2\pi}{N}kn}$$
$$= \sum_{n=0}^{N-1} \delta_{\mathrm{K}}(n)\cdot \mathrm{e}^{-\mathrm{j}\frac{2\pi}{N}kn} = 1 \qquad \text{für} \quad k = 0, 1, \ldots, N-1\,.$$

Begründung: es gilt $\forall\, n \in [0, N-1]$: $\delta_{\mathrm{K}}(n)\cdot \mathrm{e}^{-\mathrm{j}\frac{2\pi}{N}kn} = \begin{cases} 1 & \text{für } n = 0\,, \\ 0 & \text{sonst.} \end{cases}$

14.1.3.2

Gesucht: Die N-Punkte DFT der zeitdiskreten Funktion $y(n)$.

Gegeben: Die mathematische Beschreibung der zeitdiskreten Funktion $y(n)$.

Ansatz: Fertigen Sie zuerst eine Skizze der Folge $y(n) = s(n) - s(n-N)$ an (siehe hierzu das Beispiel in Abbildung 14.1). Setzen Sie dann die Folge $y(n)$ in die Definitionsgleichung ein und formen Sie Ihr Ergebnis mit Hilfe der endlichen geometrischen Reihe um. Überprüfen Sie, welchen Funktionswert die N-Punkte DFT bei $k = 0$ besitzt.

Einsetzen der Folge $y(n)$ in die Definitionsgleichung liefert:

$$Y_{\mathrm{DFT}}(k) = \sum_{n=0}^{N-1} y(n)\,\mathrm{e}^{-\mathrm{j}\frac{2\pi}{N}kn} = \sum_{n=0}^{N-1} 1\cdot \mathrm{e}^{-\mathrm{j}\frac{2\pi}{N}kn} = \sum_{n=0}^{N-1} \mathrm{e}^{-\mathrm{j}\frac{2\pi}{N}kn}\,.$$

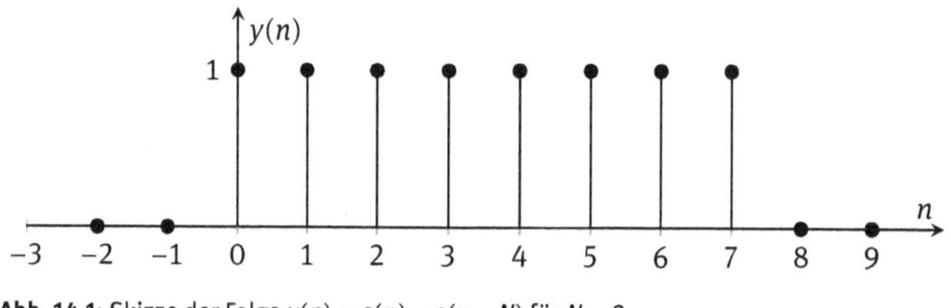

Abb. 14.1: Skizze der Folge $y(n) = s(n) - s(n-N)$ für $N = 8$.

Die endliche geometrischen Reihe ist gegeben durch:

$$\sum_{n=0}^{k} x^n = \frac{1-x^{k+1}}{1-x} \quad \text{für} \quad x \neq 1\,.$$

Es folgt:

$$Y_{\mathrm{DFT}}(k) = \sum_{n=0}^{N-1} \mathrm{e}^{-\mathrm{j}\frac{2\pi}{N}kn} = \frac{1-\mathrm{e}^{-\mathrm{j}\frac{2\pi}{N}kN}}{1-\mathrm{e}^{-\mathrm{j}\frac{2\pi}{N}k}} = 0 \quad \text{für} \quad k \neq 0\,,$$

wobei $\mathrm{e}^{-\mathrm{j}\frac{2\pi}{N}kN} = \mathrm{e}^{-\mathrm{j}2\pi k} = 1$ gilt. Der Funktionswert $Y_{\mathrm{DFT}}(0)$ kann mit Hilfe der Regel von Bernoulli de l'Hospital bestimmt werden:

$$Y_{\mathrm{DFT}}(0) = \frac{1-\mathrm{e}^{-\mathrm{j}2\pi\cdot 0}}{1-\mathrm{e}^{-\mathrm{j}\frac{2\pi}{N}\cdot 0}} = \frac{0}{0} \overset{\text{l'Hospital}}{=} \frac{\mathrm{j}2\pi N\,\mathrm{e}^{-\mathrm{j}2\pi 0}}{\mathrm{j}2\pi\,\mathrm{e}^{-\mathrm{j}\frac{2\pi}{N}0}} = N\,.$$

Daraus folgt für $Y_{\mathrm{DFT}}(k)$:

$$Y_{\mathrm{DFT}}(k) = \begin{cases} N & \text{für } k = 0\,, \\ 0 & \text{sonst.} \end{cases}$$

Aufgabe 14.1.4

14.1.4.1

Gesucht: Lineare Faltung der beiden zeitdiskreten Folgen ($z(n) = x_1(n) * x_2(n)$). Skizze des Signals $z(n)$ für $|n| \leq 7$.

Gegeben: Die beiden zeitdiskreten Folgen $x_1(n)$ und $x_2(n)$.

Die zeitdiskrete Faltung kann mit folgender Summenformel berechnet werden, dabei verschwinden alle Funktionswerte für $i \geq 3$:

$$z(n) = \sum_{i=0}^{N-1} x_1(i)\cdot x_2(n-i) = \sum_{i=0}^{2} x_1(i)\cdot x_2(n-i)\,.$$

Für die diskrete Ausgangsfolge $y(n)$ ergibt sich somit für $N = 3$:

$$z(0) = x_1(0)\cdot x_2(0) + x_1(1)\cdot \underbrace{x_2(-1)}_{=0} + x_1(2)\cdot \underbrace{x_2(-2)}_{=0} = 1\cdot 3 = 3$$

$$z(1) = x_1(0)\cdot x_2(1) + x_1(1)\cdot x_2(0) + x_1(2)\cdot \underbrace{x_2(-1)}_{=0} = 1\cdot 2 + 3\cdot 3 = 11$$

$$z(2) = x_1(0)\cdot x_2(2) + x_1(1)\cdot x_2(1) + x_1(2)\cdot x_2(0) = 1\cdot 1 + 3\cdot 2 + 2\cdot 3 = 13$$

$$z(3) = x_1(0)\cdot \underbrace{x_2(3)}_{=0} + x_1(1)\cdot x_2(2) + x_1(2)\cdot x_2(1) = 3\cdot 1 + 2\cdot 2 = 7$$

$$z(4) = x_1(0)\cdot \underbrace{x_2(4)}_{=0} + x_1(1)\cdot \underbrace{x_2(3)}_{=0} + x_1(2)\cdot x_2(2) = 2\cdot 1 = 2\,.$$

Eine Skizze der Ausgangsfolge $z(n)$ ist in Abbildung 14.2 dargestellt.

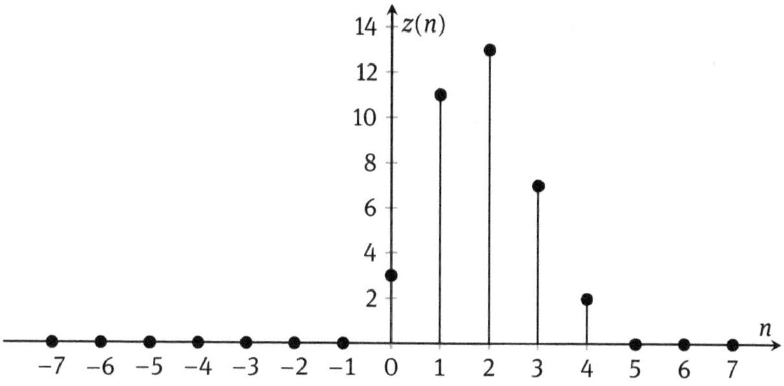

Abb. 14.2: Ausgangsfolge $z(n)$.

14.1.4.2

Gesucht: Das Signal $y(n) = x_1(n) \otimes x_2(n)$ im zeitdiskreten Bereich für eine Periode und $n = 0, 1, \ldots, N-1$. Die Skizze von $y(n)$ für $|n| \leq 5$.

Gegeben: Die beiden periodisch fortgesetzten zeitdiskreten Folgen $x_1(n)$ und $x_2(n)$ mit der Periode $N = 3$.

1. Möglichkeit: Die zyklische Faltung kann mit Hilfe der Papierstreifenmethode bestimmt werden. In einem ersten Schritt muss eine der beiden Folgen periodisch fortgesetzt und bezüglich der y-Achse gespiegelt werden, z.B. $x_2(n)$. Die zwei resultierenden Streifen $x_1(i)$ und $x_2(n-i)_{\mathrm{mod}\,N}$ werden dann um n Werte gegeneinander verschoben und die Zahlen vertikal multipliziert. Auf Grund der Periodizität der Folge $x_2(n-i)_{\mathrm{mod}\,N}$ ist $y(n)$ ebenfalls periodisch. Die Darstellung der Lösung für $y(n)$ zeigt Tabelle 14.1.

Tab. 14.1: Zahlenschema für die zyklische Faltung der Funktionen $x_1(n)$ und $x_2(n)$ sowie das berechnete Signal $y(n)$.

i	−3	−2	−1	0	1	2	3	4	5	
$x_1(i)$	0	0	0	**1**	**3**	**2**	0	0	0	
$x_2(i)$	3	2	1	3	2	1	3	2	1	
$x_2(0-i)$	3	1	2	**3**	**1**	**2**	3	1	2	$y(0) = 1\cdot3+3\cdot1+2\cdot2 = 10$
$x_2(1-i)$	2	3	1	**2**	**3**	**1**	2	3	1	$y(1) = 1\cdot2+3\cdot3+2\cdot1 = 13$
$x_2(2-i)$	1	2	3	**1**	**2**	**3**	1	2	3	$y(2) = 1\cdot1+3\cdot2+2\cdot3 = 13$
$x_2(3-i)$	3	1	2	**3**	**1**	**2**	3	1	2	$y(3) = 1\cdot3+3\cdot1+2\cdot2 = 10$

2. Möglichkeit: Die zyklische Faltung kann mit Hilfe der Summenformel direkt berechnet werden:

$$y(n)_{\mathrm{mod}\,N} = \sum_{i=0}^{N-1} x_1(i) \cdot x_2(n-i)_{\mathrm{mod}\,N} \,.$$

Für die diskrete periodische Ausgangsfolge $y(n)$ ergibt sich somit für $N = 3$:

$$\begin{aligned}
y(0) &= x_1(0) \cdot x_2(0) + x_1(1) \cdot x_2(-1 \bmod 3 = 2) + x_1(2) \cdot x_2(-2 \bmod 3 = 1) \\
&= 1 \cdot 3 + 3 \cdot 1 + 2 \cdot 2 = 10 \,, \\
y(1) &= x_1(0) \cdot x_2(1) + x_1(1) \cdot x_2(0) + x_1(2) \cdot x_2(2) \\
&= 1 \cdot 2 + 3 \cdot 3 + 2 \cdot 1 = 13 \,, \\
y(2) &= x_1(0) \cdot x_2(2) + x_1(1) \cdot x_2(1) + x_1(2) \cdot x_2(0) \\
&= 1 \cdot 1 + 3 \cdot 2 + 2 \cdot 3 = 13 \,, \\
y(3) &= y(3 \bmod 3 = 0) = y(0) = 10 \,.
\end{aligned}$$

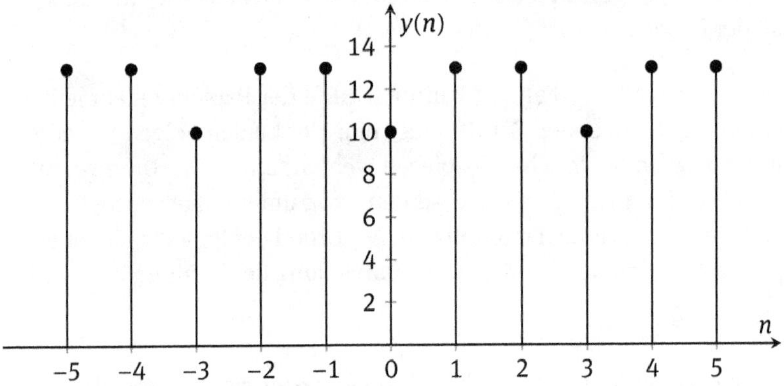

Abb. 14.3: Skizze der gesuchten Ausgangsfolge $y(n)$ für $|n| \leq 5$.

14.1.4.3

Gesucht: Durch welche Maßnahme kann mit der zyklischen Faltung dasselbe Ergebnis wie mit der linearen Faltung im Bereich $0 \leq n \leq 6$ erreicht werden?

Antwort: Die zyklische Faltung liefert das gleiche Ergebnis wie die lineare Faltung, wenn zwischen den periodischen Fortsetzungen Nullen eingefügt werden. Bei Folgen gleicher Länge N müssen **mindestens** $N - 1$ Nullen eingefügt werden, um das gleiche Ergebnis wie bei der linearen Faltung zu erhalten, siehe hierzu auch Abbildung 14.4.

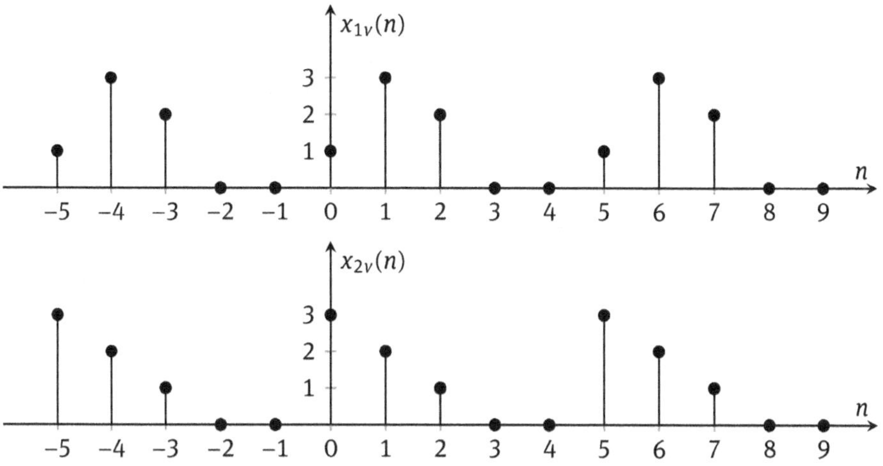

Abb. 14.4: Eingefügte Nullen in die periodisch fortgesetzten Signale $x_{1v}(n)$ und $x_{2v}(n)$.

14.2 Analyse diskreter Systeme

Aufgabe 14.2.1

14.2.1.1

Gesucht: Übertragungsfunktion $H(\mathrm{j}\Omega)$ des Systems.

Gegeben: Das zeitdiskrete LTI-System mit zeitdiskreter Eingangsfolge $x(n)$, zeitdiskreter Ausgangsfolge $y(n)$ und Abtastintervall T.

Ansatz: Bestimmen Sie zuerst die Differenzengleichung, mit der die Eingangsfolge $x(n)$ mit der Ausgangsfolge $y(n)$ verknüpft wird. Bestimmen Sie dann $H(\mathrm{j}\Omega)$ unter Verwendung der Eigenschaften der zeitdiskreten Fourier-Transformation (DTFT).

Aus dem Bild 14.3 (S. 45) ergibt sich folgende Differenzengleichung:

$$y(n) = x(n) + x(n-1)\,.$$

Die zeitdiskrete Fourier-Transformierte der Differenzengleichung ergibt sich zu

$$Y(\mathrm{j}\Omega) = X(\mathrm{j}\Omega) + X(\mathrm{j}\Omega)\,\mathrm{e}^{-\mathrm{j}\Omega}\,.$$

Für die Übertragungsfunktion folgt:

$$H(\mathrm{j}\Omega) = \frac{Y(\mathrm{j}\Omega)}{X(\mathrm{j}\Omega)} = 1 + \mathrm{e}^{-\mathrm{j}\Omega} = \mathrm{e}^{-\mathrm{j}\Omega/2}\left(\mathrm{e}^{\mathrm{j}\Omega/2} + \mathrm{e}^{-\mathrm{j}\Omega/2}\right)$$

$$H(\mathrm{j}\Omega) = 2\cos\left(\frac{\Omega}{2}\right)\mathrm{e}^{-\mathrm{j}\Omega/2} = |H(\mathrm{j}\Omega)|\cdot\mathrm{e}^{\mathrm{j}\theta(\mathrm{j}\Omega)} \quad \text{für} \quad |\Omega| \le \pi\,.$$

14.2.1.2

Gesucht: Die zeitdiskrete Impulsantwort $h(n)$ des Systems.
Gegeben: Übertragungsfunktion $H(\mathrm{j}\Omega)$ aus Aufgabenteil 14.2.1.1.
Ansatz: Die Impulsantwort kann mit Hilfe der Eigenschaften und Korrespondenzen der DTFT bestimmt werden.

Die Impulsantwort des Systems kann aus der Übertragungsfunktion $H(\mathrm{j}\Omega)$ direkt bestimmt werden:

$$H(\mathrm{j}\Omega) = 1 + \mathrm{e}^{-\mathrm{j}\Omega}$$
$$\bullet\!\!-\!\!\circ$$
$$h(n) = \delta(n) + \delta(n-1)\,.$$

14.2.1.3

Gesucht: Skizzieren Sie den Betragsfrequenzgang $|H(\mathrm{j}\Omega)|$ und den Phasengang $\theta(\mathrm{j}\Omega)$ des Systems für $|\Omega| \le \pi$.
Gegeben: Übertragungsfunktion $H(\mathrm{j}\Omega)$ aus Aufgabenteil 14.2.1.1.
Ansatz: Der Betragsfrequenzgang kann mit Hilfe der folgenden Formel bestimmt werden:

$$|H(\mathrm{j}\Omega)| = \sqrt{(\Re\{H(\mathrm{j}\Omega)\})^2 + (\Im\{H(\mathrm{j}\Omega)\})^2}\,.$$

Der Phasengang ergibt sich aus

$$\theta(\mathrm{j}\Omega) = \arctan\left(\frac{\Im\{H(\mathrm{j}\Omega)\}}{\Re\{H(\mathrm{j}\Omega)\}}\right).$$

Der Betragsfrequenzgang ergibt sich zu

$$|H(\mathrm{j}\Omega)| = \left|2\,\mathrm{e}^{-\mathrm{j}\Omega/2}\cos\left(\frac{\Omega}{2}\right)\right| = 2\cos\left(\frac{\Omega}{2}\right) \quad \text{für} \quad |\Omega| \le \pi\,.$$

Der Phasengang ist gegeben durch

$$\theta(\mathrm{j}\Omega) = -\frac{\Omega}{2} \quad \text{für} \quad |\Omega| \le \pi\,.$$

Dargestellt sind die Skizzen in den Abbildungen 14.5 und 14.6.

14.2.1.4

Gesucht: Die normierte 3-dB-Grenzfrequenz $\Omega_{3\,\mathrm{dB}}$ des Systems.
Gegeben: Übertragungsfunktion $H(\mathrm{j}\Omega)$ aus Aufgabenteil 14.2.1.1.
Ansatz: Die normierte 3-dB-Grenzfrequenz kann man mit Hilfe der folgenden Formel bestimmen:

$$|H(\mathrm{j}\Omega_{3\,\mathrm{dB}})| = \frac{1}{\sqrt{2}}|H(\mathrm{j}\Omega)|_{\max}\,.$$

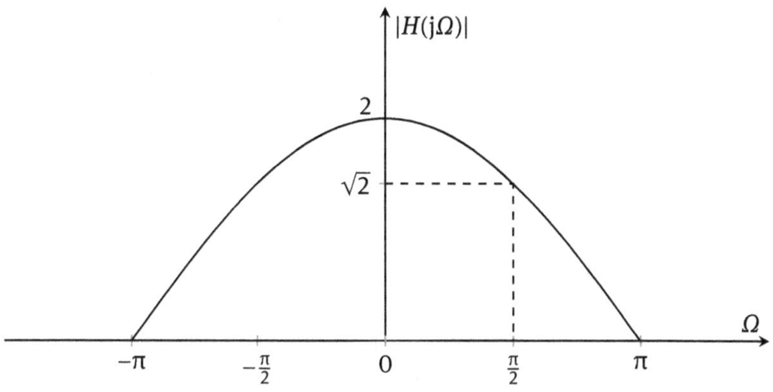

Abb. 14.5: Frequenzgang $|H(\mathrm{j}\Omega)|$.

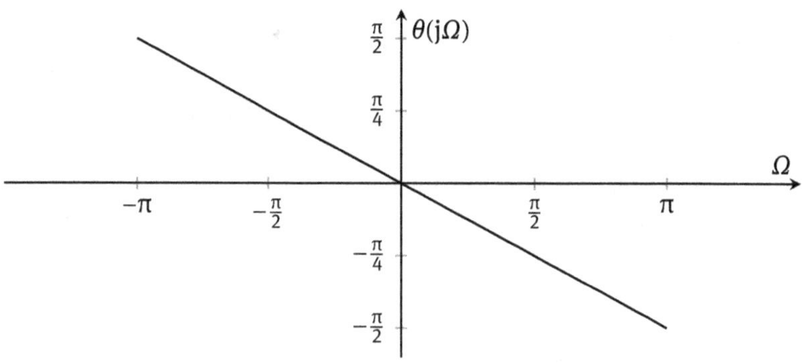

Abb. 14.6: Phasengang $\theta(\mathrm{j}\Omega)$.

Die normierte 3-dB-Grenzfrequenz ergibt sich dann aus

$$|H(\mathrm{j}\Omega_{3\,\mathrm{dB}})| = \frac{1}{\sqrt{2}}|H(\mathrm{j}\Omega)|_{\max} \quad \Leftrightarrow \quad 2\cos\left(\frac{\Omega_{3\,\mathrm{dB}}}{2}\right) = \frac{1}{\sqrt{2}}\cdot 2 \quad \Leftrightarrow \quad \Omega_{3\,\mathrm{dB}} = \pm\frac{\pi}{2}\,.$$

Alternativ kann der Wert auch direkt aus Abbildung 14.5 abgelesen werden.

Aufgabe 14.2.2

14.2.2.1

Gesucht: Die lineare Faltung der beiden zeitdiskreten Folgen $x(n)$ und $h(n)$.

Gegeben: Die zeitdiskreten Signale $x(n)$ und $h(n)$.

Ansatz: Berechnen und skizzieren Sie von den beiden Funktionen die Elemente $x(0), \ldots, x(3)$ und $h(0), \ldots, h(3)$. Berechnen Sie die *lineare* Faltung

$$x(n) * h(n) = \sum_{l=-\infty}^{\infty} x(l)\cdot h(n-l)\,.$$

Tab. 14.2: Schema zur Berechnung der linearen Faltung der beiden Funktionen $x(n)$ und $h(n)$.

l	−3	−2	−1	0	1	2	3	4	5	6	
$x(l)$	0	0	0	**1**	0	**−1**	0	0	0	0	
$h(l)$	0	0	0	0	0	1	3	0	0	0	
$h(0-l)$	3	1	0	0	0	0	0	0	0	0	$y(0) = 0 \cdot 3 + 0 \cdot 1 = 0$
$h(1-l)$	0	3	1	0	0	0	0	0	0	0	$y(1) = 0 \cdot 3 + 0 \cdot 1 = 0$
$h(2-l)$	0	0	3	**1**	0	0	0	0	0	0	$y(2) = 0 \cdot 3 + 1 \cdot 1 = 1$
$h(3-l)$	0	0	0	**3**	1	0	0	0	0	0	$y(3) = 1 \cdot 3 + 0 \cdot 1 = 3$
$h(4-l)$	0	0	0	0	3	**1**	0	0	0	0	$y(4) = 0 \cdot 3 + (-1) \cdot 1 = -1$
$h(5-l)$	0	0	0	0	0	**3**	1	0	0	0	$y(5) = (-1) \cdot 3 + 0 \cdot 1 = -3$
$h(6-l)$	0	0	0	0	0	0	3	1	0	0	$y(6) = 0 \cdot 3 + 0 \cdot 1 = 0$

Die lineare Faltung lässt sich mit der Papierstreifenmethode berechnen. Dazu schreibt man die Elemente der beiden Folgen auf. Eine Folge – hier z. B. $h(l)$ – wird an der y-Achse gespiegelt, aus $h(l)$ wird $h(-l)$. Danach werden die Folgen $x(l)$ und $h(-l)$ wie auf zwei Papierstreifen aneinander vorbei geschoben. Die Ausgangsfolge $y(n)$ ergibt sich aus der Multiplikation der untereinander stehenden Elemente von $x(l)$ und $h(n-l)$ und einer anschließenden Addition, siehe Tabelle 14.2. Das Ergebnis lässt sich mit Hilfe von Kronecker δ-Impulsen darstellen. Es folgt:

$$\begin{aligned} x(n) &= \delta_K(n) - \delta_K(n-2) \\ h(n) &= \delta_K(n-2) + 3\delta_K(n-3) \\ y(n) &= \sum_{l=-\infty}^{\infty} x(l) \cdot h(n-l) \\ &= \delta_K(n-2) + 3\delta_K(n-3) - \delta_K(n-4) - 3\delta_K(n-5)\,. \end{aligned}$$

14.2.2.2

Gesucht: Die diskreten Fourier-Transformierten $X_{\text{DFT}}(k)$ und $H_{\text{DFT}}(k)$ der periodischen Fortsetzungen von $x(n)$ bzw. $h(n)$.

Gegeben: Die zeitdiskreten Signale $x(n)$ und $h(n)$.

Ansatz: Die DFT einer Folge mit N-Gliedern ist definiert durch

$$X_{\text{DFT}}(k) = \sum_{n=0}^{N-1} x(n)\, W_N^{kn} \quad \text{mit} \quad W_N = e^{-j\frac{2\pi}{N}}\,.$$

Beachten Sie, dass $X_{\text{DFT}}(k)$ nur für $k = 0, 1, \ldots, N-1$ definiert ist!

$$X_{\text{DFT}}(k) = \sum_{n=0}^{3} x(n) \cdot e^{-j\frac{2\pi}{4}kn} = 1 - e^{-j\pi k} \quad \text{mit} \quad N_x = 4\,,$$

$$H_{\text{DFT}}(k) = \sum_{n=0}^{3} h(n) \cdot e^{-j\frac{2\pi}{4}kn} = e^{-j\pi k} + 3\,e^{-j\frac{3}{2}\pi k} \quad \text{mit} \quad N_h = 4\,.$$

14.2.2.3

Gesucht: Die inverse DFT des Produktes aus $X_{\mathrm{DFT}}(k)$ und $H_{\mathrm{DFT}}(k)$.

Gegeben: Die zeitdiskreten Signale $x(n)$ und $h(n)$.

Ansatz: Berechnen Sie $Y_{\mathrm{DFT}}(k) = X_{\mathrm{DFT}}(k) \cdot H_{\mathrm{DFT}}(k)$ und transformieren sie das Ergebnis durch die Beziehung

$$y(n) = \frac{1}{N}\sum_{k=0}^{N-1} Y_{\mathrm{DFT}}(k) W_N^{-kn} \quad \text{mit} \quad W_N = \mathrm{e}^{-\mathrm{j}\frac{2\pi}{N}} \,.$$

zurück in den diskreten Zeitbereich.

Produkt aus $X_{\mathrm{DFT}}(k)$ und $H_{\mathrm{DFT}}(k)$:

$$\begin{aligned} Y_{\mathrm{DFT}}(k) &= X_{\mathrm{DFT}}(k) \cdot H_{\mathrm{DFT}}(k) \\ &= \mathrm{e}^{-\mathrm{j}\pi k} + 3\,\mathrm{e}^{-\mathrm{j}\frac{3}{2}\pi k} - 1 - 3\,\mathrm{e}^{-\mathrm{j}\frac{5}{2}\pi k} \quad \text{mit} \quad N_y = 4\,. \end{aligned}$$

Hieraus ergibt sich die diskrete Zeitfunktion

$$\begin{aligned} y(n) &= \frac{1}{4}\sum_{k=0}^{3} Y_{\mathrm{DFT}}(k) \cdot \mathrm{e}^{\mathrm{j}\frac{2\pi}{4}kn}\,, \quad n = 0, 1, 2, 3 \\ &= \frac{1}{4}\left[\left(-2 + 3\,\mathrm{e}^{\mathrm{j}\frac{\pi}{2}} + 3\,\mathrm{e}^{\mathrm{j}\frac{\pi}{2}}\right) \cdot \mathrm{e}^{\mathrm{j}\frac{\pi}{2}n} + \left(-2 + 3\,\mathrm{e}^{-\mathrm{j}\frac{\pi}{2}} + 3\,\mathrm{e}^{-\mathrm{j}\frac{\pi}{2}}\right) \cdot \mathrm{e}^{-\mathrm{j}\frac{\pi}{2}n}\right] \\ &= \frac{1}{4}\left[-2\,\mathrm{e}^{\mathrm{j}\frac{\pi}{2}n} + 6\,\mathrm{e}^{\mathrm{j}\frac{\pi}{2}(n+1)} - 2\,\mathrm{e}^{-\mathrm{j}\frac{\pi}{2}n} + 6\,\mathrm{e}^{-\mathrm{j}\frac{\pi}{2}(n+1)}\right] \\ &= \frac{1}{4}\left[-4 \cdot \cos\left(\frac{\pi}{2}n\right) + 12 \cdot \cos\left[\frac{\pi}{2}(n+1)\right]\right] \\ &= -\delta_{\mathrm{K}}(n) - 3\delta_{\mathrm{K}}(n-1) + \delta_{\mathrm{K}}(n-2) + 3\delta_{\mathrm{K}}(n-3)\,. \end{aligned}$$

Hinweis *In der zweiten Zeile der Gleichung wurde die Identität* $\mathrm{e}^{\mathrm{j}2\pi x} \equiv 1, \forall x \in \mathbb{Z}$ *in der Beziehung* $\mathrm{e}^{\mathrm{j}3/2\pi n} \cdot \mathrm{e}^{-\mathrm{j}2\pi n} = \mathrm{e}^{-\mathrm{j}1/2\pi n}$ *verwendet.*

14.2.2.4

Gesucht: Vergleich der Ergebnisse aus 14.2.2.1 und 14.2.2.3.

Ansatz: Die Multiplikation der diskreten Fouriertransformierten (DFT) entspricht einer *zyklischen* Faltung der zeitdiskreten Folgen. Wie können Sie die lineare Faltung durch die zyklische Faltung beschreiben?

Indem man beide Folgen bis zur Länge $N_x + N_h - 1 = 7$ mit Nullen auffüllt und danach die DFT anwendet.

www.ingramcontent.com/pod-product-compliance
Lightning Source LLC
Chambersburg PA
CBHW080537220326
41599CB00032B/6297
9783110672527